普通高等院校"十四五"计算机基础系列教材

Access数据库教程与实验指导

杨 灿 顾玲芳 杨 宇 ◎ 主编

中国铁道出版社有限公司
CHINA RAILWAY PUBLISHING HOUSE CO., LTD.

内容简介

本书根据普通高等院校非计算机专业 Access 数据库课程的教学标准以及《全国计算机等级考试二级 Access 数据库程序设计考试大纲》编写，系统介绍了 Access 2016 的主要功能和使用方法。全书以"教学管理系统"数据库为例，从建立空数据库开始，逐步建立数据库中的各种对象，直至完成一个完整的小型数据库管理系统。全书共 6 章，包括数据库基本概述、数据库与数据表、查询的创建和使用、窗体设计、报表设计、宏的建立等。为了使读者能够更好地掌握本书知识点，及时检查自己的学习效果，每章后均配有实验和习题。

本书适合作为高等院校非计算机专业数据库课程的教材，也可用作其他人员学习 Access 数据库程序设计的教材或参考书。

图书在版编目（CIP）数据

Access 数据库教程与实验指导 / 杨灿，顾玲芳，杨宇主编 . —北京：中国铁道出版社有限公司，2024.3
普通高等院校"十四五"计算机基础系列教材
ISBN 978-7-113-30918-3

Ⅰ. ①A… Ⅱ. ①杨… ②顾… ③杨… Ⅲ. ①关系数据库系统 – 高等学校 – 教材 Ⅳ. ① TP311.138

中国国家版本馆 CIP 数据核字（2024）第 042707 号

书　　名	Access 数据库教程与实验指导
作　　者	杨　灿　顾玲芳　杨　宇

策　　划	魏　娜	编辑部电话	（010）63549501
责任编辑	贾　星　闫忆汛		
封面设计	曾　程		
封面制作	刘　颖		
责任校对	刘　畅		
责任印制	樊启鹏		

出版发行	中国铁道出版社有限公司（100054，北京市西城区右安门西街 8 号）
网　　址	http://www.tdpress.com/51eds/
印　　刷	天津嘉恒印务有限公司
版　　次	2024 年 3 月第 1 版　2024 年 3 月第 1 次印刷
开　　本	880 mm×1 230 mm　1/16　印张：14.5　字数：500 千
书　　号	ISBN 978-7-113-30918-3
定　　价	39.80 元

版权所有　侵权必究

凡购买铁道版图书，如有印制质量问题，请与本社教材图书营销部联系调换。电话：（010）63550836
打击盗版举报电话：（010）63549461

前 言

党的二十大报告强调，加快建设网络强国、数字中国。这为我国信息技术产业的发展指明了方向、提供了机遇，相关人才需求也将更加旺盛。信息技术相关课程的教学作为信创人才培养的主战场，重点将放在强化实践能力的运用。

Access 2016 是 Microsoft 公司推出的数据库管理系统软件，微软对 Access 2010 的支持于 2020 年 10 月 13 日终止，并且不再提供任何扩展，也不会提供扩展的安全更新。全国计算机等级考试二级 Access 数据库程序设计也已经开始使用 Access 2016 版本，本书就是针对这一系列变化编写的。

本书根据普通高等院校非计算机专业 Access 数据库课程的教学标准以及《全国计算机等级考试二级 Access 数据库程序设计考试大纲》编写，语言精练、概念清晰、深入浅出、注重实用性和可操作性。本书主要内容如下：第 1 章数据库基本概述，介绍了数据库技术、数据模型、关系数据库、数据库设计基础等内容；第 2 章数据库与数据表，论述建立和管理数据库的方法，重点论述建立数据表、字段数据类型和数据关系、表间关系的建立、表的维护以及表的使用方法；第 3 章查询的创建和使用，论述数据库查询的类型与视图及如何创建选择查询、交叉表查询、参数查询、操作查询及 SQL 查询等内容；第 4 章窗体设计，论述窗体的类型与视图及如何快捷创建窗体、利用设计视图创建窗体以及常用的窗体控件、窗体的控件格式属性及调整控件布局等内容；第 5 章报表设计，论述报表的类型与视图、快捷创建报表、报表的设计、如何使用计算控件及创建其他报表等；第 6 章宏的建立，论述宏的基本概念、创建与运行独立宏、创建与调用嵌入宏、创建与运行数据宏等内容。

本书从建立空数据库开始，逐步建立库中的各种对象，直至完成一个完整的小型数据库管理系统。本书采用"理论讲解+操作实践"的编写形式，针对每一个知识点设置了相关例题，以加强学生对知识点的掌握，在案例的设计上，能够从读者日常学习和工作的需要出发；每章理论知识后安排了实验，用于练习巩固本章所学内容；课后还设置了习题，以方便学生课后练习。

本书由杨灿、顾玲芳、杨宇主编，具体编写分工如下：第 1～2 章由顾玲芳编写，第 3、6 章由杨灿编写，第 4、5 章由杨宇编写。编者是多年从事高校计算机基础教学和等级考试培训的教师，具有丰富的理论知识、教学经验和实践经验。本书是全国高等院校计算机基础教育研究会计算机基础教育教学研究项目成果（项目编号：2021-AFCEC-007），在编写过程中，得到了北京科技大学天津学院信息工程学院各位同仁的支持与帮助，在此表示感谢。

由于编者水平有限，书中难免存在疏漏和不妥之处，敬请广大读者批评指正，以便于修订与完善。如有问题，可以通过 E-mail（84635614@qq.com）与编者联系。

编　者

2023 年 11 月

目 录

第 1 章 数据库基本概述	1

1.1 数据库技术 1
1.1.1 数据与信息 1
1.1.2 数据管理技术 1
1.1.3 数据库系统 2
1.2 数据模型 3
1.3 关系数据库 5
1.3.1 关系模型 5
1.3.2 E-R 模型转关系模型 7
1.3.3 关系运算 8
1.4 关系型数据库设计基础 9
1.4.1 数据库设计的规范化 10
1.4.2 数据库设计步骤 11
1.5 初识数据库 13
1.5.1 Access 的特点 13
1.5.2 Access 的工作界面 14
1.5.3 Access 的基本对象 15
实验 1 17
习题 1 19

第 2 章 数据库与数据表 22
2.1 数据库的基本操作 22
2.1.1 创建数据库 22
2.1.2 打开与关闭数据库 24
2.1.3 管理数据库 25
2.2 创建数据表 28
2.2.1 数据表结构 28
2.2.2 创建数据表 30
2.2.3 设置字段属性 34
2.2.4 建立表间关系 38
2.2.5 输入数据 40
2.3 维护数据表 46
2.3.1 修改表结构 46

I

		2.3.2 编辑表内容	46
		2.3.3 调整表格式	48
	2.4	使用数据表	51
		2.4.1 查找记录	51
		2.4.2 排序记录	52
		2.4.3 筛选记录	53
实验 2			56
习题 2			65
第 3 章	查询的创建和使用		68
	3.1	查询概述	68
		3.1.1 查询的功能	68
		3.1.2 查询的类型	69
		3.1.3 查询的视图	69
	3.2	创建选择查询	71
		3.2.1 使用查询向导	71
		3.2.2 使用设计视图	76
		3.2.3 查询中的表达式	79
		3.2.4 查询中的计算	82
	3.3	创建交叉表查询	87
		3.3.1 交叉表查询的概念	87
		3.3.2 创建交叉表查询	87
	3.4	创建参数查询	90
		3.4.1 创建单参数查询	91
		3.4.2 创建多参数查询	91
	3.5	创建操作查询	93
		3.5.1 生成表查询	93
		3.5.2 删除查询	93
		3.5.3 更新查询	94
		3.5.4 追加查询	95
	3.6	SQL 查询	96
		3.6.1 SQL 的功能	96
		3.6.2 显示 SQL 语句	96
		3.6.3 常用 SQL 语句	96
		3.6.4 创建 SQL 查询	100
	3.7	编辑与运行已建查询	103
		3.7.1 编辑查询	103
		3.7.2 运行查询	104
实验 3			104

| 习题 3 119

第 4 章　窗体设计 121
 4.1　窗体概述 121
  4.1.1　窗体的作用 121
  4.1.2　窗体的视图 121
  4.1.3　窗体的类型 122
 4.2　创建窗体 122
  4.2.1　自动创建窗体 123
  4.2.2　创建"模式对话框"窗体 127
  4.2.3　使用向导创建窗体 127
 4.3　设计窗体 131
  4.3.1　窗体设计视图 131
  4.3.2　设计窗体属性 133
  4.3.3　常用窗体控件 137
 实验 4 154
 习题 4 160

第 5 章　报表设计 162
 5.1　报表简介 162
  5.1.1　报表的视图 162
  5.1.2　报表的组成 164
  5.1.3　报表的类型 164
 5.2　创建报表 164
  5.2.1　创建报表 165
  5.2.2　美化报表 179
 5.3　报表中的计算 182
  5.3.1　使用计算控件 182
  5.3.2　统计计算 182
  5.3.3　排序与分组 186
 实验 5 187
 习题 5 202

第 6 章　宏的建立 203
 6.1　宏的基本概念 203
  6.1.1　宏命令 203
  6.1.2　宏的分类 204
  6.1.3　宏设计视图 204
 6.2　创建与运行独立宏 205
 6.3　创建与调用嵌入宏 207
  6.3.1　创建一般嵌入宏 207

   6.3.2　创建条件嵌入宏 209
 6.4　创建与运行数据宏 212
   6.4.1　创建与编辑数据宏 212
   6.4.2　创建数据删除时的数据宏 212
 实验 6 213
 习题 6 220

附录 A　习题部分参考答案 221

第 1 章
数据库基本概述

现代数据管理技术经过几个阶段的探索,最终数据库技术成为计算机软件学科的一个重要分支,也成为数据管理中最重要、最基本的技术。

1.1 数据库技术

数据库技术产生于 20 世纪 60 年代末。如今数据库技术广泛应用于社会生活的各个方面,在以大批量数据的存储、组织和使用为基本特征的仓库管理、销售管理、财务管理、人事档案管理以及企事业单位的生产经营管理等事务处理活动中,都要使用数据库管理系统来构建专门的数据库应用系统,并在数据库管理系统的控制下组织和使用数据,执行管理任务。不仅如此,数据库技术还广泛应用在各种非数值计算领域,以及基于计算机网络的信息检索、远程信息服务、分布式数据处理、复杂市场的多方面跟踪监测等方面。

1.1.1 数据与信息

数据(data)在一般意义上被认为是对客观事物特征所进行的一种抽象化、符号化的表示。它的范畴比以往科学计算领域中涉及的数据更为宽泛,不仅包含数字、字母、汉字及其他特殊字符组成的文本形式的数据,而且包括图形、图像、声音等多媒体数据。总之,凡是能被计算机处理的对象都称为数据。

信息(information)通常被认为是有一定含义的、经过加工处理的、对决策有价值的数据。其中,处理是指将数据转换成为信息的过程,包括数据的收集、存储、加工、排序、检索等一系列活动。数据处理的目的是从大量的现有数据中,提取对人们有用的信息,作为决策的依据。可见,信息与数据是密切相关的,可以总结为:
- 数据是信息的载体,它表示了信息。
- 信息是数据的内涵,即数据的语义解释。

信息是有价值的,其价值取决于它的准确性、及时性、完整性和可靠性。为了提高信息的价值,就必须用科学的方法来管理信息,这种方法就是数据库技术。

数据库(database,DB)是指存储在计算机存储设备上,以一定数据结构存储的相关数据的集合。试想,如果数以百万计的图书杂乱无章地堆放在一起,要从中找出一本所需要的书,就如同大海捞针!从定义中可以看出,实现数据库的数据存储关键有两点,一是"一定数据结构",二是"相关"。

传统的数据库通常都严格规定数据存储的结构,称为结构化数据库;而随着大数据、人工智能等技术的发展,计算机需要处理越来越多的半结构化甚至非结构化数据,处理这类数据的数据库称为非结构化数据库,例如,各种 NoSQL(not only SQL)数据库。数据库中的大量数据按照制定的规则(即数据模型)来存放,这就是"结构化数据";数据结构不规则或不完整,没有预定义的数据模型,不方便用数据库二维逻辑表来表现的数据是"非结构化数据",包括所有格式的文档、文本、图片、XML、HTML、图像、音频、视频等。数据库不仅包括描述事物的数据,而且还要详细准确反映事物之间的联系,这就是所谓的"相关"。

本书仅讨论结构化数据库。

1.1.2 数据管理技术

随着计算机硬件和软件技术的不断发展,计算机数据管理技术也随之不断更新,数据管理技术的发展经历了人工管理、文件系统、数据库系统等几个阶段。

1. 人工管理阶段

人工管理并不是指手工方式管理数据，而是指完全使用应用程序来处理数据，并且一个应用程序和它负责管理的数据是捆绑在一起的。

20 世纪 50 年代中期前，计算机主要用于科学计算。当时，由于计算机技术还很落后，没有磁盘等直接存取的存储设备，而且缺少必要的操作系统和数据库管理系统等相应软件的支持，所以数据是由应用程序来管理的。这种应用程序自带数据的设计方法，必然导致一组数据对应一个应用程序，两个应用程序之间不能共享数据，即数据是面向应用程序的。一旦数据量或处理要求发生变化，应用程序就需要作相应变化，这种方式的工作复杂度会急剧上升。故而人工管理阶段的特点有：

- 数据不能保存。
- 数据缺乏独立性，与程序相互依赖。
- 数据不具有共享性，冗余度大。

2. 文件系统阶段

文件系统阶段计算机开始应用于信息管理、数据处理。在计算机硬件方面，出现了磁鼓、磁盘等直接存取数据的外部存储设备。在软件方面，出现了高级语言和操作系统。操作系统中的文件系统将程序和数据分别存储为程序文件和数据文件，因而程序与数据都具有了一定的独立性。

此时数据文件可以长期保存在外存上并被多次存取。但是，文件系统也有很大的局限性，如一个数据文件对应一个具体应用程序，不同的应用程序不能共享相同的数据，同数据项可能出现在多个数据文件中等问题仍然存在。故这一阶段数据管理的特点有：

- 数据可长期保存。
- 数据与程序分离。
- 数据共享性差，冗余度大。

3. 数据库系统阶段

从 20 世纪 60 年代后期开始，需要计算机管理的数据量急剧增长，并且对数据共享的需求日益增强。文件系统的一次使用一次存取的访问方式、不同文件缺乏联系的存储方式已无法适应开发应用系统的需要。而且当时计算机的性能已得到很大提高，并出现了大容量磁盘，在这种社会需求和技术成熟的条件下，数据库技术应运而生。其管理方式如图 1.1 所示。

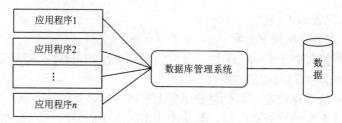

图 1.1 数据库的数据管理方式

数据库系统克服了文件系统的种种弊端，它能够有效地存储和管理大量数据，使数据得到充分共享，数据冗余大大减少，数据与应用程序彼此独立，并提供防止数据被窃取的数据安全性和正确性的统一机制。

用户可以用命令方式或程序方式对数据库进行操作，方便而高效。数据库系统的优越性使其得到了迅速的发展和广泛的应用。这一阶段数据处理的特点有：

- 数据冗余度得到合理的控制，数据共享性提高。
- 数据具有很高的独立性。
- 数据经过结构化处理，具有完备的数据控制功能等。

1.1.3 数据库系统

通常把引进了数据库技术的计算机系统称为数据库系统（database system，DBS），数据库系统主要由数据库、数据库管理系统、相应的计算机软硬件、数据库管理员及其他人员组成。其中，数据库和数据库管理系统两部分最为重要。

为了让多种应用程序并发地使用数据库中的数据，必须使数据与程序具有较高的独立性。而数据库管理系统（database management system，DBMS）就是对数据实行专门管理，提供安全性和完备性等统一控制机制，方便用户以交互式和程序方式对数据库进行操作的软件系统，是数据库系统的核心。

数据库技术是在文件系统的基础上发展起来的技术。数据库系统克服了文件系统的缺陷，它不仅可以实现对数据的集中统一管理，而且可以使数据的存储和维护不受任何用户的影响，为用户提供对数据更高级、更有效的管理手段。其主要特点是：数据结构化、数据共享、数据独立性和统一的数据控制功能。

1.2　数 据 模 型

数据库中的数据是有结构的，这种结构是由数据库管理系统所支持的数据模型表现出来的。数据库系统不仅可以表示事物内部各数据项之间的联系，而且可以表示事物与事物之间的联系。这一特点决定了利用数据库实现数据管理的设计方法，即系统设计时应该先准确地规划出数据库中数据的结构（数据模型），然后再设计具体的处理功能程序。

模型是现实世界特征的模拟和抽象。要实现现实世界转变为机器能够识别的形式，必须经过两次抽象，首先将现实世界抽象为信息世界，即使用某种手段为客观事物建立概念模型，再把概念模型转化为数据库管理系统支持的数据模型。

概念模型是现实世界到信息世界的第一次抽象，是数据库设计的有力工具，它必须能够方便、直接地表达应用中的各种语义，便于用户理解。

1. **实体**

现实世界客观存在且相互区别的事物称为**实体**，它可以是实际事物，也可以是抽象事物。例如，一个班级、一名学生等属于实际事物；一次签到、一次上课等活动就是抽象事件。

实体所具有的特征称为**属性**。具有相同属性的事物的集合称为**实体集**。用实体的名称和实体的属性名称来表示一个实体集，称为**实体型**。具体的表示形式为：实体名（属性名 1，属性名 2，…，属性名 n）。如学生实体型则可表示为：学生（学号、姓名、性别、出生日期、籍贯、是否团员）。如属性值组合（20510101，翟中华，男，2002-05-08，浙江，TRUE）就是学生花名册中具体的一名学生。

如果某个属性或属性组合能唯一地标识实体集中的实体，则此属性或属性组合称为**关键字**，也可以称为**码**。如学生的学号可以作为关键字，而姓名则因为存在同名的情况不能选作关键字。

实体集之间的关系称为**联系**，反映现实事物之间的相互关系。分为一对一联系、一对多联系和多对多联系。

如果对于实体集 A 中每一个实体，在实体集 B 中至多只有一个实体与之对应，反之亦然，则称实体集 A 与实体集 B 具有一对一联系，记为 1∶1。如考研自习室中的学生实体集与座位实体集之间具有一对一联系。

如果对于实体集 A 中每一个实体，在实体集 B 中都有多个实体与之对应，反过来，如果对于实体集 B 中每一个实体最多与实体集 A 中一个实体对应，则实体集 A 与实体集 B 具有一对多联系，记为 1∶n。如班级实体集和学生实体集之间便是一对多联系。

如果对于实体集 A 中每一个实体，在实体集 B 中都有多个实体与之对应，反过来，如果对于实体集 B 中每一个实体对应实体集 A 中多个实体，则实体集 A 与实体集 B 具有多对多联系，记为 m∶n。如课程实体集和学生实体集则是多对多联系。

2. **E-R模型**

将现实世界抽象为信息世界的最终目标是建立概念模型，而描述概念模型的工具就是实体-联系模型，也称为 E-R 模型。E-R 模型使用 E-R 图来描述实体集、属性和联系。

- 用矩形框表示实体集，矩形框内注明实体集的名称。
- 用椭圆形框表示属性，椭圆形框内书写属性的名称，并用一条直线连接其对应的实体集。
- 用菱形框表示联系，菱形框内注明联系的名称，用直线连接与其对应的两实体集，并在线上靠近实体集一端表上 1 或 n 或 m，以表明联系的类型。

【例1.1】 用E-R图表示某教学管理系统的概念模型。

实体型包括：
- 学生（学号，姓名，专业代码，性别，出生日期，籍贯，是否团员）
- 专业（专业代码，专业名称）
- 课程（课程号，课程名，学时，是否必修）

这三个实体集之间的联系为：专业与学生是一对多联系，学生和课程是多对多联系，这样得到其 E-R 模型如图 1.2 所示。

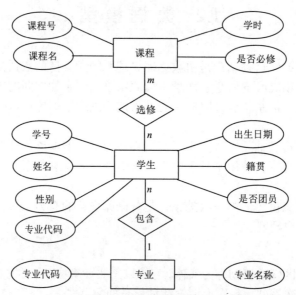

图 1.2　某教学管理数据库的 E-R 模型

3. 数据模型

数据模型是对客观事物及其联系的数据描述，是对数据库中数据逻辑结构的描述，把信息世界数据抽象为机器世界数据。任何一个数据库管理系统都基于某种数据模型。基本的数据模型有三种：层次模型、网状模型和关系模型。其中关系模型是结构化数据库主要采用的数据模型。此处的数据模型是指将 E-R 模型转换为信息世界的逻辑数据模型，而非具体数据库管理系统所支持的物理数据模型，因为不同的数据库管理系统所支持的数据模型不尽相同。

（1）层次模型

层次模型是以树型结构来表示实体及实体集之间联系的模型，由父结点、子结点和连线组成。网中的每个结点代表一个实体集，结点间连线表示实体集之间的联系。所有的连线均由父结点指向子结点，具有同一父结点的结点称为兄弟结点。父结点与子结点之间为一对多的联系。层次模型的示例如图 1.3 所示。

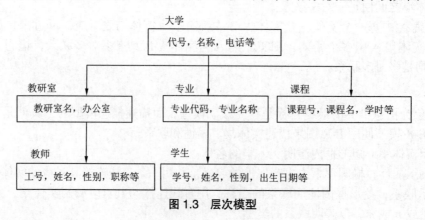

图 1.3　层次模型

层次模型具有如下两个特点：

① 有且仅有一个结点，无父结点，这个节点即称为根结点。

② 其他结点有且仅有一个父结点。

层次模型实际上是由若干代表实体之间一对多联系的基本层次组成的一棵树，树的每一点代表一个实体集。它的优点是简单、直观、处理方便、算法规范，缺点是不能表达复杂的数据结构。

（2）网状模型

用网状结构来表示实体及实体集之间联系的模型称为网状模型。它的特点是：

① 一个结点可以有多个父结点。

② 多个结点可以无父结点。

图 1.4 所示为一个网状模型的示例。

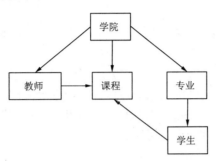

图 1.4 网状模型

网状模型的父结点与子结点之间为一对多的联系，它的优点是可以表示复杂的数据结构，存取数据的效率比较高；缺点是结构复杂，每个问题都有其相应的特殊性，算法难以规范化。

（3）关系模型

用二维表结构来表示实体及实体集之间联系的模型称为关系模型。在关系模型中，数据的逻辑结构是满足一定条件的二维表，一个二维表就是一个关系。描述问题的所有二维表的集合构成了一个关系模型。

在关系模型中，无论实体本身还是实体集之间的联系均可用称为"关系"的二维表来表示，使得描述实体的数据本身能够自然地反映它们之间的联系。而传统的层次模型和网状模型是使用链接指针来存储和体现联系的。

1.3 关系数据库

目前，市面上普遍使用的都是关系数据库，而关系数据库采用了关系模型作为其数据的组织形式。

1.3.1 关系模型

关系模型就是用二维表来表示实体集中的数据，简称关系，表 1.1～表 1.3 都是二维表。

表 1.1 学生

学 号	姓 名	专业代码	性 别	出生日期	籍 贯	是否团员
20510101	翟中华	51	男	2002-05-08	浙江	TRUE
20510102	马力	51	女	2001-10-09	江西	FALSE
…	…	…	…	…	…	…

表 1.2 课程

课 程 号	课 程 名	学 时	是否必修
101	高等数学	96	TRUE
102	基础外语	64	TRUE
…	…	…	…

表 1.3　选课成绩

学　号	课　程　号	平 时 成 绩	考 试 成 绩	最 终 成 绩
20510101	101	87	95	92.6
20510102	102	81	88	85.9
…	…	…	…	…

1. 常用术语

在关系理论中关系模型常用的术语有以下：

① 元组（记录）——二维表中的每一行称为一个元组。元组是构成关系的基本要素，即一个关系由若干相同结构的元组组成。

② 属性（字段）——二维表中的每一列称为一个属性。若干属性的集合构成关系中的元组。例如，表 1.1 中的学号、姓名等都是学生的属性。

③ 值域（域）——属性的取值范围。例如，在表 1.3 中，"平时成绩""考试成绩""最终成绩"属性的域为大于等于 0 的数。合理地定义属性的值域，可以提高数据表操作的效率。

④ 关键字（主键、主码）——在一个关系中有这样一个或几个字段，它（们）的值可以唯一地标识一条记录，这样的字段或字段组称为关键字，也称为主关键字、主码或主键。例如，表 1.1 的主键是学号，表 1.2 的主键是课程号，表 1.3 的主键是学号和课程号。

⑤ 外部关键字（外键）——某个属性或一组属性，不是当前关系的主键，而是另一个关系的主键，那么，这样的属性在当前关系中称为外键。如学号和课程号就是表 1.3 的外键。外键在各个二维表之间架起了一座桥梁，使数据库中的表相互制约、相互依赖形成一个整体。

⑥ 关系模式——对关系的一种抽象表示形式，其格式为：

关系名（属性名 1，属性名 2，…，属性名 n）

如表 1.1 的关系模式为：

学生（学号，姓名，专业代码，性别，出生日期，籍贯，是否团员）

⑦ 关系操作——对存储在关系中的数据进行的操纵。关系模型中常用的关系操作集合包括查询操作和更新操作两大部分。查询操作包括：选择（select）、投影（project）、连接（join）等，更新操作包括：增加（insert）、删除（delete）、修改（update）等。

2. 关系模型的特点

在关系模型中，每一个关系模式都必须满足一定的要求，即关系必须规范化。规范化后的关系应具有以下特点：

① 每一个属性均不可再分，即表中不能再包含表。如表 1.4 就不是一张二维表。

表 1.4　职工工资表

工　号	姓　名	应发工资			应扣除		实发金额
		工　资	津　贴	奖　金	保　险	公积金	
…	…	…	…	…	…	…	…

② 同一个关系中不能有相同的属性名。
③ 同一个关系中不能有内容完全一样的元组。
④ 任意两行或任意两列互换位置，不影响关系的实际含义。

3. 完整性规则

关系模型的完整性规则是对关系的某种约束条件。关系模型有三类完整性约束：实体完整性、参照完整性和用户定义完整性。其中，实体完整性和参照完整性是关系模型必须满足的完整性约束条件，被称为关系的两个不变性。

（1）实体完整性

每个关系都有一个主关键字，每个元组主关键字的值应是唯一的，主关键字的值不能为空，否则，无从识别元组，这就是实体完整性约束。

例如，为了保证学生表的实体完整性，设置"学号"字段为主关键字，不能取重复值和空值，唯一标识学生表中的学生实体。

（2）参照完整性

在关系模型中，实体之间的联系是用关系来描述的，因而存在关系之间的引用。这种引用可通过外部关键字来实现。参照完整性规则是对关系外部关键字的规定，要求外部关键字取值必须是客观存在的，即不允许在一个关系中引用另一个关系里不存在的元组。

例如，在学生表和选课成绩表中，"学号"是学生表的主关键字，"学号"是选课成绩表的外部关键字。根据参照完整性规则，要求选课成绩表"学号"的取值可以是以下两种情况：

① 空值。表明学生还没有选课。

② 非空值。它必须是学生表中"学号"存在的值，即选课成绩表"学号"的值必须和学生表"学号"的值保持一致，因为一门课程不能让一个不存在的学生去选修。

（3）用户定义完整性

用户根据实际情况对数据库中数据作的规定，称为用户定义完整性规则，也称为域完整规则。通过这些规则限制数据库只接受符合完整性约束条件的数据值，从而保证数据库的数据合理可靠。

例如，学生表中的"性别"数据只能是"男"和"女"。对"出生日期"数据也应有一定的限制，不能是任意值。

1.3.2 E-R模型转关系模型

完成数据库概念设计得到 E-R 模型后，进入数据库的逻辑设计，即将 E-R 模型转换为对应的关系模型。

1. 两种模型术语对照

E-R 模型转换为关系模型的最终目的之一就是将 E-R 图中的数据项放到适当的表中。转换时要解决的问题是如何将实体间的联系转换为关系模式。如何确定这些关系模式的属性（字段）和码（关键字）。E-R 模型与关系模型中术语的对照，见表1.5。

表 1.5 E-R 模型与关系模型术语对照表

E-R 模型	关 系 模 型	语　　义
实体	元组	二维表中的行，代表一个特定的事物
属性	属性	二维表中的列，即事物的具体特性
实体集	关系	一个二维表，表示具有相同特性事物的集合
实体型	关系模式	实体名（属性名1，属性名2，…，属性名n） 关系名（属性名1，属性名2，…，属性名n）
域	值域	属性的取值范围
码	主关键字或主码	能唯一标识实体（元组）的属性或属性组
码	候选关键字或候选码	一个关系中有多个属性或属性组具有关键字特性时，选定其中一个为关键字，其余的定义为候选关键字
码	外部关键字或外码	某个属性或属性组，不是当前关系的关键字，而是另一个关系的关键字，那么，这样的属性在当前关系中称为外部关键字
联系		实体集与实体集之间的联系（共有三种 1∶1, 1∶n, m∶n）

2. 转换的规则

关系模型的结构中包含一组相互之间有联系的关系模式，即关系模型是一组有关联的二维表组成的集合。而 E-R 模型则是由实体集、实体的属性和实体集之间的联系三个要素组成的。所以将 E-R 模型转换为关系模型实际上就是要将实体集、实体的属性和实体集之间的联系转换为关系模式，这种转换一般遵循以下规则：

规则1：一个实体型转换为一个关系模型。实体的属性就是关系的属性，实体的码就是关系的主码。

规则2：一个1:1的联系可以转换为一个独立的关系模型，也可以与任意一端对应的关系模型合并。如果转换为一个独立的关系模型，则与该联系相连的各实体的码以及联系本身的属性均转换为此独立关系的属性，每个实体的码均是该关系的候选码。如果与某一端实体对应的关系模型合并，则需要在该关系模型的属性中加入另一个关系模型的码和联系本身的属性。

规则3：一个1:n联系可以转换为一个独立的关系模型，也可以与n端对应的关系模型合并。如果转换为一个独立的关系模型，则与该联系相连的各实体的码以及联系本身的属性均转换为此独立关系的属性，而此关系的码为n端实体的码。或者在n端实体类型转换成的关系模型中加入1端实体类型转换成的关系模型的码和联系类型的属性。

规则 4：一个 $m:n$ 联系转换为一个关系模型。与该联系相连的各实体的码以及联系本身的属性均转换为关系的属性，而关系的码为各实体码的组合。

规则 5：三个或三个以上实体间的一个多元联系可以转换为一个关系模型。与该多元联系相连的各实体的码以及联系本身的属性均转换为关系的属性，而关系的码为各实体码的组合。

规则 6：具有相同码的关系模型可以合并。

【例 1.2】将图 1.2 所示的 E-R 模型转换成关系模型。

学生（<u>学号</u>，姓名，专业代码，性别，出生日期，籍贯，是否团员）

专业（<u>专业代码</u>，专业名称）

课程（<u>课程号</u>，课程名，学时，是否必修）

选课成绩（<u>学号，课程号</u>，平时成绩，考试成绩，最终成绩）

其中专业与学生之间 1:n 联系的处理方式为：在 n 端学生关系里加入 1 端专业关系的码（专业代码）。而将学生与课程之间的 m:n 联系转换成一个关系模型，即选课成绩，并让学生与课程的码成为此关系的属性，组合成此关系的码，即选课成绩关系中下划线标识的码。

1.3.3 关系运算

对关系数据库进行查询时，若要找到需要的数据，就需要对关系进行一定的关系运算。在关系数据库中，关系运算有选择、投影和连接这三种。

1. 选择

选择运算是在关系中选择满足某些条件的元组。也就是说，选择运算是在二维表中选择满足指定条件的行。选择是从行的角度进行的运算，即从水平方向抽取元组。经过选择运算得到的结果可以形成新的关系，其关系模式不变，但其中的元组是原关系元组的一个子集。

【例 1.3】从表 1.1 所示学生表中找出所有女学生的元组。

按照条件：性别 = "女"，对学生表进行选择运算，得到的结果见表 1.6。

表 1.6 选择运算结果

学 号	姓 名	专业代码	性 别	出生日期	籍 贯	是否团员
20510102	马力	51	女	2001-10-9	江西	FALSE
20510105	高明	51	女	2001-11-25	湖北	TRUE
20520103	李钰	52	女	2001-12-30	四川	TRUE
20530102	文华	53	女	2002-03-15	山东	TRUE
20530104	田爱华	53	女	2001-09-21	河北	TRUE
20550101	李思齐	55	女	2002-06-25	宁夏	FALSE
20560101	许诺	56	女	2001-11-30	辽宁	FALSE
20560102	顾佳	56	女	2002-04-18	吉林	TRUE

2. 投影

投影运算是在关系模式中指定若干个属性组成新的关系，即在关系中选择某些属性列。投影是从列的角度进行的运算，相当于对原关系进行垂直分解。经过投影可以得到一个新关系，其关系模式所包含的属性个数往往比原关系少，或者属性的排列顺序不同，但元组的个数不会减少。

【例 1.4】从表 1.1 所示学生表中找出学号、姓名、籍贯和是否团员属性的值。

对学生表按照指定的学号、姓名、籍贯和是否团员这四个属性进行投影操作，得到的结果见表 1.7。

表 1.7 投影运算结果

学 号	姓 名	籍 贯	是否团员
20510101	翟中华	浙江	TRUE
20510102	马力	江西	FALSE
20510103	田大海	广东	TRUE
20510104	盖大众	云南	FALSE

续表

学　号	姓　名	籍　贯	是否团员
20510105	高明	湖北	TRUE
20510106	赵国庆	湖南	TRUE
20520101	张明亮	广西	TRUE
20520102	刘思远	福建	FALSE
20520103	李钰	四川	TRUE
20520104	孔明	上海	FALSE
20520105	钟卫国	江苏	TRUE
20530101	弓琦	安徽	TRUE

3. 连接

连接运算将两个关系模式通过公共的属性名拼接成一个更宽的关系模式，生成的新关系中包含满足连接条件的元组。

选择和投影运算的操作对象只是一个表，相当于对一个二维表进行切制。连接运算需要两个表作为操作对象。如果需要连接两个以上的表，应当两两进行连接。

【例 1.5】 设有教师表和授课表两个关系，见表 1.8 和表 1.9。查找授课教师的姓名、性别、职称、课程号。

表 1.8　教师表

工　号	姓　名	性　别	工作时间	政治面貌	学　历	职　称	学　院	电话号码
5301	郭新城	男	1979-11-10	团员	本科	助教	信息	22416444
5302	赵小平	女	1983-01-25	群众	研究生	副教授	信息	22416451
5303	李毅	男	1983-05-19	党员	研究生	讲师	信息	22416452
5304	于凡	女	1985-10-29	党员	本科	讲师	信息	22416453
4303	袁和平	男	1990-06-18	群众	本科	讲师	外语	22416666
2101	祝泰安	男	1981-09-10	群众	本科	讲师	数学	22416667
1401	蔡晓东	男	1982-03-14	群众	研究生	副教授	思政	22416548
1402	李响	女	1986-07-25	群众	本科	讲师	思政	22416548

表 1.9　授课表

授课 ID	课　程　号	教师工号	授课 ID	课　程　号	教师工号
1	101	2101	4	104	1402
2	102	4303	5	105	5301
3	103	1401	6	106	5302

由于姓名、性别、职称属性在教师表中，而课程号在授课表中，因此需要将这两个关系连接起来。可以通过两个关系的属性名"工号"和"教师工号"将它们连接起来。连接条件必须指明两个关系的"工号"和"教师工号"对应相等，然后对连接生成的新关系，按照所需要的四个属性进行投影。此例的查询结果见表 1.10。

表 1.10　连接运算结果

姓　名	性　别	职　称	课程号	姓　名	性　别	职　称	课程号
郭新城	男	助教	105	祝泰安	男	讲师	101
赵小平	女	副教授	106	蔡晓东	男	副教授	103
袁和平	男	讲师	102	李响	女	讲师	104

1.4　关系型数据库设计基础

关系型数据库设计是针对某个具体的应用问题进行抽象，在概念结构设计阶段构造概念模型，在逻辑结构设计阶段设计最佳的数据结构——关系模型，并建立数据库及其应用系统的过程。

如果使用较好的数据库设计过程，就能迅速、高效地创建一个设计完善的数据库，为访问所需信息提供方便。在设计时打好坚实的基础,设计出结构合理的数据将会节省日后整理数据库所需的时间,并能更快地得到精确的结果。

1.4.1 数据库设计的规范化

规范化理论是数据库设计的重要理论基础和强有力的辅助工具。它是由 E.F.Codd 在 1971 年提出的。它定义了规范化的关系模式,简称范式。它提供了判别关系模式设计的优劣标准。

在数据库概念结构设计和逻辑结构设计时,用规范化理论做指导,可以产生更加合理规范的关系模式,从而进一步控制数据冗余度,以便保证所建立的数据库应用系统更加合理完善。

范式将关系模式评定了规范化的等级,满足最低要求的为第一范式,在第一范式的基础上满足进一步要求的可升级为第二范式,其余以此类推。根据满足规范的程度不同,范式被划分为六个等级五个范式:第一范式、第二范式、第三范式、修正的第三范式、第四范式和第五范式,越往后,级别越高。高一级的范式具有低级范式的所有规则要求,更高一级的范式能够保证关系模式具有更强的安全性、完整性、一致性。

1. 第一范式(1NF)

设 R 是一个关系模式,如果 R 中的每个属性都是不可再分的最小数据项,则称 R 满足第一范式或 R 是第一范式,第一范式简记为 1NF。

关系型数据库中的任意一个关系都要属于第一范式,这是最基本的要求,否则就不能称为关系型数据库。属于第一范式的关系应该满足的基本条件是每个元组的每个属性中只能包含一个数据项,不能将两个或两个以上的数据项"挤入"到一个属性中。

【例 1.6】职工工资关系见表 1.4。判断职工工资关系是否为第一范式,并规范职工工资关系。

显然表 1.4 所示的职工工资关系不符合第一范式。因为在这个关系中,"应发工资"与"应扣除"不是基本数据项,分别由另外三个基本数据项与两个基本数据项组成。规范化职工工资关系,只需将所有数据项都表示为不可分的最小数据项即可。规范化后的结果见表 1.11。

表 1.11 规范化后的职工工资表

工 号	姓 名	工 资	津 贴	奖 金	保 险	公 积 金	实发金额
5301	郭新城	800	300	200	90	70	1460
5302	赵小平	900	400	200	90	80	1670
5303	李毅	1000	400	300	100	100	1900

2. 第二范式(1NF)

如果关系模式 R 是第一范式,且所有非主属性都完全依赖于其主关键字,则称 R 满足第二范式或 R 是第二范式,第二范式简记为 2NF。

【例 1.7】学生选课成绩关系见表 1.12。判断该关系是否符合第二范式,并规范学生选课关系。

表 1.12 学生选课成绩关系

学 号	姓 名	课程号	课程名	学 分	学 时	平时成绩	考试成绩	最终成绩
20510101	翟中华	111	数据库应用	32	32	72	86	81.8
20510102	马力	102	基础外语	64	64	81	88	85.9
20510103	田大海	112	工程项目实践	128	128	96	89	91.1
...	...	...	...	...	...	...	...	...

在这个关系中,学号和课程号共同组成主关键字,其中三个成绩完全依赖于主关键字,但姓名不完全依赖于这个主关键字,却完全依赖于学号。课程名、学时则都依赖于课程号。因此这个关系不符合第二范式。

使用上述关系模式会存在以下几个问题:

① 数据冗余:假设有 200 名学生选修同一门课,就要重复 200 次相同课程名和学分学时。

② 更新复杂:若调整某门课程的学分和学时,此关系中相应元组的学分和学时值均需更新,此更新操作过程频琐,且不能保证修改后的不同元组的同一门课程的学分和学时完全相同。

③ 插入异常:如果开一门新课,这门新课没有学生选修,就没有学号主关键字,只能等到有学生选修才能把课程号、课程名、学分和学时加入。

④ 删除异常：如果学生已经毕业，那么学号不存在了，选修记录也必须删除。

为了消除这种部分依赖，可以进行关系模式的分解，将上述关系分解为三个关系，带下画线的属性是关系的主关键字。

- 学生（<u>学号</u>，姓名）
- 课程（<u>课程号</u>，课程名，学分，学时）
- 选课成绩（<u>学号</u>，课程号，平时成绩，考试成绩，最终成绩）

3. 第三范式（3NF）

假设关系中有 A、B、C 三个属性，传递依赖是指关系中 B 属性依赖于主关键字段 A，而 C 属性依赖于 B，称属性 C 传递依赖于 A。

如果关系模式 R 是第二范式，且所有非主属性对任何主关键字都不存在传递依赖，则称 R 满足第三范式或 R 是第三范式，第三范式简记为 3NF。

【例 1.8】分析例 1.7 规范化后的三个关系，判断是否都符合第三范式，并对不符合第三范式的关系进行规范化。

在例 1.7 规范化后的三个关系中，学生和选课成绩关系中的所有属性与主关键字之间仅存在完全依赖关系，并不存在传递依赖关系，因此符合第三范式。但是在课程关系中，如果学分是根据学时的多少来决定的，那么学分就是通过学时传递依赖于课程号。

解决方法是消除其中的传递依赖。将课程关系进一步分解为两个关系：

- 课程（<u>课程号</u>，课程名，学时）
- 学分（<u>学时</u>，学分）

另一种解决方法是将不必要的属性删除。如果课程关系中，学时属性与学分取值相同，则保留一个即可。即课程关系修改为：

- 课程（<u>课程号</u>，课程名，学时）

1.4.2 数据库设计步骤

事实上，设计数据库的主要目的是为了设计出满足实际应用需求的实际关系模型。一般情况下，设计一个数据库要经过需求分析、确定所需表、确定所需字段、确定主关键字和确定表间联系等步骤。

【例 1.9】根据下面介绍的教学管理基本情况，设计"教学管理"数据库。

某学校教学管理的主要工作包括教师档案及教师授课情况管理、各专业学生档案及学生选课情况管理等。由于该校对教学管理中的信息管理比较混乱，使得很多信息无法得到充分、有效应用。解决问题的方法之一是利用数据库组织、管理和使用教学信息。

1. 需求分析

确定建立数据库的目的，以确定数据库中要保存哪些信息。需求分析是指从调查用户单位着手，深入了解用户单位数据流程，数据的使用情况，数据的数量、流量、流向、数据性质，并且做出分析，最终给出数据的需求说明书。

用户的需求主要包括以下三方面：

① 信息需求。即用户要从数据库获得的信息内容。信息需求定义了数据库应用系统应该提供的所有信息，注意清楚描述系统中数据的数据类型。

② 处理需求。即需要对数据完成什么处理功能及处理的方式。处理需求定义了系统的数据处理的操作，应注意操作执行的场合、频率、操作对数据的影响等。

③ 安全性和完整性要求。在定义信息需求和处理需求的同时必须相应确定安全性和完整性约束。

在分析中，数据库设计者要与数据库的使用人员进行交流，了解现行工作的处理过程，共同讨论使用数据库应该解决的问题和使用数据库应该完成的任务，并以此为基础进一步讨论应保存哪些数据，以及怎样保存这些数据。另外，还应尽量收集与当前处理有关的各种表格。

根据需求分析的内容，对该教学管理情况进行分析可以确定，建立"教学管理"数据库的目的是为了解决教学信息的组织和管理问题，主要任务应包括教师信息管理、教师授课信息管理、各专业学生信息管理和选课情况管理等。

2. 确定数据模型

确定数据模型的过程就是对所收集到的数据进行抽象的过程。抽象是对实际事物或事件的人为处理，抽取共同的本质特性，得到相关数据模型。

（1）概念设计

从需求出发，确定需保存哪些数据、进行哪些处理操作，从而确定各相关实体。从上一步的分析可以确定本"教学管理"数据库应该包含有专业、教师、学生、课程这四个实体。从数据库应完成的任务分析，可以确定各实体应包含的属性，进而得到本"教学管理"数据库的四个实体型，即：

- 学生（学号，姓名，专业代码，性别，出生日期，籍贯，是否团员）
- 专业（专业代码，专业名称）
- 课程（课程号，课程名，学时，是否必修）
- 教师（工号，姓名，性别，工作时间，政治面貌，学历，职称，学院，电话号码）

进一步分析这四个实体之间的联系，可得：

- 专业实体与学生实体之间是一对多联系。
- 学生实体与课程实体之间是多对多联系。
- 课程实体与教师实体之间也是多对多联系。

可得本"教学管理"数据库的概念模型，如图1.5所示。

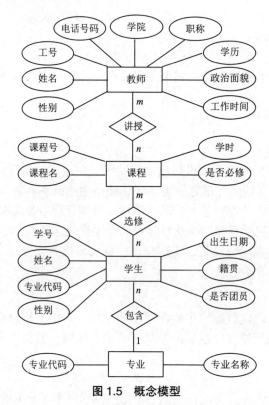

图1.5 概念模型

（2）逻辑设计

由上述的概念模型确定关系模式，可参看例1.2的转换。

教师与另外三个实体型在转换为关系模式时处理方式相同。教师与课程之间的多对多联系转换成一个关系模型，即授课，为使关系模式更清晰，设立一个授课ID作为该关系的码。根据规范化理论，可得到本"教学管理"数据库的关系模型为：

- 学生（学号，姓名，专业代码，性别，出生日期，籍贯，是否团员）
- 专业（专业代码，专业名称）
- 课程（课程号，课程名，学时，是否必修）
- 选课成绩（学号，课程号，平时成绩，考试成绩，最终成绩）

- 教师（工号，姓名，性别，工作时间，政治面貌，学历，职称，学院，电话号码）
- 授课（授课 ID，课程号，教师工号）

3. 确定数据表

根据已确定的"教学管理"数据库关系模型，可将教学管理的数据分别存放在学生、专业、课程、选课成绩、教师和授课这六个表中，同时也确定了各表的各个字段。这样经过前面几步，可以得到关系图，如图 1.6 所示。

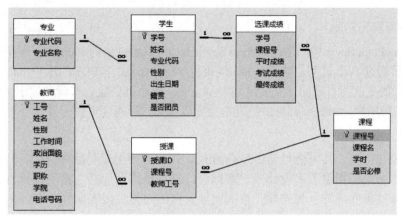

图 1.6　表关系图

1.5　初识数据库

主流关系型数据库有 MySQL、Oracle、Access 等，我国的阿里云关系型数据库 RDS（relational database service）是一种安全稳定可靠、高性价比、可弹性伸缩的在线数据库服务。RDS 支持 MySQL、SQL Server、PostgreSQL 和 MariaDB 引擎，并且提供了容灾、备份、恢复、监控、迁移等方面的全套解决方案，帮助中小企业解决数据库运维的烦恼。阿里云数据库 RDS 的诞生符合习近平总书记在党的二十大报告中提到"加强基础研究，突出原创，鼓励自由探索"的精神。

而本教材的 Access 数据库也是一个功能强大、方便灵活的关系型数据库管理系统。使用 Access，用户可以管理从简单的文本、数字到复杂的图片、动画和音频等各种类型的数据。在 Access 中，可以构造应用程序来存储和归档数据，可以使用多种方式进行数据的筛选、分类和查询，还可以通过显示在屏幕上的窗体来查看数据，或者生成报表将数据按一定的格式打印出来，并支持通过 VBA 编程来处理数据库中的数据。

1.5.1　Access 的特点

与其他关系型数据库管理系统相比，Access 具有以下几个特点：

1. 存储文件单一

一个 Access 数据库文件中包含了该数据库中的全部数据表、查询，以及其他与之相关的内容。文件单一，便于计算机外存储器的文件管理，也使用户操作数据库及编写应用程序更为方便。而在其他关系型数据库系统中，每个数据库由许多不同的文件组成，往往是一个数据库表存为一个文件。

2. 面向对象

Access 是一个面向对象的、采用事件驱动的新型关系型数据库。利用面向对象的方式将数据库系统中的各种功能对象化，将数据库管理的各种功能封装在各类对象中。它将一个应用系统当作是由一系列对象组成的，对每个对象都定义一组方法和属性，以定义该对象的行为和属性，用户还可以按需要给对象扩展方法和属性。通过对象的方法和属性完成数据库的操作和管理，极大地简化了用户的开发工作。同时，这种基于面向对象的开发方式，使得开发应用程序更为简便，可以完善地管理各种数据库对象，具有强大的数据组织、用户管理、安全检查等功能。

3. 支持广泛

Access 可以通过 ODBC（open database connectivity，开放式数据库互连）与 Oracle、Sybase、FoxPro 等其他数据库相连，实现数据的交换和共享。并且，作为 Office 办公软件包中的一员，Access 还可以与 Word、Outlook、Excel 等其他软件进行数据的交换和共享。利用 Access 的 DDE（dynamic data exchange，动态数据交换）和 OLE（object link and embedding，对象链接与嵌入）特性，可以在一个数据表中嵌入位图、声音、Excel 表格、Word 文档等。

4. 具有Web数据库发布功能

借助 Microsoft SharePoint Sever 中新增的 Access Services，可以通过新的 Web 数据库在 Web 上发布数据库。联机发布数据库，然后通过 Web 访问、查看和编辑它们。没有 Access 客户端的用户可以通过浏览器打开 Web 窗体和报表。对其所做的更改将自动同步。无论是大型企业、中小型企业、非营利组织，还是只想找到更高效的方式来管理个人信息的用户，Access 都可以更轻松地完成任务，且速度更快、方式更灵活、效果更好。

5. 操作使用方便

Access 是一个可视化工具，其风格与 Windows 相同，用户想要生成对象并应用，只要使用鼠标进行拖放即可，非常直观方便。系统还提供了表设计器、查询设计器、窗体设计器、报表设计器、宏设计器等许多可视化的操作工具，以及数据库向导、表向导、查询向导、窗体向导、报表向导等多种向导，可以使用户很方便地构建一个功能完善的数据库系统。

Access 中嵌入的 VBA（visual basic for application）编程语言是一种可视化的软件开发工具，编写程序时只需将一些常用的控件摆放到窗体上，即可形成良好的用户界面、必要时再编写一些 VBA 代码即可形成完整的程序。实际上，在编写数据库操作程序时，如摆放必要的控件、编写基本的代码这样的工作，也都可以自动进行。

1.5.2 Access的工作界面

Access 2016 也是微软办公软件 Office 2016 中的一个组件，是一个数据库应用程序设计和部署工具。启动 Access 2016，首先出现创建空白数据库或打开数据库视图，若选择创建空白数据库，则进入工作界面，如图 1.7 所示。

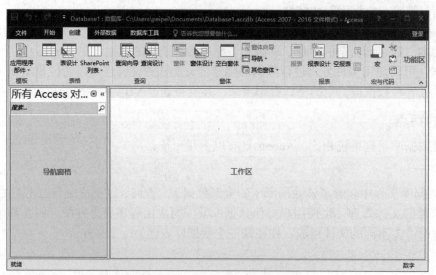

图 1.7 Access 2016 工作界面

Access 2016 的工作界面也是采用功能区用户界面，"功能区"以选项卡形式将各种相关功能组合在一起，使用功能区可以快速查找相关命令，极大地方便了用户的使用。功能区包括"文件"、"开始"、"创建"、"外部数据"和"数据库工具"等选项卡，每个选项卡都包含多组相关命令。此外，在对数据库对象进行操作时，还会自动打开上下文选项卡。

功能区下方分为左、右两个区域。左边的区域是数据库导航窗格，右边的区域是数据库对象工作区。

① 导航窗格显示 Access 的所有数据库对象，主要包括表、查询、窗体、报表、宏和模块。按快捷键【F11】，可显示或隐藏导航窗格。用户使用该窗口选择或切换数据库对象，右击任一对象即可打开快捷菜单，可以从中选择需要的命令执行相应的操作。单击导航窗格右上方的向下箭头按钮，弹出"浏览类别"菜单，如图 1.8 所示。

② 工作区在默认情况下以选项卡式文档来显示数据库对象，如图 1.9 所示。每打开一个数据库对象，都会在选项卡式文档区中出现该对象窗口的文档选项卡，单击不同的文档选项卡就可以在不同的对象窗口之间进行切换。用户通过该对象窗口实现对数据库对象的操作。

图 1.8 "浏览类别"菜单

图 1.9 选项卡式文档

1.5.3 Access的基本对象

Access 将数据库定义成一个 .accdb 文件，并分成表、查询、窗体、报表、宏和模块六个对象。

1. 表

表是 Access 数据库最基本的对象，是具有结构的某个相同主题的数据集合。表由行和列组成，表中的列称为字段，用来描述数据的某类特征。表中的行称为记录，用来反映某一实体的全部信息。记录由若干字段组成。能够唯一标识表中每一条记录的字段或字段组合称为主关键字，在 Access 中也称为主键。

使用表对象主要是通过"数据表视图"和"设计视图"来完成。图 1.10 所示为表对象"学生"的"数据表视图"，其对应的"设计视图"如图 1.11 所示。

学号	姓名	专业代码	性别	出生日期	籍贯	是否团员
20510101	翟中华	51	男	2002-05-08	浙江	✓
20510102	马力	51	女	2001-10-09	江西	
20510103	田大海	51	男	2002-07-31	广东	✓
20510104	盖大众	51	男	2002-08-29	云南	
20510105	高明	51	女	2001-11-25	湖北	✓
20510106	赵国庆	51	男	2001-10-30	湖南	✓
20520101	张明亮	52	男	2002-07-15	广西	✓
20520102	刘思远	52	男	2001-12-01	福建	
20520103	李钰	52	女	2001-12-30	四川	✓
20520104	孔明	52	男	2002-04-05	上海	✓
20520105	钟卫国	52	男	2001-11-01	江苏	✓
20530101	弓琦	53	男	2001-11-26	安徽	✓
20530102	文华	53	女	2002-03-15	山东	✓
20530103	王光耀	53	男	2001-11-15	河南	✓
20530104	田爱华	53	女	2001-09-21	河北	✓
20540101	陈诚	54	男	2002-05-28	山西	
20540102	庄严	54	男	2001-11-12	陕西	✓
20540103	王建忠	54	男	2001-12-14	甘肃	
20550101	李思齐	55	女	2002-06-25	宁夏	✓
20550102	秦辉煌	55	男	2001-10-01	北京	✓
20550103	杨维和	55	男	2001-11-20	天津	✓
20560101	许诺	56	女	2001-11-30	辽宁	✓
20560102	顾佳	56	女	2002-04-18	吉林	✓

图 1.10 表的"数据表视图"

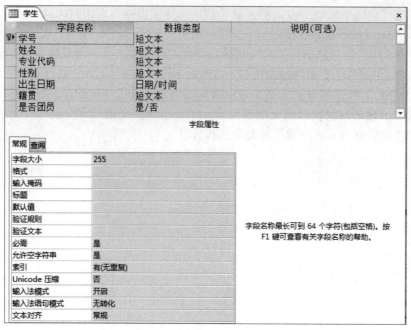

图 1.11 表的"设计视图"

在表内可以定义索引,以加快查找速度。一个数据库中的多个表并不是孤立存在的。通过有相同内容的字段可在多个表之间建立联系。例如,"教学管理"数据库中的课程表和授课表之间通过共有字段"课程号"建立了联系。

2. 查询

查询是通过设置某些条件,从表中获取所需要的数据。按照指定规则,查询可以从一个表、一组相关表和其他查询中抽取全部或部分数据,并将其集中起来,形成一个集合供用户查看。将查询保存为一个数据库对象后,可以在任何时候查询数据库的内容。

在数据表视图中显示的一个查询看起来很像一个表,但查询与表有本质的区别。首先,查询中的数据都是来自于表中的数据。其次,查询结果的每一行可能由多个表中的字段构成;查询可以包含计算字段,也可以显示基于其他字段内容的一些结果。可以将查询看作是以表为基础数据源的"虚表"。

3. 窗体

窗体是 Access 数据库对象中最具灵活性的一个对象,是数据库和用户的一个联系界面,用于显示包含在表或查询中的数据和操作数据库中的数据。在窗体上摆放各种控件,如文本框、列表框、复选框、按钮等。分别用于显示和编辑某个字段的内容,也可以通过单击、双击等操作,调用与之联系的宏或模块(VBA 程序),完成较为复杂的操作。

4. 报表

报表可以按照指定的样式将多个表或查询中的数据显示(打印)出来。报表中包含了指定数据的详细列表、报表也可以进行统计计算。如求和、求最大值、求平均值等。报表与窗体类似,也是通过各种控件来显示数据的,报表的设计方法也与窗体大致相同。

5. 宏

宏是若干个操作的组合。用来简化一些经常性的操作。用户可以设计一个宏来控制系统的操作,当执行这个宏时,就会按这个宏的定义依次执行相应的操作。宏可以打开并执行查询、打开表、打开窗体、打印显示报表、修改数据及统计信息、修改记录、修改表中的数据、插入记录、删除记录、关闭表等。

当数据库中有大量重复性的工作需要处理时,使用宏是最佳的选择。宏可以单独使用,也可以与窗体配合使用。用户可以在窗体上设置一个命令按钮,单击这个按钮时,就会执行一个指定的宏。

宏有多种类型,它们之间的差别在于用户触发宏的方式。宏可以是包含一系列操作的一个宏,也可以是由若干个宏组成的宏组。另外,还可以在宏操作中添加条件来控制其是否执行。

6. 模块

模块是用 VBA 语言编写的程序段,它以 Visual Basic 为内置数据库程序语言。对于数据库一些较为复杂或高级的应用功能,需要使用 VBA 编程实现。通过在数据库中添加 VBA 代码,可以创建出自定义菜单、工具栏和具有其他功能的数据库应用系统。

模块由声明、语句和过程组成。Access 有两种类型的模块:标准模块和类模块。标准模块包含与任何其他对象都无关的常规过程,以及可以从数据库任何位置运行的经常使用的过程。标准模块和某个特定对象相关的类型模块的主要区别在于其范围和生命周期。类模块属于一种与某一特定窗体或报表相关联的过程集合,这些过程均被命名为事件过程,作为窗体或报表处理某些事件的方法。

实 验 1

一、实验目的

① 学习关系型数据库的基本概念。
② 熟悉和掌握"范式"的使用。
③ 熟悉和掌握数据库的设计方法。
④ 掌握 Access 数据库管理系统的进入与退出方法。
⑤ 了解 Access 数据库管理系统的开发环境及其基本对象。

二、实验内容

通过建立"图书销售系统"数据库对书籍销售信息进行录入、修改与管理,能够方便地查询员工销售书籍的情况和书籍、客户、员工的基本信息。因此"图书销售系统"数据库应具有以下功能:

① 录入和维护书籍的信息。关系模型为:书籍信息(书籍编号,书籍名称,类别,定价,作者名,出版社编号,出版社名称)。
② 录入和维护订单的信息。订单(客户编号,书籍编号,书籍名称,员工编号,单位名称,订购日期,数量,售出单价,出版社编号,出版社名称)。
③ 录入和维护员工的信息。关系模型为:员工信息(员工编号,姓名,性别,出生日期,年龄,职务,照片,简历)。
④ 录入和维护客户的信息。关系模型为:客户信息(客户编号,单位名称,联系人,地址,邮政编码,电话号码,区号)。
⑤ 能够按照各种方式方便地浏览销售信息。
⑥ 能够完成基本的统计分析功能,并能生成统计报表打印输出。

根据此描述,设计一个"图书销售系统"数据库。

三、实验要求

① 根据实际工作需要进行需求分析,设计出"图书销售系统"数据库的框架(所需表及表结构)。
② 根据数据规范化原则,对设计出的数据库表进行规范化处理。
③ 设计多表间的关系。

四、实验过程

数据库设计是指对给定的应用环境,设计一个结构优化的数据库。根据本实验题目题意分析,要求设计一个关系型"图书销售系统"数据库。关系模型是当今最流行的数据库模型,其基本数据结构是二维表,一个关系数据库由若干相互关联的二维表组成。

一个结构优化的数据库设计是对数据进行有效管理的前提。数据库设计者经过多年的努力探索,运用软件工程的思想和方法,先后提出多种设计方法和规范,例如,基于 3NF(第三范式)的设计方法、实体-联系(E-R)模型方法、语义对象模型方法、计算机辅助设计方法等。根据本实验所给资料分析,采用基于 3NF(第三范式）的设计方法较为方便，下面给出设计步骤。

1. 需求分析

确定建立数据库的目的，进而确定数据库中要保存哪些信息。

根据本实验题目题意分析可以确定，建立"图书销售系统"数据库的目的是解决书籍销售信息的组织和管理问题，主要应包括书籍、客户、员工的基本信息情况以及员工销售书籍的信息情况。

2. 确定所需表

在图书销售系统业务的描述中提到了书籍、客户、员工以及订单等内容，遵从概念单一化"一事一表"原则，"图书销售系统"数据库至少应包括书籍、客户、员工、订单四个表。

分析所给订单内容，其主关键字应为"员工编号+客户编号+书籍编号"，由于"订购日期"部分依赖于"员工编号+客户编号"；"单位名称"部分依赖于"客户编号"；"书名""数量""出版社编号""出版社名称"等图书信息部分依赖于"书籍编号"，只有"数量"和"售出单价"完全依赖于主关键字"员工编号+客户编号+书籍编号"，不符合数据库设计的 2NF 规范化理论，因此应将其进行拆分，分为订单（客户编号、员工编号、订购日期）、订单明细（客户编号、员工编号、书籍编号、数量、售出单价）、书籍（书籍编号、书名、出版社编号、出版社名称）和客户（客户编号、单位名称）等表。而书籍信息表与客户信息表已有，所以"图书销售系统"数据库最终应包括书籍信息、客户信息、员工信息、订单表和订单明细五个表。

3. 确定所需字段

分析所给资料，员工表中的"年龄"为"出生日期"的计算结果，客户表中的"区号"为"电话号码"的计算结果，不必存储在表内。因此根据上面的分析及所给资料，可将"图书销售系统"数据库中五张表的字段确定下来，见表 1.13。

表 1.13 "图书销售系统"数据库表

表名	书籍信息	客户信息	员工信息	订单表	订单明细
字段 1	书籍编号	客户编号	员工编号	客户编号	客户编号
字段 2	书籍名称	单位名称	姓名	员工编号	员工编号
字段 3	类别	联系人	性别	订单日期	书籍编号
字段 4	定价	地址	出生日期		数量
字段 5	作者名	邮政编码	职务		售出单价
字段 6	出版社编号	电话号码	照片		
字段 7	出版社名称		简历		

4. 确定主关键字

关系型数据库管理系统能够迅速查找存储在多个独立表中的数据并组合这些信息。为使其有效工作，数据库中的每个表都必须有一个或组合字段可用以确定存储在表中的每个记录，即主关键字。

"图书销售系统"数据库的五个表中，书籍信息、客户信息、员工信息都设计了主关键字，分别为"书籍编号"、"客户编号"和"员工编号"。订单表中主关键字应为组合字段"员工编号+客户编号"，为了使表结构更加清晰，在此为订单表另外设计主关键字"订单编号"；订单明细表主关键字应为组合字段"员工编号+客户编号+书籍编号"（即"订单编号+书籍编号"），在此为其另外设计主关键字"订单明细号"。设计后的表结构见表 1.14。

表 1.14 确定主关键字后的"图书销售系统"数据库表

表名	书籍信息	客户信息	员工信息	订单表	订单明细
字段 1	书籍编号	客户编号	员工编号	订单编号	订单明细号
字段 2	书籍名称	单位名称	姓名	客户编号	订单编号
字段 3	类别	联系人	性别	员工编号	书籍编号
字段 4	定价	地址	出生日期	订单日期	数量
字段 5	作者名	邮政编码	职务		售出单价
字段 6	出版社编号	电话号码	照片		
字段 7	出版社名称		简历		

5. 确定表间联系

确定表间联系的目的是使表的结构更加合理，确保其不仅存储了所需的实体信息，而且反映出实体之间客观存在的关联。表与表之间的联系需要通过设置两个表中共同字段的关联来完成，因此为了确保两张表之间能够建立起联系，应确定其中一个表的主关键字在另外一个表中存在，称其为外关键字。"图书销售系统"数据库中五个表之间的联系为：

① 书籍信息表中的书籍编号是主关键字，对应订单明细表中的书籍编号是外关键字，并且是一对多的关系。
② 客户信息表中的客户编号是主关键字，对应订单表中的客户编号是外关键字，并且是一对多的关系。
③ 员工信息表中的员工编号是主关键字，对应订单表中的员工编号是外关键字，并且是一对多的关系。
④ 订单表中的订单编号是主关键字，对应订单明细表中的订单编号是外关键字，并且是一对多的关系。

习 题 1

一、简答题

1. 简述数据库系统的组成。
2. 常用的数据模型有哪些？各具有什么特点？
3. 简述 1NF 和 2NF 的主要内容。
4. 数据库的设计过程包括哪几个主要步骤？
5. Access 数据库管理系统有几类对象？它们的作用是什么？

二、选择题

1. 在数据管理技术发展的三个阶段中，数据共享程度最好的阶段是（   ）。
   A. 人工管理阶段   B. 文件系统阶段
   C. 数据库系统阶段   D. 三个阶段相同
2. Access 数据库管理系统采用的数据模型是（   ）。
   A. 实体-联系模型   B. 层次模型   C. 网状模型   D. 关系模型
3. 数据库（DB）、数据库系统（DBS）、数据库管理系统（DBMS）三者之间的关系是（   ）。
   A. DBS 包括 DB 和 DBMS   B. DBMS 包括 DB 和 DBS
   C. DB 包括 DBS 和 DBMS   D. DBS 就是 DB，也就是 DBMS
4. 将两个关系中具有相同属性值的元组连接到一起构成新关系的操作称为（   ）。
   A. 连接   B. 选择   C. 投影   D. 关联
5. 对于现实世界中事物的特征，在实体联系模型中使用（   ）。
   A. 主关键字描述   B. 属性描述   C. 二维表格描述   D. 实体描述
6. 主关键字是关系模型中的重要概念。当一张二维表（A 表）的主关键字被包含到另一张二维表（B 表）中时，它就称为 B 表的（   ）。
   A. 主关键字   B. 候选关键字   C. 外部关键字   D. 候选码
7. 下列实体的联系中，属于多对多联系的是（   ）。
   A. 学校与校长   B. 住院的病人与病床   C. 学生与课程   D. 职工与工资
8. 关于关系数据库的设计原则，下列说法不正确是（   ）。
   A. 用主关键字确保有关联的表之间的联系
   B. 关系数据库的设计应遵从概念单一化"一事一表"的原则，即一个表描述一个实体或实体之间的一种联系
   C. 除了外部关键字之外，尽量避免在表之间出现重复字段
   D. 表中的字段必须是原始数据和基本数据元素
9. 下列不属于关系数据库系统主要功能的是（   ）。
   A. 数据共享   B. 数据定义   C. 数据控制   D. 数据维护

10. 在下列叙述中，正确的是（　　）。
    A. Access 只能使用系统菜单创建数据库系统　　B. Access 不具备程序设计能力
    C. Access 只具备了模块化程序设计能力　　　　D. Access 具有面向对象的程序设计能力
11. Access 数据库最基础的对象是（　　）。
    A. 表　　　　　　B. 宏　　　　　　C. 报表　　　　　　D. 查询
12. 数据库系统的核心是（　　）。
    A. 数据模型　　　B. 数据库管理系统　　C. 数据库　　　D. 数据库管理员
13. 在关系数据库中，能够唯一地标识一条记录的属性或属性的组合称为（　　）。
    A. 关键字　　　　B. 属性　　　　　　C. 关系　　　　　　D. 域
14. Access 数据库具有很多特点，以下叙述中，不属于 Access 特点的是（　　）。
    A. Access 数据库文件单一，一个 Access 数据库文件中包含了该数据库中的全部数据表、查询，以及其他与之相关的内容
    B. Access 可以通过编写应用程序来操作数据库中的数据
    C. Access 可以与 Word、Excel 等其他软件进行数据的交换和共享，可以在一个数据表中嵌入位图、声音、Excel 表格、Word 文档等
    D. Access 作为网状数据库模型支持客户机服务器应用系统
15. 在数据库设计的步骤中，当确定了数据库中的表后，接下来应该确定的是（　　）。
    A. 表的主关键字　　　　　　　　　　B. 表中所需字段
    C. 表间联系　　　　　　　　　　　　D. 建立数据库的目的
16. 关系模型允许定义三类数据约束，以下不属于数据约束的是（　　）。
    A. 实体完整性　　　　　　　　　　　B. 参照完整性
    C. 用户定义完整性　　　　　　　　　D. 记录完整性
17. 构成关系模型中的一组相互联系的"关系"一般是指（　　）。
    A. 满足一定规范化要求的二维表　　　B. 二维表中的一行
    C. 二维表中的一列　　　　　　　　　D. 二维表中的一个数字项
18. 在关系运算中，投影运算的含义是（　　）。
    A. 在基本表中选择满足条件的元组（记录）组成一个新的关系
    B. 在基本表中选择需要的属性（字段）组成一个新的关系
    C. 在基本表中选择满足条件的元组和需要的属性组成一个新的关系
    D. 上述说法均是正确的
19. 以下叙述中，错误的是（　　）。
    A. DBMS 是位于用户与操作系统之间的一层数据管理软件
    B. DBMS 是 database management system 的缩写
    C. 数据库系统减少了数据冗余
    D. DBMS 是指采用了数据库技术的计算机系统
20. 一间宿舍可住多个学生，则实体宿舍和学生之间的联系是（　　）。
    A. 一对一　　　　B. 一对多　　　　C. 多对一　　　　D. 多对多

三、填空题

1. 数据管理技术的发展经历了_____、_____、_____阶段。
2. 在关系模型中，二维表中的每行上的所有数据在关系中称为_____。
3. 关系的完整性约束条件包括_____、_____、_____。
4. 数据库的核心操作是_____。
5. Access 内置的开发工具是_____。
6. 在数据库系统中，实现各种数据管理功能的核心软件称为_____。
7. 数据库管理系统常见的数据模型有层次型、网状型和_____三种。
8. 在"学生档案"数据表中有学号、姓名、班级、出生日期、籍贯等字段，考虑到可能重名等情况，其

中可作为关键字的字段是_____。

9. 要从"学生"表中找出姓"刘"的学生，需要进行的关系运算是_____。

10. 如果表中一个字段不是本表的主关键字，而是另外一个表的主关键字或候选关键字，这一字段称为_____。

四、判断题

1. 数据库系统相对于文件系统，提高了数据的共享性，使多个用户能够同时访问数据库中的数据。（   ）
2. 在关系模型中，域是指元组的个数。（   ）
3. 在关系数据库中，基本的关系运算有三种，分别是选择、投影和连接。（   ）
4. 在关系数据库中，一个关系就是一条记录。（   ）
5. 在数据库技术领域中，术语 DBMS 是指包括数据库管理人员、计算机软硬件和数据库系统的系统。（   ）

第 2 章 数据库与数据表

Access 数据库与传统数据库概念有所不同,它是以一个单独的数据库文件存储在磁盘中,且这个文件存储了 Access 数据库的所有对象。事实上,Access 数据库是一个一级容器对象,其他 Access 对象均置于该容器对象之中。正是基于 Access 的这一特点,在使用 Access 组织、存储和管理数据时,应先创建数据库,然后在该数据库中创建所需的数据库对象。

表是 Access 数据库的基础,是存储数据的容器,其他数据库对象,如查询、窗体、报表等都是在表基础上建立并使用的。空数据库建好后,需要先建立表对象,并建立各表之间的关系,以提供数据的存储构架,然后创建其他 Access 对象,最终形成完备的数据库。

本章将详细介绍数据库的创建和操作,以及数据表的创建、操作和管理。

2.1 数据库的基本操作

数据库的基本操作主要涉及创建数据库、打开与关闭数据库和管理数据库。

2.1.1 创建数据库

创建数据库有两种方法,一是使用 Access 提供的模板,通过简单的操作来创建数据库,这是创建数据库最快捷的方法;二是先建立一个空数据库,然后向其中添加表、查询、窗体、报表、宏和模块等对象,这是创建数据库最灵活的方法。无论哪一种方法,创建数据库后,均可以在任何时候修改或扩展数据库。

Access 2016 中创建数据库的结果是在磁盘上产生一个扩展名为 accdb 的数据库文件。

1. 使用模板创建数据库

Access 2016 附带了各种各样的模板,模板是可以拿来直接使用的数据库,其中包含执行特定任务时所需的所有表、查询、窗体和报表。用户可以直接使用这些模板,也可以只是用这些模板作为创建数据库的起点。例如,有些模板可用于跟踪问题、管理联系人和记录费用;有些模板则包含一些可以帮助演示其用法的示例记录。如果用户可以找到完全符合需要的模板,则使用该模板可以加快创建数据库的进程。

【例 2.1】使用模板创建任务管理数据库。

操作步骤如下:

① 启动 Access 2016,在"文件"选项卡中选择"新建"命令,使用"搜索联机模板"功能,输入"数据库"可以搜索到多种类型的数据库模板,如图 2.1 所示。

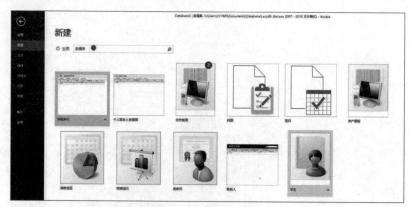

图 2.1 搜索联机模板

② 选择联机模板中的"任务管理",输入数据库名称,或更改存储位置,如图 2.2 所示。

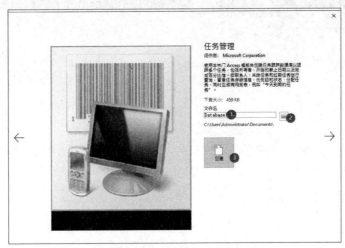

图 2.2　修改数据库名、存储位置

③ 单击"创建"按钮。下载联机模板需要等待一段时间,创建好的数据库如图 2.3 所示。

图 2.3　新建的数据库

2. 创建空白数据库

【例 2.2】不使用模板,在 D 盘"教学管理"文件夹中创建一个"教学管理"空白数据库。

操作步骤如下:

① 启动 Access 2016,单击"空白桌面数据库"按钮。

② 在弹出窗格中的"文件名"文本框中输入文件名"教学管理",如果未输入扩展名,Access 将自动添加扩展名,如图 2.4 所示。也可更改文件的存储位置,单击"文件名"文本框右侧的"浏览"按钮,通过浏览窗口定位到 D 盘中的"教学管理"文件夹。

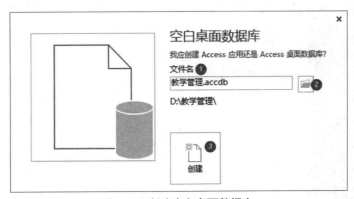

图 2.4　创建空白桌面数据库

③ 单击"创建"按钮。Access 2016 将创建一个空白数据库,该数据库含有一个名为"表 1"的空表,该表已经以"数据表视图"打开。游标将被置于"单击以添加"列中的第一个空单元格中,如图 2.5 所示。

此时可以开始对数据表进行设计,包括添加字段、输入数据,或从另一个数据源粘贴数据等。

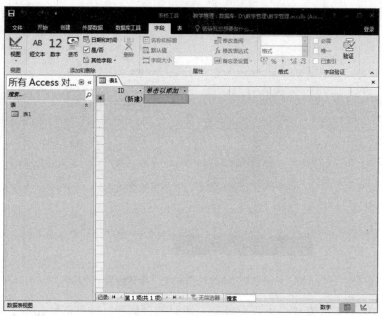

图 2.5　空白数据库界面

2.1.2　打开与关闭数据库

数据库建好后，就可以对其进行各种操作。例如，可以在数据库中添加对象，可以修改其中某对象的内容，可以删除某对象。在进行这些操作之前应先打开数据库，操作结束后需要关闭数据库。

1. 打开数据库

打开数据库的方法有两种，使用"打开"命令打开和使用"最近所用文件"命令打开。

（1）使用"打开"命令打开

【例2.3】打开D盘"教学管理"文件夹中的"教学管理"数据库。

操作步骤如下：

① 在Access窗口中，单击"文件"选项卡，在左侧窗格中单击"打开"命令。

② 在弹出的"打开"对话框中，找到D盘"教学管理"文件夹并打开。

③ 单击"教学管理"数据库文件名，然后单击"打开"按钮。

（2）使用"最近所用文件"命令打开

Access 2016自动记忆了最近打开过的数据库。对于最近使用过的数据库文件，只需执行"文件"→"打开"→"最近使用的文件"命令，如图2.6所示，再在右侧窗格中直接单击要打开的数据库文件即可。

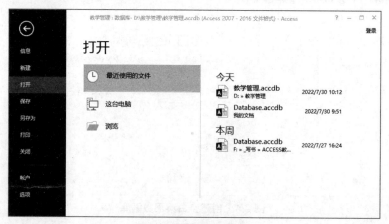

图 2.6　最近所用文件

2. 关闭数据库

完成数据库操作后，需要将其关闭。关闭数据库常用方法有如下两种：

方法1：单击Access窗口右上角的"关闭"按钮。

方法2：单击"文件"选项卡，选择"关闭"命令。

2.1.3 管理数据库

在实际使用Access数据库的过程中，为了保证数据库安全可靠地运行，在创建数据库后，必须考虑如何对数据库进行安全管理和保护。Access 2016提供了对数据库进行安全管理和保护的有效方法。

1. 设置/撤销数据库密码

保护数据库安全最简单的方法是为数据库设置打开密码，这样可以防止非法用户进入数据库。

设置Access数据库密码的前提条件是要求数据库必须以独占方式打开。所谓独占方式是指在某个时刻，只允许一个用户打开数据库。

【例2.4】为存储在D盘"教学管理"文件夹中的"教学管理"数据库设置打开密码。

操作步骤如下：

① 启动Access 2016，执行"文件"→"打开"→"浏览"命令。

② 在弹出的"打开"对话框中，找到D盘"教学管理"文件夹，选中"教学管理"数据库。

③ 单击"打开"按钮右侧下拉箭头按钮，选择"以独占方式打开"选项，如图2.7所示。这时，就以独占方式打开了"教学管理"数据库。

图2.7 "打开"对话框

④ 单击"文件"选项卡的"信息"命令，再单击"用密码进行加密"按钮。

⑤ 在弹出的"设置数据库密码"对话框的"密码"文本框中输入密码，在"验证"文本框中再次输入相同密码，如图2.8所示，单击"确定"按钮完成密码设置。

图2.8 "设置数据库密码"对话框

设置密码后，在打开"教学管理"数据库时，系统将自动弹出"要求输入密码"对话框，如图2.9所示。只有在"请输入数据库密码"文本框中输入了正确密码，才能打开"教学管理"数据库。

以独占方式打开了设置密码的数据库后，可以删除密码。只需单击"文件"选项卡的"信息"命令，再单击"解密数据库"按钮，打开"撤销数据库密码"对话框，如图 2.10 所示，并在"密码"文本框中输入密码，单击"确定"按钮即可删除密码。

图 2.9 "要求输入密码"对话框

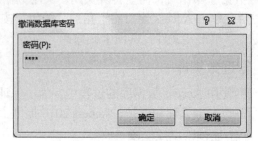

图 2.10 "撤销数据库密码"对话框

2. 备份/还原数据库

Access 提供的修复数据库功能可以解决数据库损坏的问题，但如果发生严重损坏，该功能就无能为力了。因此为了保证数据库的安全，保证数据库不会因硬件故障或意外情况遭到破坏后无法使用，应经常备份数据库。这样一旦发生意外，就可以利用备份的数据库来还原。

（1）备份数据库

【例 2.5】备份"教学管理"数据库。

操作步骤如下：

① 打开"教学管理"数据库，执行"文件"→"另存为"→"数据库另存为"→"备份数据库"命令，如图 2.11 所示，再单击"另存为"按钮，弹出"另存为"对话框。

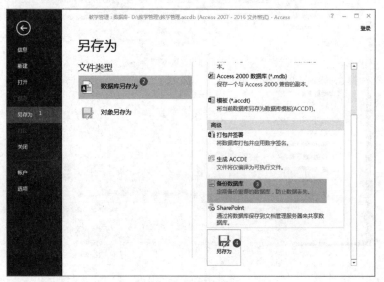

图 2.11 备份数据库

② 在"另存为"对话框中定位备份位置，并在"文件名"文本框中输入备份数据库的文件名（默认为"数据库名称＋备份日期"），如图 2.12 所示，单击"保存"按钮，完成对数据库的备份。

（2）还原数据库

如果需要恢复以前的数据，可以还原数据库。Access 2016 本身未提供还原数据库的功能，但可以通过 Windows 的资源管理功能来还原数据库文件。

【例 2.6】还原文件名为"教学管理_2022-07-30"的数据库。

操作步骤如下：

① 打开 Windows 资源管理器，找到"教学管理_2022-07-30"数据库文件并复制。

图 2.12 "另存为"对话框

② 找到需要替换的已损坏的数据库文件并粘贴。

3. 压缩/修复数据库

在对 Access 数据库进行操作时，常常要将不需要的表、查询、窗体、报表等对象从数据库中删除。但是，当删除了这些对象后，Access 并不会将其占用的空间释放，使得数据库文件中的碎片不断增加，而数据库文件也变得越来越大。这样将会造成计算机硬盘空间的使用效率降低，使数据库的性能下降，甚至会出现打不开数据库的现象。解决这一问题最好的方法是使用 Access 提供的压缩和修复数据库功能。压缩可以消除碎片，释放碎片占用的空间；修复可以将数据库文件中的错误进行修正。在对数据库文件压缩之前，Access 会对文件进行错误检查，如果检测到数据库损坏，就会要求修复数据库。压缩数据库的方法有两种，分别是自动压缩和手动压缩。

（1）关闭数据库时自动压缩

Access 2016 提供了关闭数据库时自动压缩数据库的方法。如果需要在关闭数据库时自动执行压缩，可以设置"关闭时压缩"选项，设置该选项只会影响当前打开的数据库。

【例 2.7】使"教学管理"数据库在每次运行完关闭时，自动执行压缩数据库的操作。

操作步骤如下：

① 打开"教学管理"数据库，单击"文件"选项卡的"选项"命令。

② 在弹出的"Access 选项"对话框左侧窗格中，单击"当前数据库"，在右侧窗格中选中"应用程序选项"组中的"关闭时压缩"复选框，如图 2.13 所示，单击"确定"按钮完成设置。

（2）手动压缩和修复数据库

除了使用"关闭时压缩"数据库选项外，还可以手动执行"压缩和修复数据库"命令。

操作步骤如下：

① 打开要压缩和修复的数据库。

② 单击"数据库工具"选项卡，单击"压缩和修复数据库"按钮；或单击"文件"选项卡的"信息"命令，在右侧窗格中单击"压缩和修复数据库"选项。

这时，系统将进行压缩和修复数据库的工作。由于在修复数据库的过程中，Access 可能会截断已损坏的表中的某些数据。因此建议在执行压缩和修复命令之前，先对数据库文件进行备份，以便恢复数据。此外，若不需要在网络上共享数据库，最好将数据库设为"关闭时压缩"。

图 2.13 设置关闭数据库时自动执行压缩

2.2 创建数据表

空数据库建好后，需要先建立表对象，并建立各表之间的关系，以提供数据的存储构架。

2.2.1 数据表结构

表是 Access 数据库中最基本的对象，是具有结构的某个相同主题的数据集合，是由行和列构成，如图 2.14 所示。

学号	姓名	专业	性别	出生日期	籍贯	是否团员	单击以添加
20510101	翟中华	51	男	2002-05-08	浙江	☑	
20510102	马力	51	女	2001-10-09	江西	☐	
20510103	田大海	51	男	2002-07-31	广东	☑	
20510104	盖大众	51	男	2002-08-29	云南	☐	
20510105	高明	51	女	2001-11-25	湖北	☑	
20510106	赵国庆	51	男	2001-10-30	湖南	☑	
20520101	张明亮	52	男	2002-07-15	广西	☑	
20520102	刘思远	52	男	2001-12-01	福建	☐	
20520103	李钰	52	女	2001-12-30	四川	☑	
20520104	孔明	52	男	2002-04-05	上海	☐	
20520105	钟卫国	52	男	2001-11-01	江苏	☑	
20530101	弓琦	53	男	2001-11-26	安徽	☑	
20530102	文华	53	男	2002-03-15	山东	☑	
20530103	王光耀	53	男	2001-11-15	河南	☑	
20530104	田爱华	53	女	2001-09-21	河北	☑	
20540101	陈诚	54	男	2002-05-28	山西	☐	
20540102	庄严	54	男	2001-11-12	陕西	☑	
20540103	王建忠	54	男	2001-12-14	甘肃	☐	
20550101	李思齐	55	女	2002-06-25	宁夏	☐	
20550102	秦辉煌	55	男	2001-10-01	北京	☑	

图 2.14 Access 数据库中的表

表中列称为字段，用来描述数据的某类特征。表中行称为记录，由若干个字段组成，用来反映某一实体的全部信息。能够唯一标识表中每一条记录的字段或字段组合称为主关键字，也称为主键。

Access 表由表结构和表内容两部分构成。表结构是指数据表的框架，主要包括字段名称、数据类型、字段属性（参见 2.2.3 节）等。图 2.14 所示数据表的表结构如图 2.15 所示。表内容是指数据表中的记录。

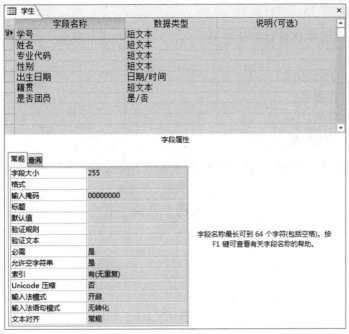

图 2.15 数据表结构

1. 字段名称

每个字段应具有唯一的名字,称为字段名称,如图 2.15 中的"学号""姓名"等字段名称。在 Access 中,字段名称的命名规则如下:

① 长度为 1~64 个字符。
② 可以包含字母、汉字、数字、空格和其他字符,但不能以空格开头。
③ 不能包含句号"."、感叹号"!"、方括号"[]"和引号"''"。
④ 不能使用 ASCII 码中 0~32 的 ASCII 字符。

2. 数据类型

根据关系数据库理论,一个表中的同一列数据必须具有相同的数据特征,称为字段的数据类型。在设计表时,必须定义表中每个字段应该使用的数据类型。Access 2016 提供了 12 种数据类型,具体见表 2.1。

表 2.1　Access 2016 数据类型

数据类型	用法	字段大小
短文本	字母数字数据(名称、标题等),例如姓名、学号等	由用户定义,最多 255 个字符,只保存输入的字符,不保存文本前后的空格
长文本	长短不固定或长度很长的文本	最多的 1 GB,但显示长文本的控件限制为显示前 5 400 个字符,不可定义
数字	可用于算术运算的数字数据。分为字节、整型、长整型、单精度、双精度、同步复制 ID 和小数几种字段大小	由用户定义,不同分类的存储上限分别是 1、2、4、8、12 或 16 字节
日期/时间	可分别表示日期或时间,可显示为 7 种格式	8 字节,不可变
货币	货币数据,使用 4 位小数的精度进行存储	8 字节,不可变
自动编号	在添加记录时自动插入的唯一顺序号(每次递增 1)或随机编号,可用作默认关键字	4 字节,不可变
是/否	字段只包含两个值中的一个,例如"是/否""真/假""开/关"	1 字节,不可变
OLE 对象	对象的连接与嵌入,将其他格式的外部文件(二进制数据)对象链接或嵌入到表中	最大 2 GB,不可定义
超链接	存储超链接的字段。	最多 8 192 个字符
附件	附件可以链接所有类型的文档和二进制文件,不会占用数据库空间	最大约 2 GB,不可定义
计算	显示根据同一表中的其他数据计算而来的值,可以用表达式生成器来创建	由参与计算的字段决定,不可定义
查阅向导	允许用户使用组合框选择来自其他表或来自值列表中的选项,选择此选项将启动向导进行定义	取决于查阅字段的数据类型,不可定义

2.2.2 创建数据表

在 Access 数据库中，大量的数据要存储在表中，如果用户完成了数据的收集及二维表的设计，便可以进行创建表的操作。

在 Access 中，创建表的方法有：
- 使用"数据表视图"创建表。
- 使用"设计视图"创建表。

1. 使用"数据表视图"创建表

【例2.8】在"教学管理"数据库中使用"数据表视图"创建"学生"表，表结构见表2.2。

表2.2 "学生"表结构

序 号	字段名称	数据类型	大 小	是否主键
1	学号	短文本	9	是
2	姓名	短文本	10	否
3	专业代码	短文本	4	否
4	性别	短文本	1	否
5	出生日期	日期/时间		否
6	籍贯	短文本	10	否
7	是否团员	是/否		否

操作步骤如下：

① 打开"教学管理"数据库。

② 单击"创建"选项卡→"表格"选项组→"表"按钮，将显示一个空数据表。

③ 选择"ID"字段列，单击"表格工具-字段"选项卡→"属性"选项组→"名称和标题"命令按钮，如图2.16所示。

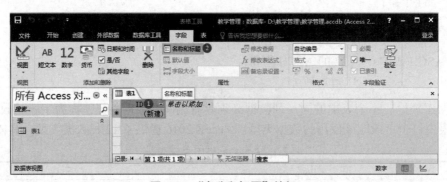

图2.16 "名称和标题"按钮

④ 弹出"输入字段属性"对话框，在"名称"文本框中输入"学号"，如图2.17所示，单击"确定"按钮。

图2.17 "输入字段属性"对话框

⑤ 选择"学号"字段列，单击"表格工具-字段"选项卡→"格式"选项组→"数据类型"下拉按钮，从弹出的下拉列表中选择"短文本"；在"属性"选项组中的"字段大小"文本框中输入字段大小值9，如图2.18所示。

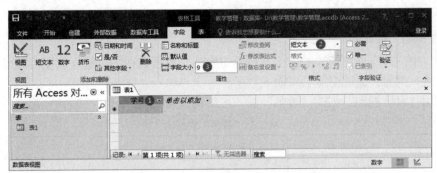

图 2.18 设置数据类型和字段大小

⑥ 单击"单击以添加"列的下拉按钮,如图 2.19(a)所示,从弹出的下拉列表中选择"短文本",这时 Access 自动为该新字段命名为"字段 1",如图 2.19(b)所示。将"字段 1"改为"姓名";再选中"姓名"列,并在"表格工具-字段"选项卡→"属性"选项组的"字段大小"文本框中输入 10。

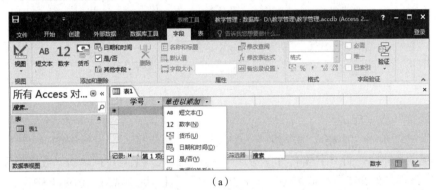

(a)

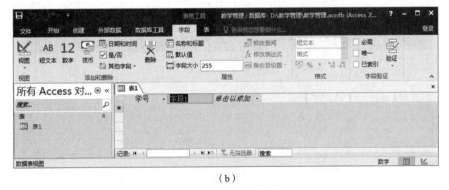

(b)

图 2.19 添加新字段

⑦ 按照表 2.2 所示的"学生"表结构,参照第⑥步添加其他字段,最终结果如图 2.20 所示。

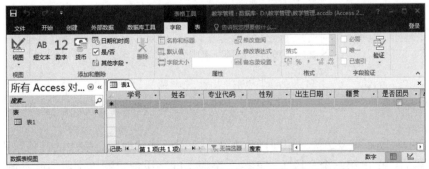

图 2.20 使用"数据表视图"创建"学生"表结果

⑧ 单击快速访问工具栏上的"保存"按钮或"文件"选项卡→"保存"命令,弹出"另存为"对话框,

输入表名"学生",单击"确定"按钮保存数据表。

2. 使用"设计视图"创建表

在"设计视图"中,首先创建新表的结构,然后切换到"数据表视图"输入数据。既可以手动输入数据,也可以使用其他方法(例如,通过窗体)来输入数据。

【例2.9】使用"设计视图"创建"教师"表,表结构见表2.3。

表2.3 "教师"表结构

序 号	字段名称	数据类型	大 小	是否主键
1	工号	短文本	4	是
2	姓名	短文本	10	否
3	性别	短文本	1	否
4	工作日期	日期/时间		否
5	政治面貌	短文本	10	否
6	学历	短文本	10	否
7	职称	短文本	10	否
8	学院	短文本	10	否
9	电话号码	短文本	15	否

操作步骤如下:

① 打开"教学管理"数据库。

② 单击"创建"选项卡→"表格"选项组→"表设计"按钮,进入"设计视图"。

③ 单击"设计视图"的第一行"字段名称"列,并在其中输入"工号";单击"数据类型"列的下拉按钮,在弹出的下拉列表中选择"短文本"数据类型;在下方"字段属性"区"常规"选项卡中设置"字段大小"为4,如图2.21所示。

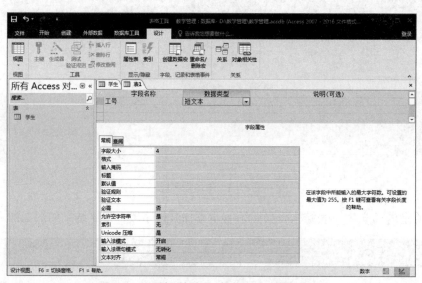

图2.21 设计"教师"表中的"工号"字段

④ 单击"设计视图"的第二行"字段名称"列,并在其中输入"姓名";单击"数据类型"列的下拉按钮,在弹出的下拉列表中选择"短文本"数据类型;在下方"字段属性"区"常规"选项卡中设置"字段大小"为10。

⑤ 按照表2.3所示"教师"表结构,用同样的方法,分别设计"教师"表中的其他字段。

⑥ 定义全部字段后,单击第一个字段("工号"字段)的字段选定器(字段名称左侧的小方块),再单击"表格工具-设计"选项卡→"工具"选项组→"主键"按钮,将该字段定义为所建表的一个主键。也可以通过右击"工号"字段,选择快捷菜单中的"主键"命令。

⑦ 单击快速访问工具栏上的"保存"按钮或"文件"选项卡→"保存"命令,弹出"另存为"对话框,输入表名"教师",单击"确定"按钮保存数据表。在"设计视图"中设计"教师"表的结果,如图 2.22 所示。

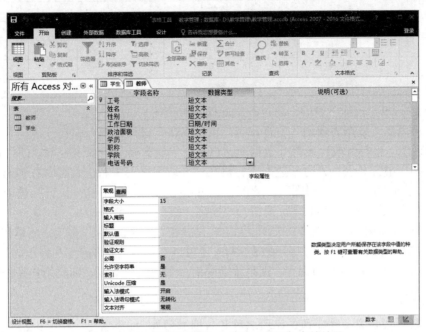

图 2.22　在"设计视图"中设计"教师"表的结果

对比以上两例,可知:

① 使用"数据表视图"建立表结构时无法进行更详细的属性设置。但对于比较复杂的表结构,可以在创建完毕后使用设计视图修改。

② 使用"数据表视图"建立表结构后可直接进行数据的录入。使用"设计视图"建立表结构后需切换到"数据表视图"才能录入数据。

③ 另外,使用"设计视图"增加字段时可以在"说明"列中输入字段的附加信息。当插入点位于该字段中时,将在状态栏中显示该附加信息。

【例 2.10】利用表的"设计视图",创建"课程"表、"专业"表、"授课"表和"选课成绩"表。具体表结构见表 2.4 ~ 表 2.7。

表 2.4　"课程"表结构

序 号	字 段 名 称	数 据 类 型	大　小	是 否 主 键
1	课程号	短文本	4	是
2	课程名	短文本	30	否
3	学时	数字	整型	否
4	是否必修	是/否		否

表 2.5　"专业"表结构

序 号	字 段 名 称	数 据 类 型	大　小	是 否 主 键
1	专业代码	短文本	4	是
2	专业名称	短文本	30	否

表 2.6　"授课"表结构

序 号	字 段 名 称	数 据 类 型	大　小	是 否 主 键
1	授课 ID	数字	长整型	是
2	课程号	短文本	4	否
3	教师工号	短文本	4	否

表 2.7 "选课成绩"表结构

序　　号	字 段 名 称	数 据 类 型	大　　小	是否主键
1	学号	短文本	9	否
2	课程号	短文本	4	否
3	平时成绩	数字	整型	否
4	考试成绩	数字	整型	否
5	最终成绩	数字	单精度型	否

操作步骤请参照例 2.9 "教师"表的创建过程，此处不再赘述。

在 Access 中，可以在"数据表视图"中打开表，也可以在"设计视图"中打开表。

① 在"数据表视图"中打开表：先打开数据库，再在"导航窗格"中双击表名，即可打开表。

② 在"设计视图"中打开表：先打开数据库，再在"导航窗格"中右击表名，在弹出的快捷菜单中选择"设计视图"命令，打开表的"设计视图"。此时，也可以单击"表格工具-设计"选项卡→"视图"选项组→"视图"下拉列表中的"数据表视图"按钮，切换到"数据表视图"。

在 Access 中，表操作结束后，应该将其关闭。无论表是处于"数据表视图"状态，还是在"设计视图"状态，单击窗口右上角的"关闭"按钮都可以将打开的表关闭。还可以右击表名选项卡，在弹出的快捷菜单中选择"关闭"命令。若关闭之前对表的修改未做保存，则系统会弹出一个提示对话框，询问用户是否保存对表的修改。

2.2.3 设置字段属性

在设计表结构时，除要定义每个字段的字段名称和数据类型外，如果需要，还可定义每个字段的相关属性，如字段大小、格式、输入掩码、有效性规则等。定义字段属性可以实现输入数据的限制和验证，或控制数据在数据表视图中的显示格式，加强数据存储的安全性、有效性定义，以及维护数据的完整性和一致性。设置字段属性的目的如下：

- 控制字段中的数据外观。
- 防止在字段中输入不正确的数据。
- 为字段指定默认值。
- 有助于加速对字段进行的搜索和排序。

定义字段属性实际上就是在为表格设置数据约束。以下主要从输入掩码、验证规则和验证文本、默认值、索引这几个方面进行介绍。

1. 输入掩码

掩码是一种格式，由字面显示字符（如括号、句号和连字符）和掩码字符（用于指定可以输入数据的位置以及数据种类、字符数量）组成。输入掩码的作用是表示这一字段数据的具体输入要求。使用此属性可以为即将在此字段中输入的所有数据指定模式，有助于确保正确输入所有数据，保证数据中包含所需数量的字符。

Access 2016 的掩码格式见表 2.8。

表 2.8 掩码字符的含义

字　　符	说　　明	字　　符	说　　明
9	数字或空格，可选项	&	任一字符或空格，必选项
#	数字或空格，可选项	C	任一字符或空格，可选项
L	字母 A 到 Z，必选项	<	使其后所有的字符转换为小写
?	字母 A 到 Z，可选项	>	使其后所有的字符转换为大写
A	字母或数字，必选项	!	输入掩码从右到左显示
a	字母或数字，可选项	\	使其后的字符显示为原义字符
密码	文本框中输入的任何字符都按原字符保存，但显示为星号（*）	. : ; - /	十进制占位符和千位、日期和时间分隔符
0	代表一个数字，必选项		

例如，在学号字段中，表示八个字符都得是数字且不能缺少，可以用掩码"00000000"，如果学号的八个字符可以缺少，就用掩码"99999999"，姓名字段中至少包含两个字符，就可以用掩码"&&CCCCCC"。

2. 验证规则和验证文本

验证规则设置属于数据库有效性约束的一部分功能。验证规则栏中要求用户输入一个逻辑表达式；而验证文本栏中要求输入一段作为提示信息的文本。录入数据时 Access 2016 将字段的值代入该表达式进行计算，如果计算结果为真值则允许该值存入该字段，否则拒绝该值录入该字段，并弹出对话框提示验证文本栏中的提示信息。如可以在授课成绩表中为平时成绩等字段设置验证规则">=0 And <=100"，来规定成绩的输入范围。

3. 默认值

默认值是数据表中增加记录时自动填入字段中的数据，例如，若将性别字段的"默认值"中输入"男"，则每向学生表增加一条记录，性别字段的值都自动存入汉字"男"。

4. 索引

如果经常依据特定的字段搜索表或对表的记录进行排序，则可以通过创建该字段的索引来加快执行这些操作的速度。

一般情况下 Access 2016 会对主键字段自动创建索引，其他情况需用户自己创建索引。

Access 2016 中的索引有两种：有重复索引（普通索引）和无重复索引（唯一索引）。其中，无重复索引要求该字段中的数据值不能出现相同的，例如，为主键字段建立的索引就是无重复索引，而有重复索引则没有这个限制。

如果经常需要同时检索或排序两个或更多的字段，可以创建多字段索引。使用多字段索引进行排序时，Access 将首先用定义在索引中的第一个字段进行排序，如果第一个字段有重复值，再用索引中的第二个字段排序，依次类推。

【例 2.11】对"教师"表的某些字段完成以下属性设置。

① 将"工作日期"字段的输入掩码属性设置为"短日期"。
② 设置"工号"字段只能输入四位数字。
③ 为"电话号码"设置输入格式，输入格式的前四位为"022-"，后八位为数字。
④ 为"性别"字段设置只能输入男或女，如果在性别字段中输入其他字符，则弹出对话框提示验证文本"性别字段值应为男或女！"，并设置默认值为"男"。
⑤ 将"工作日期"字段设置为"有重复"索引。
⑥ 设置多字段索引，索引字段包括"姓名"、"性别"和"工作时间"。

操作步骤如下：

首先打开"教学管理"数据库，并用设计视图打开"教师"表，然后按照下方的步骤依次设置。

① 单击"工作日期"字段行，在"输入掩码"属性框中单击鼠标左键，这时该框右侧出现一个"生成器"按钮，单击该按钮，打开"输入掩码向导"第一个对话框，如图 2.23 所示。在该对话框的"输入掩码"列表框中选择"短日期"选项，再单击"下一步"按钮，弹出"输入掩码向导"第二个对话框，如图 2.24 所示。

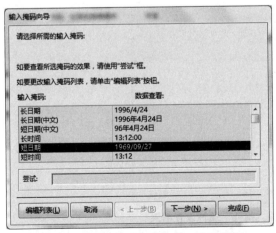

图 2.23 "输入掩码向导"第一个对话框

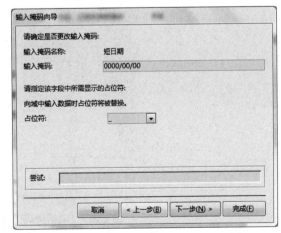

图 2.24 "输入掩码向导"第二个对话框

在该对话框中，确定输入的掩码方式和分隔符，并单击"完成"按钮。设置结果如图 2.25 所示。

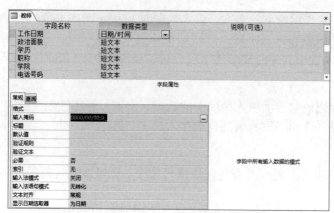

图 2.25 "工作日期"字段"输入掩码"属性设置结果

② 单击"工号"行,在"输入掩码"文本框中输入:0000,并按【Enter】键,结果如图 2.26 所示。

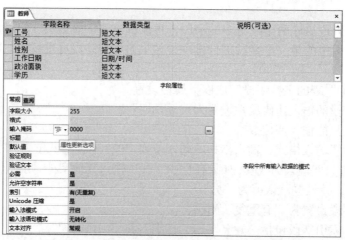

图 2.26 "工号"字段"输入掩码"属性设置结果

单击"属性更新选项"可以更新输入掩码格式至所有使用"工号"字段的地方。

③ 单击"电话号码"行,在"输入掩码"文本框中输入:"022-"00000000,并按【Enter】键,结果如图 2.27 所示。

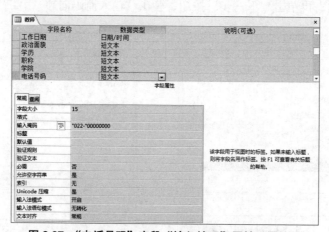

图 2.27 "电话号码"字段"输入掩码"属性设置结果

④ 单击"性别"行,在"验证规则"属性框中单击鼠标左键,再单击该文本框右侧出现的"生成器"按钮,打开"表达式生成器"对话框,在编辑区输入:" 男 "Or" 女 ",如图 2.28 所示,单击"确定"按钮。在"验证文本"属性框中输入:性别字段值应为男或女!。在"默认值"属性框中输入:" 男 ",结果如图 2.29 所示。

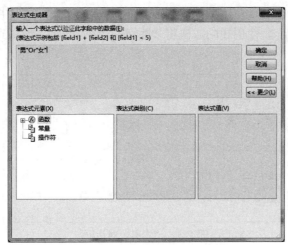

图 2.28 "表达式生成器"对话框

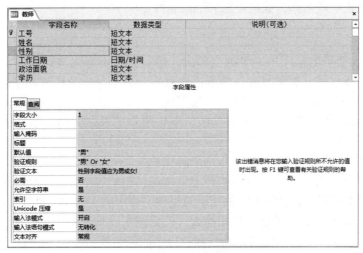

图 2.29 "性别"字段的属性设置结果

⑤ 单击"工作日期"字段，再单击"索引"属性框，并单击其右侧下拉箭头按钮，如图 2.30 所示，然后从下拉列表中选择"有(有重复)"选项即可完成索引设置。

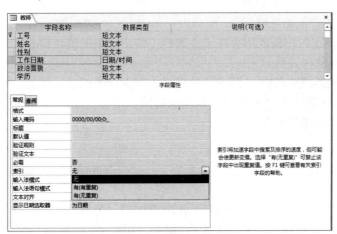

图 2.30 设置字段索引

⑥ 在"教师"表设计视图中，单击"设计"选项卡，再单击"显示/隐藏"选项组中的"索引"按钮，弹出"索引"对话框。

在"索引名称"列第一行中显示了"PrimaryKey"，在"字段名称"列中显示了"工号"，这是按第一个索引字段命名的索引名称，也可以使用其他名称。在下一行"索引名称"中输入"XM_XB_GZRQ"，并在"字段名称"列中选择"姓名"。使用相同方法将"性别""工作日期"加入到"字段名称"列中，如图2.31所示。

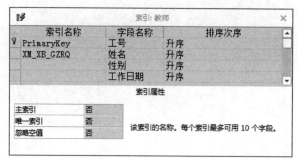

图2.31 "索引"对话框

本例还可以在数据表视图中完成操作。首先用数据表视图打开要修改字段的表，再单击"表格工具-字段"选项卡中的相关命令来设置字段名称、数据类型和字段属性。

2.2.4 建立表间关系

在Access中，每个表都是数据库中一个独立部分，但每个表不是完全孤立的，表与表之间可能存在着相互联系。例如，第1章设计的"教学管理"数据库中有六个表，仔细分析这六个表不难发现，不同表中有相同字段名。如"学生"表中有"学号"字段，"选课成绩"表中也有"学号"字段，这不是巧合，两个表正是通过这个字段建立起联系。建立表之间的关系，不仅建立了表之间的关联，还保证了数据库的参照完整性。

参照完整性是一个规则，Access使用这个规则来确保相关表中记录之间关系的有效性。如果实施了参照完整性，那么当主表中没有相关记录时，就不能将记录添加到相关表中，也不能在相关表中存在匹配的记录时删除主表中的记录，更不能在相关表中有相关记录时更改主表中的主键值。也就是说，实施参照完整性后，对表中主键字段进行操作时系统会对其进行自动检查，确定该字段是否被添加、修改或删除了。如果对主键的修改违背了参照完整性要求，那么系统会自动强制执行参照完整性。

（1）设置参照完整性应符合的条件
① 来自主表的匹配字段是主键或具有唯一索引。
② 两个表中相关联的字段有相同的数据类型。
③ 两个表都属于同一个Access数据库。

（2）使用参照完整性应遵循的规则
① 不能在相关表的外键字段中输入不存在于主表的主键字段中的值。但是，可以在外键字段中输入一个Null值来指定这些记录之间没有关系。
② 如果在相关表中存在匹配的记录，则不能从主表中删除这个记录。例如，如果在授课表中有一门课程分配给了某一位教师，那么不能在教师表中更改这位教师的"工号"，也不能删除这位教师的所有信息。

接下来介绍表间关系的创建与编辑。

1. 创建表间关系

【例2.12】在"教学管理"数据库中建立"学生"、"选课成绩"和"课程"表之间的关系。

操作步骤如下：

① 单击"数据库工具"选项卡，单击"关系"选项组中的"关系"按钮，弹出"关系"窗口，在建立新关系时会自动弹出"显示表"对话框，如图2.32所示。也可以在"关系工具-设计"选项卡的"关系"选项组中，单击"显示表"按钮来打开。

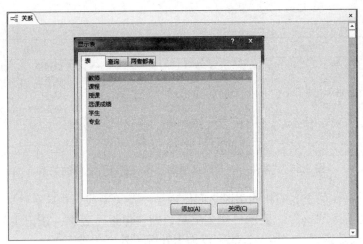

图 2.32 "显示表"对话框

② 在"显示表"对话框中，双击"学生"表，将"学生"表添加到"关系"窗口中；使用相同方法将"选课成绩"和"课程"等表添加到"关系"窗口中。最后单击"关闭"按钮，结果如图 2.33 所示。

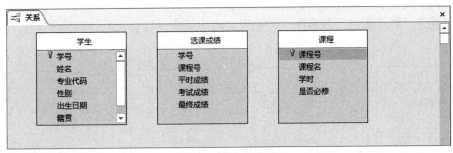

图 2.33 "关系"窗口

③ 拖动"选课成绩"表中的"课程号"字段，到"课程"表中的"课程号"字段上，松开鼠标左键。这时弹出"编辑关系"对话框，如图 2.34 所示。在"编辑关系"对话框中的"表/查询"列表框中，列出了主表"课程"表的相关字段"课程号"。在"相关表/查询"列表框中，列出了相关表"选课成绩"表的相关字段"课程号"，下方还有三个复选框，如果选中"实施参照完整性"和"级联更新相关字段"复选框，可以在主表的主键值更改时，自动更新相关表中的对应数值；如果选中"实施参照完整性"和"级联删除相关记录"复选框，可以在删除主表中的记录时，自动删除相关表中的相关记录；如果只选中"实施参照完整性"复选框，在添加、更新或删除记录时，只维持表之间已定义的关系。

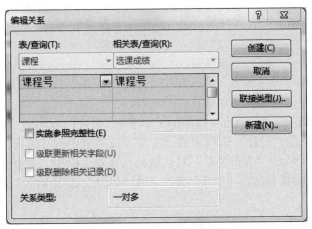

图 2.34 "编辑关系"对话框

④ 选中"实施参照完整性"复选框，单击"创建"按钮，返回到"关系"窗口。使用相同方法创建"选课成绩"表与"学生"表之间关系，设置结果如图 2.35 所示。

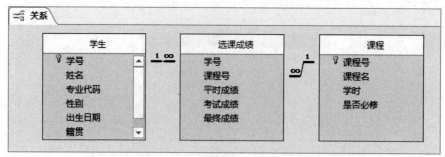

图 2.35 "学生"、"选课成绩"和"课程"之间的关系

建立关系后，可以看到在两个表的相同字段之间出现了一条关系线，并且在"学生"表的一方显示"1"，在"选课成绩"表的一方显示"∞"，表示一对多关系，即"学生"表中一条记录关联"选课成绩"表中的多条记录。"1"方的字段是主键，"∞"方的字段称为外键（外部关键字）。

在建立两个表之间的关系时，相关联的字段名称可以不同，但数据类型必须相同。只有这样，才能实施参照完整性。

注意，最好在输入数据前建立表间关系，这样既可以确保输入数据的完整性，又可以避免由于已有数据违反参照完整性原则，而无法正常建立关系的情况发生。

按上述方法，建立"教学管理"数据库中其他表之间的关系，建立关系后的结果如图 2.36 所示。

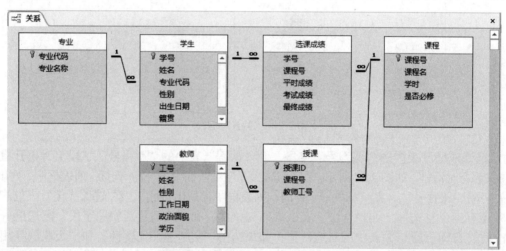

图 2.36 "教学管理"数据库表间关系

（2）编辑表间关系

在定义了关系以后，还可以编辑表间关系，也可以删除不需要的关系。

编辑关系的操作步骤如下：

① 关闭所有打开的表。

② 在"数据库工具"选项卡的"关系"选项组中，单击"关系"按钮，打开"关系"窗口，显示了已建立的表间关系。

③ 如果要删除两个表之间的关系，单击要删除的关系连线，再按【Del】键；如果要更改两个表之间的关系，单击要更改的关系连线，再单击"设计"选项卡的"工具"选项组中的"编辑关系"按钮，或直接双击要更改的关系连线，弹出图 2.34 所示的"编辑关系"对话框，在该对话框中，重新选择关联字段，重新选择复选框，最后单击"确定"按钮；如果要清除"关系"窗口，在"设计"选项卡的"工具"组中，单击"清除布局"按钮。

2.2.5 输入数据

表结构和表间关系建好后，即可向表中输入数据。在 Access 中，可以在数据表视图中直接输入数据，也可以从已存在的外部数据源中获取数据。

1. 在数据表视图中输入数据

【例 2.13】向"专业"表中输入两条记录,输入内容见表 2.9。向"学生"表中输入四条记录,输入内容见表 2.10。

表 2.9 "专业"表输入内容

专业代码	专业名称	专业代码	专业名称
51	计算机科学与技术	52	人工智能

表 2.10 "学生"表输入内容

学号	姓名	专业代码	性别	出生日期	籍贯	是否团员
20510101	翟中华	51	男	2002-05-08	浙江	TRUE
20510102	马力	51	女	2001-10-09	江西	FALSE
20520101	张明亮	52	男	2002-07-15	广西	TRUE
20520102	刘思远	52	男	2001-12-01	福建	FALSE

操作步骤如下:

① 在导航窗格中,双击"专业"表。从第一个空记录的第一个字段开始分别输入"专业代码"和"专业名称"字段值,每输入完一个值按【Enter】键或按【Tab】键转至下一个字段。

可以看到,在准备输入一个记录时,该记录的选定器上显示星号,表示这条记录是个新记录;当开始输入数据时,该记录选定器上则显示铅笔符号,表示正在输入或编辑记录,同时会自动添加一条新的空记录,且空记录的选定器上显示星号。全部记录输入完后,单击快速访问工具栏上的"保存"按钮,保存表中数据。

② 在导航窗格中,双击"学生"表。从第一个空记录开始,分别输入"学号""姓名""专业代码""性别"字段值。

③ 当输入"出生日期"字段值时,可以直接输入日期,也可以利用"日历"控件来完成日期的输入。将光标定位到该字段,这时在字段的右侧将出现一个日期选择器图标,单击该图标打开"日历"控件,如果输入今日日期,直接单击"今日"按钮,如果输入其他日期可以在日历中进行选择。

④ 当输入"是否团员"字段值时,在提供的复选框内单击鼠标左键会显示出一个"√",打勾表示输入了"是"(存储值是-1),不打勾表示输入了"否"(存储值为0)。

⑤ 最后保存表中数据。

2. 使用查阅列表输入数据

一般情况下,表中大部分字段内容都来自于直接输入的数据,或从其他数据源导入的数据。

有时输入的数据是一个数据集合中的某个值。例如,"教师"表中的"职称"一定是"助教"、"讲师"、"副教授"和"教授"这个数据集合中的其中一个数据值。对于输入这种数据的字段列,最简单的方法是将该字段列设置为"查阅向导"数据类型。严格地说"查阅向导"不是一种新的数据类型,它是一种在某个数据集合中选择数据值的关系。Access 的这种数据类型为用户输入数据带来了很大的方便。

当完成字段的查阅列表设置后,在这个字段输入数据时,就可以从一个列表中选择数据,这样既加快了数据输入速度,又保证了输入数据的正确性。

Access 中有两种类型的查阅列表,分别为包含一组预定义的值列表和使用查询从其他表检索值的查阅列表。创建查阅列表有两种方法,一是使用向导创建;二是直接在"查阅"选项卡中设置。

【例 2.14】为"教师"表中"职称"字段设置查阅列表,列表中显示"助教""讲师""副教授""教授"四个值。

操作步骤如下:

① 用表设计视图打开"教师"表,并选择"职称"字段。

② 在"数据类型"列中选择"查阅向导",弹出"查阅向导"第一个对话框,如图 2.37 所示。

③ 单击图 2.37 中的"自行键入所需的值"单选按钮,并单击"下一步"按钮,弹出"查询向导"第二个对话框。

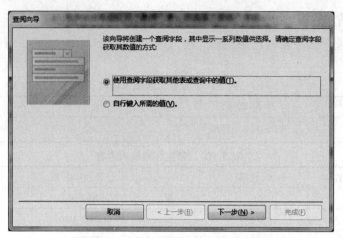

图 2.37 "查阅向导" 第一个对话框

④ 在"第 1 列"每行中依次输入"助教""讲师""副教授""教授"四个值，每输入一个值按【Tab】键或【↓】键转至下一行，列表设置结果如图 2.38 所示。

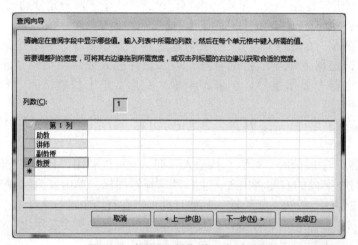

图 2.38 "查询向导"第二个对话框

⑤ 单击"下一步"按钮，弹出"查阅向导"最后一个对话框，在该对话框的"请为查阅字段指定标签"文本框中输入名称，本例使用默认值即可。单击"完成"按钮。

此后，切换到"教师"表的数据表视图，单击空记录"职称"字段，右侧出现下拉箭头，单击该箭头，弹出一个下拉列表，列表中列出了"助教""讲师""副教授""教授"四个值，以供快速输入，如图 2.39 所示。

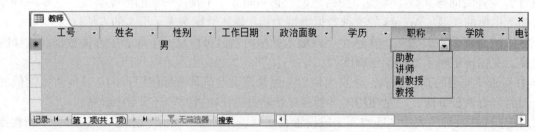

图 2.39 应用查阅列表

3. 从外部数据源导入数据

在 Access 中，可以通过导入和链接操作，将外部数据添加到当前的 Access 数据库中。

（1）导入数据

导入数据是指从外部获取数据后形成数据库中的数据表对象，并与外部数据源断绝连接。导入操作完成后，无论外部数据源数据是否发生变化，都不会影响已经导入的数据。可以导入 Excel 工作表、SharePoint 列表、XML 文件、其他 Access 数据库，以及其他类型文件。

【例 2.15】 将已建立的 Excel 文件"专业 .xlsx"导入到"教学管理"数据库中。

操作步骤如下：

① 打开"教学管理"数据库。单击"外部数据"选项卡，在"导入并链接"组中，单击"Excel"按钮，弹出"获取外部数据-Excel 电子表格"对话框，如图 2.40 所示。

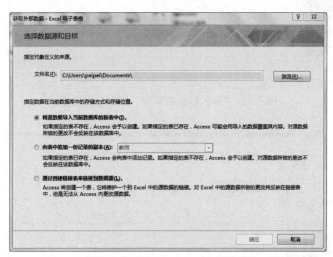

图 2.40 "获取外部数据 -Excel 电子表格"对话框

② 单击图 2.40 所示对话框的"浏览"按钮，弹出"打开"对话框，找到并选中要导入的"专业 .xlsx"Excel 文件，并单击"打开"按钮，返回到"获取外部数据 -Excel 电子表格"对话框。单击"确定"按钮，弹出"导入数据表向导"第一个对话框，如图 2.41 所示。

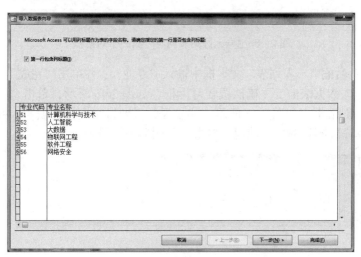

图 2.41 "导入数据表向导"第一个对话框

③ 该对话框列出了所要导入表的内容，勾选"第一行包含列标题"复选框，并单击"下一步"按钮，弹出"导入数据表向导"第二个对话框，如图 2.42 所示。

④ 在该对话框中，单击下方的"专业代码"列，修改数据类型为"短文本"，而"专业名称"列的数据类型已自动识别为"短文本"，无须再修改。单击"下一步"按钮，弹出"导入数据表向导"第三个对话框。

在该对话框中确定主键。单击"让 Access 添加主键"单选按钮，表示由 Access 添加一个自动编号作为主键。本例单击"我自己选择主键"单选按钮，右侧列表框自动选择"专业代码"来自行确定主键，如图 2.43 所示，单击"下一步"按钮，弹出"导入数据表向导"第四个对话框。

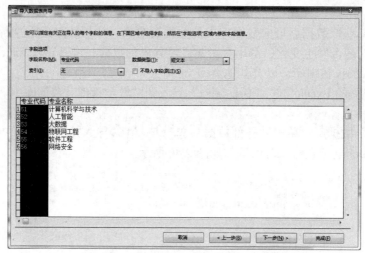

图 2.42 "导入数据表向导"第二个对话框

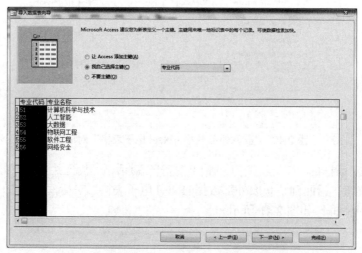

图 2.43 "导入数据表向导"第三个对话框

⑤ 在图 2.44 所示的对话框 "导入列表" 文本框中输入 "专业"，并单击 "完成" 按钮。如果已经建立 "专业" 数据表，则弹出 "导入数据表向导" 确认覆盖对话框，如图 2.45 所示，单击 "是" 按钮，弹出 "获取外部数据 -Excel 电子表格" 对话框，如图 2.46 所示。如果经常需要进行同样数据导入操作可勾选 "保存导入步骤" 复选框，供下次快速完成同样的导入使用。单击 "关闭" 完成导入。

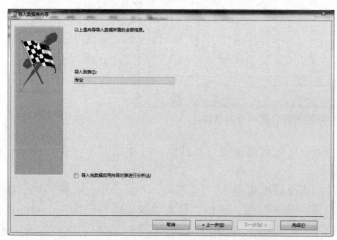

图 2.44 "导入数据表向导"第四个对话框

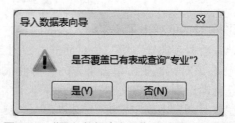

图 2.45 "导入数据表向导"确认覆盖对话框

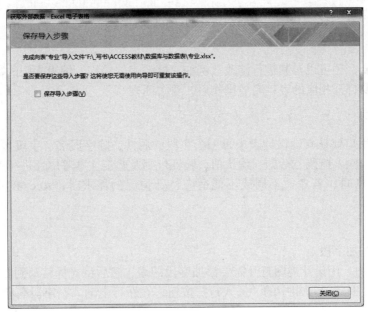

图 2.46 "导入数据表向导"第五个对话框

说明：

① 导入数据的操作是在导入向导引导下逐步完成的。从不同数据源导入数据，Access 将启动与之对应的导入向导。本例描述了从 Excel 工作簿导入数据的操作过程，通过这个过程来理解操作中所需选定或输入的各个参数含义，进而理解从不同数据源导入数据时所需要的不同参数的含义。

② 如果原有同名数据表，导入数据后原字段的字段大小会发生改变。

③ 如果原有同名数据表设置了验证规则、输入掩码等字段属性，即将导入的数据与这些设置冲突时就不能成功导入数据。

仿照例 2.15 中的方法将已建立的 Excel 文件"学生 .xlsx"、"教师 .xlsx"、"课程 .xlsx"、"授课 .xlsx"和"选课成绩 .xlsx"中的数据导入到"教学管理"数据库中。

（2）链接数据

链接数据是指在数据库中形成一个链接表对象，每次操作链接表的数据时，都会即时从外部数据源获取最新数据，链接的数据并未与外部数据源断绝连接，而是随着外部数据源数据的变动而变动。

从外部数据源链接数据的操作与导入数据操作非常相似，都是在向导引导下完成的。

操作步骤如下：

① 打开要建立链接的数据库，单击"外部数据"选项卡，在"导入并链接"选项组中，单击"Excel"按钮，弹出"获取外部数据-Excel 电子表格"对话框，如图 2.40 所示。

② 选中"通过创建链接表来链接到数据源"单选按钮，再单击"浏览"按钮，在弹出的"打开"对话框中找到要链接的文件，并打开。

③ 单击"确定"按钮，弹出"链接数据表向导"。按向导指示完成与导入数据类似的操作。

虽然导入数据向导与链接数据向导形式相似、操作相似，但是导入的数据表对象与链接的数据表对象是完全不同的。导入的数据表对象与 Access 数据库中新建的数据表对象一样，是一个与外部数据源没有任何联系的 Access 表对象。也就是说，导入表的导入过程是从外部数据源获取数据的过程，一旦导入操作完成，这个表就不再与外部数据源存在任何联系。而链接表则不同，它只是在 Access 数据库内创建了一个数据表链接对象，从而允许在打开链接时从外部数据源获取数据，即数据本身并不存在 Access 数据库中，而是保存在外部数据源处。因此在 Access 数据库中通过链接对象对数据所做的任何修改，实质上都是在修改外部数据源中的数据。同样，在外部数据源中对数据所做的任何改动也都会通过该链接对象直接反映到 Access 数据库中。

2.3 维护数据表

表建好后，如果需要，还可以对其进行修改。例如，修改表的结构、编辑表中的数据、调整表的格式等。在进行这些操作之前，要打开相应的表；完成操作后，要关闭表。

2.3.1 修改表结构

在设计表结构时，用户要认真地设计表中每一个字段的属性，除字段名、字段类型、字段大小之外，还要考虑对字段显示格式、输入掩码、标题、默认值、验证规则及验证文本等属性进行定义。

另外，在设计表结构时，若考虑不周或不能适应特殊情况的需求时，Access系统允许对表结构进行修改。

1. 添加字段

可以使用两种方法添加字段。

① 在设计视图中添加。用设计视图打开需要添加字段的表，然后将光标移动到要插入新字段的位置，单击"设计"选项卡下"工具"选项组中的"插入行"按钮，在新行上输入新字段名称，再设置新字段数据类型和相关属性。

② 在数据表视图中添加。用数据表视图打开需要添加字段的表，在字段名行需要插入新字段的位置单击鼠标右键，从弹出的快捷菜单中选择"插入字段"命令，然后利用"表格工具－字段"选项卡中的相关命令来设置新字段的字段名称、数据类型和字段属性。

2. 修改字段

修改字段包括修改字段的名称、数据类型、说明、属性等。可以使用两种方法修改。

① 在设计视图中修改。先用设计视图打开需要修改字段的表，如果要修改某字段的名称，就在该字段的"字段名称"列中单击字段名称，即可修改字段名称；如果要修改某字段的数据类型，就单击该字段"数据类型"列右侧下拉箭头按钮，从弹出的下拉列表中选择需要的数据类型；还可以按照2.2.3小节所述方法修改字段属性。

② 在数据表视图中修改。先用数据表视图打开要修改字段的表，再单击"表格工具－字段"选项卡中的相关命令来修改字段名称、数据类型和字段属性。

3. 删除字段

删除字段也可以使用两种方法删除。

① 在设计视图中删除字段。先用设计视图打开需要删除字段的表，再单击要删除字段的行，然后单击"设计"选项卡下"工具"选项组中的"删除行"命令；或在要删除的字段上单击右键，在弹出的快捷菜单中选择"删除行"命令。

② 在数据表视图中删除字段。先用数据表视图打开需要删除字段的表，再在要删除的字段列上单击右键，在弹出的快捷菜单中选择"删除字段"命令；或单击"字段"选项卡，在"添加和删除"组中单击"删除"按钮。

4. 更改主键

如果已定义的主键不合适，可以重新设置。操作方法：用设计视图打开需要重新设置主键的表，单击右键要设为主键的字段行，在弹出的快捷菜单中选择"主键"命令，这时主键所在的字段选定器上显示一个"主键"图标，表明该字段已是主键字段。

2.3.2 编辑表内容

编辑表内容是为了确保表中数据的准确，使所建表能够满足实际需要。编辑表内容的操作主要包括定位记录、选择记录、添加记录、删除记录、修改数据，以及复制字段中的数据等。

1. 定位记录

数据表中有了数据后，修改是经常要做的操作，其中定位和选择记录是首要工作。在Access中可以使用记录定位器来定位。记录定位器位于"数据表视图"下方，如图2.47所示。

图2.47 记录定位器

2. 选择记录

在"数据表视图"中，选择数据或记录的操作方法见表2.11。

表2.11 选择记录的操作方法

数据范围	操作方法
字段中的部分数据	单击数据开始处，拖动鼠标到结尾处
字段中的全部数据	移动鼠标到字段左侧，待鼠标指针变成向右黑色箭头后单击
相邻多字段的数据	移动鼠标到第一个字段左侧，待鼠标指针变成向右黑色箭头后，拖动鼠标到最后一个字段的尾部
一列数据	单击该列的字段选定器
多列数据	移动鼠标到第一个字段左侧，待鼠标指针变为向下的箭头后，拖动鼠标到选定范围的结尾列，或选中第一列，然后按住【Shift】键，再单击选定范围的结尾列
一条记录	单击该记录的记录选定器
多条记录	单击第一条记录的记录选定器，按住鼠标左键，拖动鼠标到选定范围的结尾处，或先选中第一条记录，再按住【Shift】键，并单击范围的最后一条记录
所有记录	单击数据表左上角的"全选"按钮，或按快捷键【Ctrl+A】

3. 添加新记录

添加新记录的操作步骤如下：
① 使用"数据表视图"打开要编辑的表。
② 可以将光标直接移动到表的最后一行，输入要添加的数据，或单击"开始"选项卡→"记录"选项组→"新建"按钮，或单击"记录定位器"上的"新（空白）记录"按钮，待光标移到表的最后一行后输入要添加的数据。

4. 删除记录

删除记录的操作步骤如下：
① 使用"数据表视图"打开要编辑的表。
② 选中要删除的记录（一条或多条）。
③ 单击"开始"选项卡→"记录"选项组→"删除"按钮，在弹出的"删除记录"提示框中单击"是"按钮。
需要注意的是：删除操作是不可恢复的操作，在删除记录前一定要确认该记录是不是要删除的记录。

5. 修改数据

修改数据的操作步骤如下：
① 使用"数据表视图"打开要编辑的表。
② 将光标移到要修改数据的相应字段直接修改。

6. 复制数据

在输入或编辑数据时，有些数据可能相同或相似，这时可以使用复制和粘贴操作将某字段中的部分或全部数据复制到另一个字段中。

复制数据的操作步骤如下：
① 使用"数据表视图"打开要修改数据的表。
② 选中要复制的数据或记录，单击"开始"选项卡→"剪贴板"选项组→"复制"按钮。
③ 找到要复制到的目标位置，单击"开始"选项卡→"剪贴板"选项组→"粘贴"按钮。

7. 导出数据

导出数据是将数据和数据库对象输出到其他数据库、电子表格或其他格式文件中，以便其他数据库、应用程序或程序可以使用该数据或数据库对象。导出在功能上与复制和粘贴相似。

【例 2.16】将"教学管理"数据库中的"学生"表数据导出到 C 盘根目录下，文件格式为"Excel 工作簿（*.xlsx）"，文件名为"导出学生表信息 .xlsx"。

操作步骤如下：
① 打开"教学管理"数据库，并在"导航窗格"窗口中选中要导出的名为"学生"的数据表。
② 单击"外部数据"选项卡→"导出"选项组→"Excel"按钮。
③ 在弹出的"导出-Excel 电子表格"对话框中，设置文件名、文件格式，以及指定导出选项，如图 2.48 所示。
④ 单击"确定"按钮，完成导出操作。

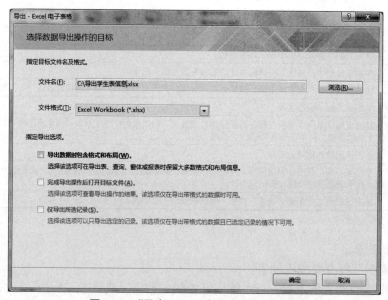

图 2.48 "导出 -Excel 电子表格"对话框

2.3.3 调整表格式

调整表格式的目的是为了使表更美观、清晰。调整表格式的操作包括改变字段显示次序、调整字段显示高度和宽度、设置数据字体、调整表中网格线样式及背景颜色、隐藏列等。

1. 改变字段显示次序

在默认设置下，Access 数据表中字段显示次序与它们在表或查询中创建的次序相同。但是，在使用数据表视图时，往往需要移动某些列来满足查看数据的需要。此时，可以改变字段的显示次序，最简单的方法是用鼠标拖动要移动的字段名至目标位置，松开鼠标即可。

2. 调整字段高度和宽度

（1）调整字段高度

调整字段高度有两种方法：
① 使用鼠标调整字段显示高度的方法是：在数据表视图中打开所需表，并将鼠标指针放在表中任意两行选定器之间，待鼠标指针变为双箭头后，按住鼠标左键不放，拖动鼠标上下移动，当调整到所需高度时，松开鼠标左键。

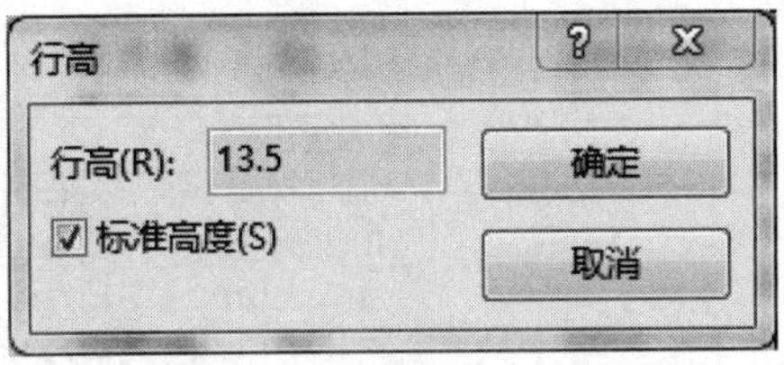

② 使用命令调整字段显示高度的方法是：用数据表视图打开所需表，右键单击记录选定器，从弹出的快捷菜单中选择"行高"命令，在打开的"行高"对话框的"行高"文本框中输入所需的行高值，如图 2.49 所示。

图 2.49 "行高"对话框

（2）调整字段宽度

与调整字段显示高度操作相似，调整字段显示宽度也有两种方法。使用鼠标调整时，首先将鼠标指针放在要改变宽度的两列字段名中间，当鼠标指针变为双箭头时，按住鼠标左键不放，并拖动鼠标左右移动，当调整到所需宽度时，松开鼠标左键。在拖动字段列中间的分隔线时，如果将分隔线拖动到下一个字段列的右边界右侧时，将会隐藏该列。

使用命令调整时，先选择要改变宽度的字段列，右键单击字段名行，从弹出的快捷菜单中选择"字段宽度"命令，在打开的"列宽"对话框的"列宽"文本框中输入所需的宽度，单击"确定"按钮。如果在"列宽"对话框中输入的数值为 0，则会隐藏该字段列。

重新设定字段显示宽度不会改变表中字段的字段大小属性所允许的字符数，它只是简单地改变字段列所包含数据的显示空间。

3. 隐藏/取消隐藏列

在数据表视图中，为了便于查看主要数据，可以将不需要的字段列暂时隐藏起来，需要时再将其显示出来。方法也很简单，只需右键要隐藏的列，在弹出的快捷菜单中选择"隐藏字段"命令即可。取消隐藏时只需右键任意列，从弹出的快捷菜单中选择"取消隐藏字段"命令即可。

4. 冻结/取消冻结列

在操作中，常常需要建立具有很多字段的数据表，由于这种表过宽，在屏幕上无法显示全部字段。为了浏览没有显示出来的字段列，需要使用水平滚动条，但是使用水平滚动条后，位于最左侧的一些关键字段就会移出屏幕，从而影响了数据的查看。解决这一问题较好的方法是利用 Access 提供的冻结列功能。

在数据表视图中，冻结某字段列或某几个字段列后，无论怎样水平滚动窗口，这些被冻结的列总是可见的，并且总是显示在窗口的最左侧。通常，冻结列是将表中一个最重要的、最能够表示表中主要信息的字段列冻结起来。

冻结字段列的方法也非常简单，只需选中需要冻结的字段（一个或多个），单击右键，从弹出的快捷菜单中选择"冻结字段"命令即可。取消冻结字段时只需单击右键任意列，从弹出的快捷菜单中选择"取消冻结所有字段"命令即可。

5. 改变字体显示

在数据表视图中，包括字段名在内的所有数据所用字体，其默认值均为宋体 11 号，如果需要可以利用"开始"选项卡→"文本格式"选项组中相关命令对其进行更改。

6. 设置数据表格式

在数据表视图中，一般都在水平和垂直方向显示网格线，并且网格线、背景色和替换背景色均采用系统默认的颜色。如果需要，可以利用"开始"选项卡→"文本格式"选项组中的相关命令改变单元格的显示效果、网格线的显示方式和颜色、表格的背景颜色等。

【例 2.17】对"学生"表完成以下操作：

• 将"出生日期"字段和"性别"字段位置互换。
• 将"性别"字段的显示宽度改为 6。
• 隐藏"出生日期"字段，冻结"姓名"字段。
• 设置"学生"表中数据的字体格式，其中，字体为华文细黑，字号为 10，字型为斜体，颜色为标准色的深蓝色。
• 只保留水平方向的网格线，并把网格线的颜色设置为黑色。

操作步骤如下：

① 用数据表视图打开"学生"表。

② 单击选中“性别”字段并拖动鼠标至“出生日期”字段后，松开鼠标左键，结果如图 2.50 所示。

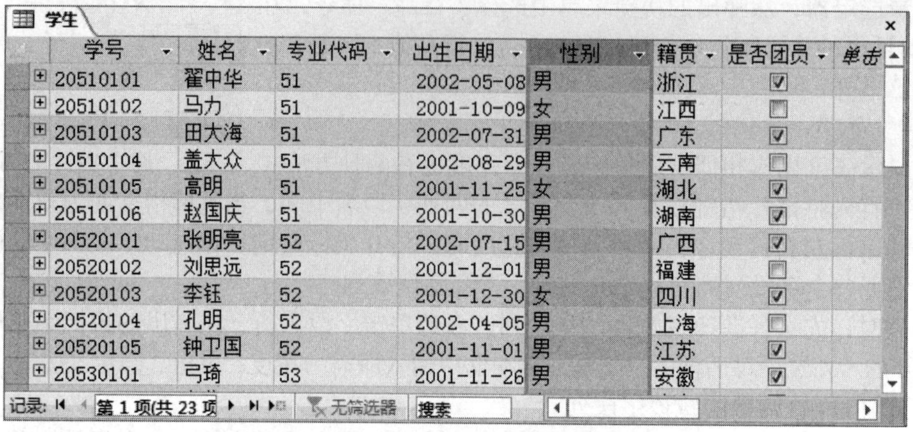

学号	姓名	专业代码	出生日期	性别	籍贯	是否团员	单击
20510101	翟中华	51	2002-05-08	男	浙江	☑	
20510102	马力	51	2001-10-09	女	江西	☐	
20510103	田大海	51	2002-07-31	男	广东	☑	
20510104	盖大众	51	2002-08-29	男	云南	☐	
20510105	高明	51	2001-11-25	女	湖北	☑	
20510106	赵国庆	51	2001-10-30	男	湖南	☑	
20520101	张明亮	52	2002-07-15	男	广西	☑	
20520102	刘思远	52	2001-12-01	男	福建	☐	
20520103	李钰	52	2001-12-30	女	四川	☑	
20520104	孔明	52	2002-04-05	男	上海	☐	
20520105	钟卫国	52	2001-11-01	男	江苏	☑	
20530101	弓琦	53	2001-11-26	男	安徽	☑	

记录: 第 1 项(共 23 项 无筛选器 搜索

图 2.50　改变字段显示次序结果

③ 右击“性别”字段名，在弹出的快捷菜单中选择“字段宽度”命令，弹出“列宽”对话框，在“列宽”文本框中输入 6，并单击“确定”按钮。

④ 右击“出生日期”字段，从弹出的快捷菜单中选择“隐藏字段”命令。右击“姓名”字段，从弹出的快捷菜单中选择“冻结字段”命令，结果如图 2.51 所示。

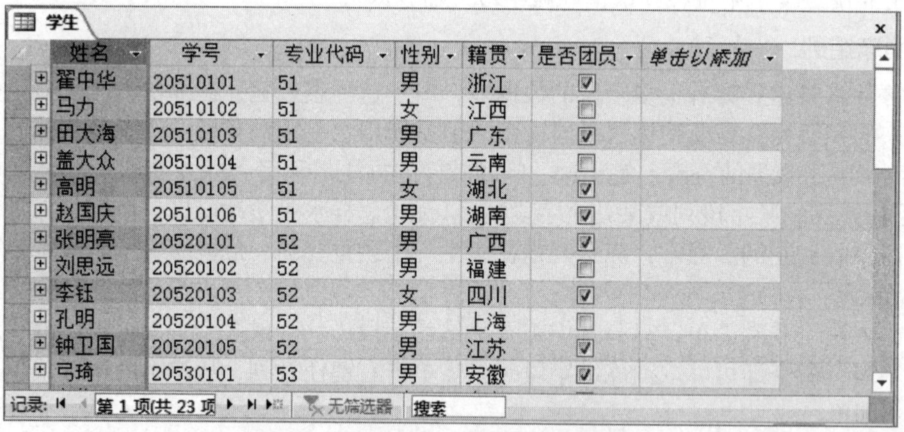

姓名	学号	专业代码	性别	籍贯	是否团员	单击以添加
翟中华	20510101	51	男	浙江	☑	
马力	20510102	51	女	江西	☐	
田大海	20510103	51	男	广东	☑	
盖大众	20510104	51	男	云南	☐	
高明	20510105	51	女	湖北	☑	
赵国庆	20510106	51	男	湖南	☑	
张明亮	20520101	52	男	广西	☑	
刘思远	20520102	52	男	福建	☐	
李钰	20520103	52	女	四川	☑	
孔明	20520104	52	男	上海	☐	
钟卫国	20520105	52	男	江苏	☑	
弓琦	20530101	53	男	安徽	☑	

记录: 第 1 项(共 23 项 无筛选器 搜索

图 2.51　隐藏字段、冻结字段后的结果

⑤ 单击“开始”选项卡→“文本格式”组→“字体”按钮右侧下拉箭头，在弹出的下拉列表中选择“华文细黑”；单击“字号”按钮右侧下拉箭头，从弹出的下拉列表中选择 10；单击“倾斜”按钮；单击“字体颜色”右侧下拉箭头，从弹出的下拉列表中选择“标准色”组中的“深蓝”颜色，结果如图 2.52 所示。

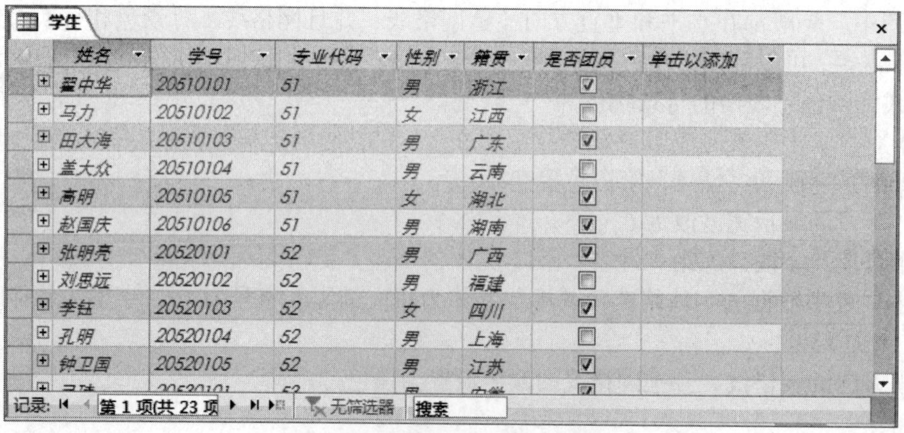

姓名	学号	专业代码	性别	籍贯	是否团员	单击以添加
翟中华	20510101	51	男	浙江	☑	
马力	20510102	51	女	江西	☐	
田大海	20510103	51	男	广东	☑	
盖大众	20510104	51	男	云南	☐	
高明	20510105	51	女	湖北	☑	
赵国庆	20510106	51	男	湖南	☑	
张明亮	20520101	52	男	广西	☑	
刘思远	20520102	52	男	福建	☐	
李钰	20520103	52	女	四川	☑	
孔明	20520104	52	男	上海	☐	
钟卫国	20520105	52	男	江苏	☑	

记录: 第 1 项(共 23 项 无筛选器 搜索

图 2.52　设置字体显示后的结果

⑥ 单击"开始"选项卡中"文本格式"组右下角的"设置数据表格式"按钮,弹出"设置数据表格式"对话框,在该对话框中,取消选中的"网格线显示方式"栏中"垂直"复选框,在"网格线颜色"列表框中选择"黑色",如图 2.53 所示。单击"确定"按钮,结果如图 2.54 所示。

图 2.53 "设置数据表格式"对话框

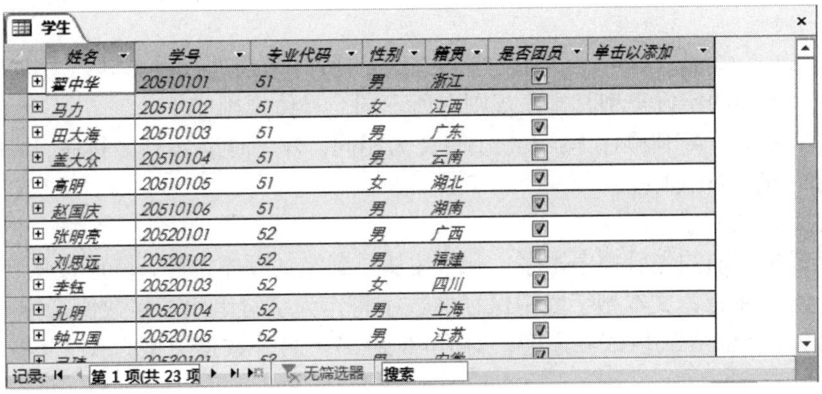

图 2.54 设置表格式后的结果

2.4 使用数据表

数据表建好后,常常会根据实际需求,对表中的数据进行查找、替换、排序和筛选等操作。

2.4.1 查找记录

在一个有多条记录的数据表中,要快速查看数据信息,可以通过数据查找操作来完成,为使修改数据更方便、准确,也可以采用查找和替换的操作。

通过单击"开始"选项卡→"查找"选项组→"查找"按钮,弹出"查找和替换"对话框,利用"查找"和"替换"选项卡来完成查找或替换的操作。

在查找内容时,如果希望在只知道部分内容的情况下对数据表进行查找,或者按照特定的要求查找,可以使用通配符作为其他字符的占位符。通配符及其用法示例见表 2.12。

表 2.12 通配符及其用法示例

字　符	说　明	示　例
*	与任何个数的字符匹配。在字符串中,它可以当作第一个或最后一个字符使用	wh* 可以找到 what、white 和 why 等
?	与任何单个字母的字符匹配	b?ll 可以找到 ball、bell 和 bill 等

续表

字符	说　　明	示　　例
[ ]	与方括号内任何单个字符匹配	b[ae]ll 可以找到 ball 和 bell，但找不到 bill
!	匹配任何不在方括号内的字符	b[!ae]ll 可以找到 bill 和 bull 等，但找不到 ball 或 bell
-	与某个范围内的任 字符匹配。必须按升序指定范围（A～Z，而不是 Z～A）	b[a-c]d 可以找到 bad、bbd 和 bcd
#	与任何单个数字字符匹配	1#3 可以找到 103、113 和 123 等

另外，在查找过程中，Access 允许区分两类空值：Null 值和零长度字符串。

① Null：一个值，可以在字段中输入，也可以在表达式或查询中使用，以指示缺少或未知的数据。

② 零长度字符串：不含字符的字符串。可以使用零长度字符串来表明该字段没有值。输入零长度字符串的方法是输入两个彼此之间没有空格的双引号（""）。

在某些情况下，空值表明信息可能存在但当前未知。在其他情况下，空值表明字段不适用于特定记录。例如，"教师"表中含有一个"办公电话"字段时，如果不知道教师的办公电话，或者不知道该教师是否有办公电话，则可将该字段留空。这种情况下，将字段留空可以输入 Null 值，意味着不知道值是什么。如果确定那位教师没有办公电话，则可以在该字段中输入一个零长度字符串，表明知道这里没有任何值。

2.4.2 排序记录

在浏览表中数据的过程中，通常记录的显示顺序是输入记录的先后顺序，或者是按主键值升序排列的顺序。

在数据库的实际应用中，数据表中记录的顺序是根据不同的需求而排列的，只有这样才能充分发挥数据库中数据信息的最大效能。

1. 排序规则

排序时根据当前表中一个或多个字段的值对整个表中的所有记录进行重新排列。排序时可按升序，也可按降序。排序记录时，不同的字段类型其排序规则有所不同，具体规则如下：

① 英文按字母顺序排序（字典顺序），大、小写视为相同，升序时按 A 到 Z 排序，降序时按 Z 到 A 排序。

② 中文按拼音字母的顺序排序。

③ 数字按数字的大小排序。

④ 日期/时间字段按日期的先后顺序排序，升序按从早到晚的顺序排序，降序按从晚到早的顺序排序。

在实际排序时，需要注意：文本型字段中保存的数字将作为字符串而不是数值来排序，按照其 ASCII 码值的大小排序，0 到 9 的 ASCII 码值依次递增，对应 48 到 57。另外数据类型为长文本、超链接和 OLE 对象的字段不能排序。

2. 排序分类

单字段排序是指仅仅按照某个字段值的大小进行排序。操作比较简单，在"数据表视图"中，先单击用于排序记录的字段列，再单击"开始"选项卡→"排序和筛选"选项组→"升序"或"降序"按钮即可进行排序。

多字段排序是指首先按照第一个字段的值进行排序，如果第一个字段值相同，再按照第二个字段的值进行排序，依此类推，直到排序完毕。应该使用"开始"选项卡→"排序和筛选"选项组→"高级"下拉列表中的"高级筛选/排序"功能。

【例 2.18】对"学生"表中的数据先按"性别"升序排序，再按"出生日期"进行升序排序。

操作步骤如下：

① 用数据表视图打开"学生"表。

② 单击"开始"选项卡→"排序和筛选"选项组→"高级"按钮的下拉箭头，在弹出的菜单中选择"高级筛选排序"命令，弹出"筛选"窗口。

"筛选"窗口分为上、下两个部分。上半部分显示了被打开表的字段列表；下半部分是设计网格，用来指定排序字段、排序方式和排序条件。

③ 用鼠标单击设计网格中"字段"行第一列右侧下拉箭头按钮，从弹出的下拉列表中选择"性别"，再单击"排序"行第一列右侧向下箭头，并在弹出的列表中选择"升序"；然后用相同方法在第二列上为"出生日期"字段设置排序，如图 2.55 所示。

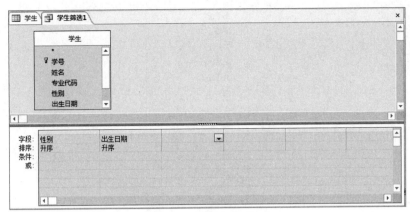

图 2.55　设置多字段排序

④ 单击“开始”选项卡→“排序和筛选”选项组→“切换筛选”按钮，这时 Access 将按上述设置排序“学生”表中的所有记录，如图 2.56 所示。

姓名	学号	专业代码	性别	籍贯	是否团员	单击以添加
秦辉煌	20550102	55	男	北京	☑	
赵国庆	20510106	51	男	湖南	☑	
钟卫国	20520105	52	男	江苏	☑	
庄严	20540102	54	男	陕西	☑	
王光耀	20530103	53	男	河南	☑	
杨维和	20550103	55	男	天津	☑	
弓琦	20530101	53	男	安徽	☑	
刘思远	20520102	52	男	福建	☐	
王建忠	20540103	54	男	甘肃	☐	
孔明	20520104	52	男	上海	☐	
翟中华	20510101	51	男	浙江	☑	
陈诚	20540101	54	男	山西	☐	
张明亮	20520101	52	男	广西	☑	
田大海	20510103	51	男	广东	☑	
盖大众	20510104	51	男	云南	☐	
田爱华	20530104	53	女	河北	☑	
马力	20510102	51	女	江西	☐	
高明	20510105	51	女	湖北	☑	
许诺	20560101	56	女	辽宁	☐	
李钰	20520103	52	女	四川	☑	
文华	20530102	53	女	山东	☑	
顾佳	20560102	56	女	吉林	☑	

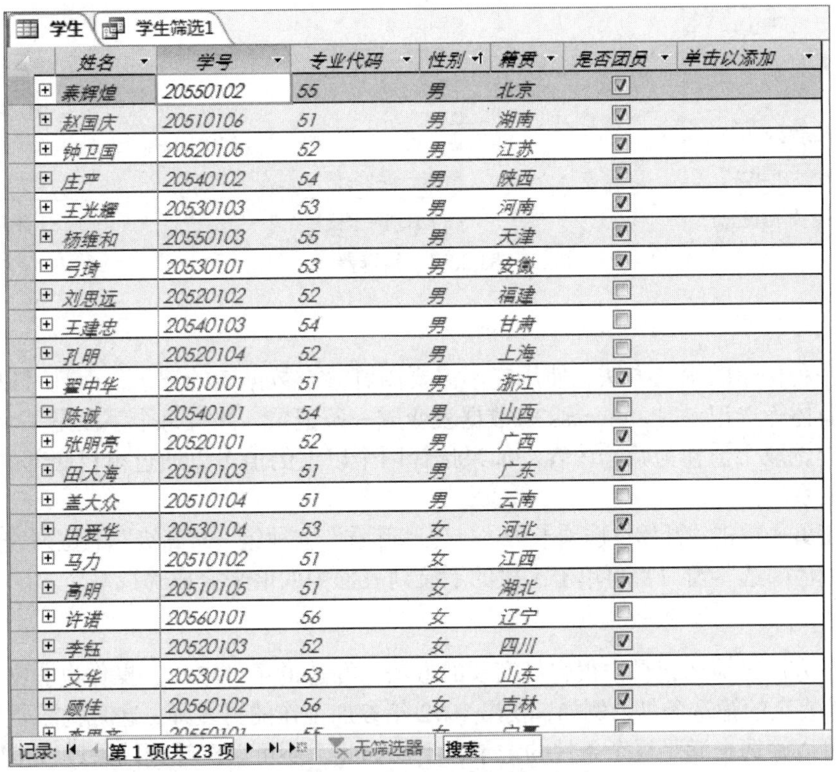

图 2.56　多字段排序结果

如果想取消设置的排序顺序，单击“开始”选项卡→“排序和筛选”选项组→“取消排序”按钮即可。

2.4.3　筛选记录

筛选也是查找表中数据的一种操作，但它与一般的“查找”有所不同，它所查找到的信息是一个或一组满足规定条件的记录而不是具体的数据项。经过筛选后的表，只显示满足条件的记录，不满足条件的记录将被隐藏。

Access 提供了三种筛选方法：筛选器筛选、窗体筛选和高级筛选。

1. 筛选器筛选

筛选器筛选是一种最简单的筛选方法，使用它可以查找某一字段满足一定条件的数据记录。选中某一字段后，单击“开始”选项卡→“排序和筛选”选项组→“筛选器”按钮即可打开与该字段数据类型匹配的筛选器，主要有文本筛选器、日期筛选器和数字筛选器，如图 2.57 所示。

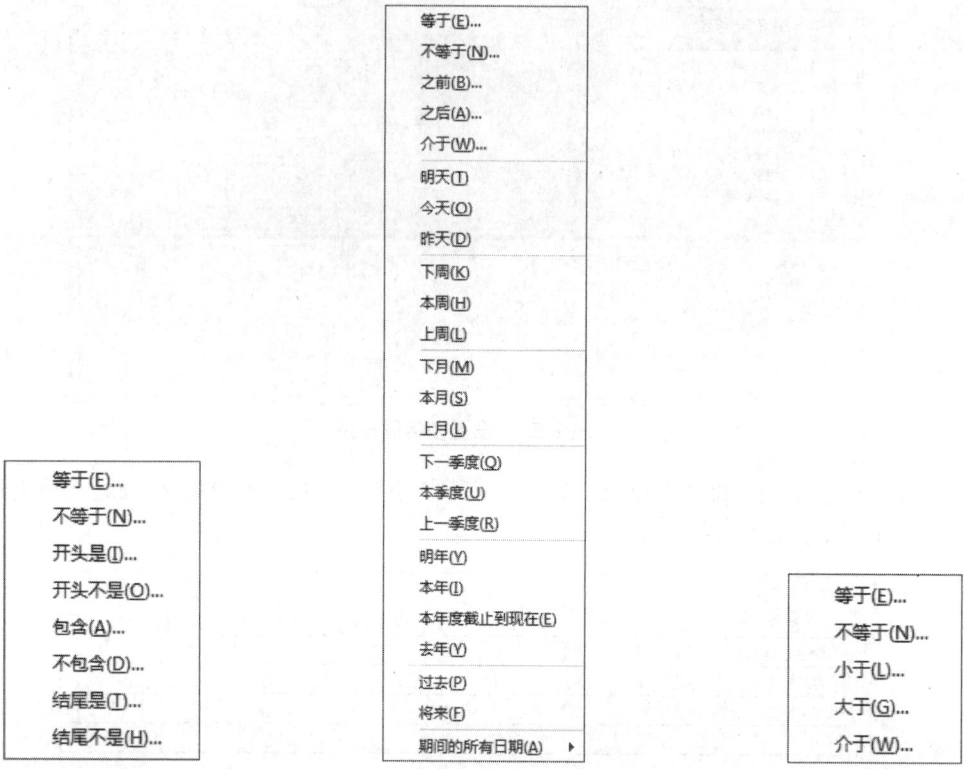

（a）文本筛选器　　　　（b）日期筛选器　　　　（c）数字筛选器

图 2.57　筛选器

2. 窗体筛选

按窗体筛选是一种快速的筛选方法，使用它不需要浏览整个数据表的记录，而且可以同时对两个以上字段值进行筛选。按窗体筛选记录时，Access 将数据表变成一条记录，并且每个字段是一个下拉列表框，可以从每个下拉列表框中选取值作为筛选内容。如果选择两个以上的值可以通过窗口底部的"或"标签来确定两个字段值之间的关系。

按窗体筛选功能可先单击"开始"选项卡→"排序和筛选"选项组→"高级"下拉列表中的"按窗体筛选"命令，切换到"按窗体筛选"窗口，再单击字段的下拉列表框中的值来完成筛选。

3. 高级筛选

前面所述的两种方法是筛选记录中很容易实现的方法，筛选的条件单一，操作也非常简单。但在实际应用中，常常涉及比较复杂的筛选条件。例如，找出 1992 年参加工作的男教师，这时就需要自己编写筛选条件。使用"筛选"窗口可以筛选出满足复杂条件的记录，不仅如此，还可以对筛选结果进行排序。

【例 2.19】 请将"学生"表中男生团员和女生非团员记录筛选出来。

操作步骤如下：

① 用数据表视图打开"学生"表，单击"开始"选项卡→"排序和筛选"选项组→"高级"按钮，从弹出的下拉菜单中选择"高级筛选/排序"命令，弹出"筛选"窗口。

"筛选"窗口分为上、下两个部分。上半部分显示了被打开表的字段列表；下半部分是设计网格，用来指定排序字段、排序方式和排序条件。

② 用鼠标单击设计网格中"字段"行第一列右侧下拉箭头按钮，在弹出的下拉列表中选择"性别"，以相同的方法在第二列中选择"是否团员"。再在"条件"行第一列中输入"男"，在第二列中输入"True"。然后在"或"行第一列中输入"女"，在第二列中输入"False"。如图 2.58 所示。

③ 单击"开始"选项卡→"排序和筛选"选项组→"切换筛选"按钮，这时 Access 显示"学生"表中所有满足条件的记录，如图 2.59 所示。

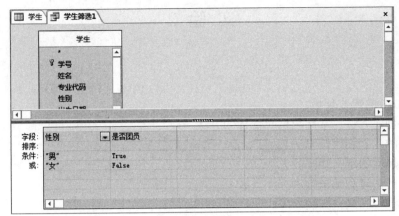

图 2.58　在"高级筛选/排序"窗口中设置条件

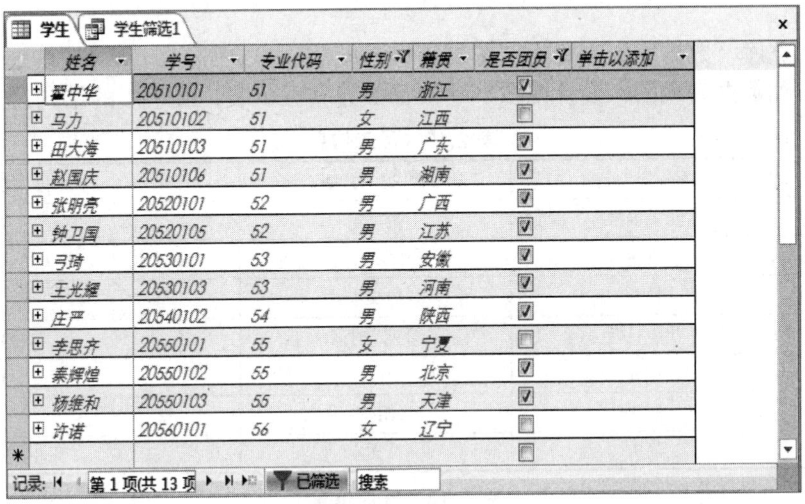

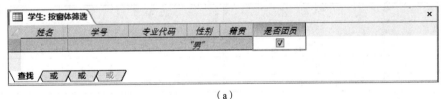

图 2.59　筛选结果

本例还可以使用窗体筛选来完成。操作步骤如下：

① 用数据表视图打开"学生"表，单击"开始"选项卡→"排序和筛选"选项组→"高级"按钮，在弹出的下拉菜单中选择"按窗体筛选"命令，主窗口中出现名为"学生：按窗体筛选"的窗口

② 在"学生：按窗体筛选"的窗口的性别下方输入"男"，在是否团员下方打勾，如图 2.60（a）所示。

③ 选择窗口下方的"或"，并在性别下方输入"女"，是否团员下方不打勾，如图 2.60（b）所示。

④ 在"排序和筛选"组中，选择"高级"下拉按钮中的"应用筛选"，结果如图 2.59 所示。

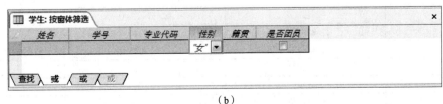

（a）

（b）

图 2.60　按窗体筛选窗口

实 验 2

一、实验目的

① 掌握 Access 2016 的操作环境。
② 掌握数据库的创建方法,掌握数据库管理的方法。
③ 熟悉和掌握表的建立和维护方法。
④ 掌握表中字段属性的定义和修改方法。
⑤ 掌握表间关系的创建和编辑方法。
⑥ 掌握表格式的设置和调整方法。
⑦ 掌握表排序和筛选方法。

二、实验内容

① 创建一个空数据库,数据库文件名为"图书销售系统"。
② 用多种方法(如数据表视图、设计视图、导入等)建立五个表,五个表的结构见表 2.13～表 2.17。

表 2.13 员工信息

序 号	字 段 名	数 据 类 型	字段大小(格式)
1	员工编号	短文本	10
2	姓名	短文本	5
3	性别	短文本	1
4	出生日期	日期/时间	短日期
5	职务	短文本	10
6	照片	附件	
7	简历	长文本	

表 2.14 客户信息

序 号	字 段 名	数 据 类 型	字段大小(格式)
1	客户编号	短文本	10
2	单位名称	短文本	20
3	联系人	短文本	5
4	地址	短文本	30
5	邮政编码	数字	长整型
6	电话号码	短文本	11

表 2.15 订单表

序 号	字 段 名	数 据 类 型	字段大小(格式)
1	订单编号	短文本	10
2	客户编号	短文本	10
3	员工编号	短文本	10
4	订购日期	日期时间	短日期

表 2.16 订单明细

序 号	字 段 名	数 据 类 型	字段大小(格式)
1	订单明细号	短文本	10
2	订单编号	短文本	10
3	书籍编号	短文本	10
4	数量	数字	长整型
5	售出单价	数字	单精度型

表 2.17　书籍信息

序　号	字　段　名	数 据 类 型	字段大小（格式）
1	书籍编号	短文本	10
2	书籍名称	短文本	20
3	类别	短文本	10
4	定价	数字	单精度型
5	作者名	短文本	5
6	出版社编号	短文本	10
7	出版社名称	短文本	20

注：每个表中的第一个字段为主键。

③ 定义五个表之间的关系。

④ 为五个表输入数据，数据可自行拟定（包括"员工信息"表中的照片）。

⑤ 按以下要求，对相关表进行修改。

a. 将"客户信息"表中"邮政编码"字段的数据类型改为"文本"，字段大小属性改为 6。

b. 将"书籍信息"表中的"类别"字段的"默认值"属性设置为"计算机"。

c. 将"订单表"表中"订购日期"字段的"格式"属性设置为"长日期"，并将其"输入掩码"设置为"短日期"。

d. 将"订单明细"表中"售出单价"字段的"有效性规则"设置为">0"，并设置"有效性文本"为"请输入大于 0 的数据！"。

e. 在"订单明细"表中增加"金额"字段，能够存储"数量"乘以"售出单价"的值，计算结果的"结果类型"为"整型"，"格式"为"标准"，"小数位数"为 0。

f. 设置"员工信息"表中的"职务"字段值为从下拉列表中选择，可选择的值包括"经理"、"副经理"和"职员"。

⑥ 按以下要求，设置表格式。

a. 冻结"员工信息"表中的"姓名"字段列。

b. 将"员工信息"的背景颜色改为"绿色"，字体颜色改为"深蓝"。

⑦ 按以下要求，对相关表进行操作。

a. 将"订单明细"表按售出单价降序排序，并显示排序结果。

b. 筛选"订单明细"表中售出单价超过 25 元（含 25 元）的记录。

c. 使用三种以上方法筛选"书籍信息"表中某出版社（出版社名称自行拟定）的书籍记录。

d. 筛选"订单明细"表中"金额"小于 100 元和大于 2 000 元的记录。

三、实验要求

① 完成各种操作，并查看结果，验证操作的正确性。

② 保存所建的数据库、数据表文件。

③ 记录上机过程中出现的问题和解决方法。

四、实验过程

1. 创建空数据库"图书销售系统"

具体操作步骤如下：

① 启动 Access 2016，单击"空白桌面数据库"按钮。

② 在弹出窗格中的"文件名"框中输入文件名"图书销售系统"，如果未输入扩展名，Access 将自动添加扩展名，如图 2.61 所示。选择文件的存储位置，单击"文件名"框右侧的"浏览"按钮，通过浏览窗口定位到目标存储位置，如"D:\"，单击"创建"按钮。此时 Access 创建空数据库，并自动创建了一个名为"表1"的数据表，并以"数据表视图"打开了该表。

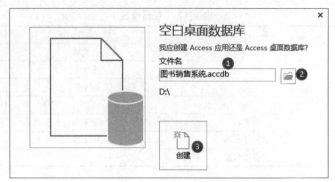

图 2.61 创建空白数据库

此时 Access 创建空数据库，并自动创建了一个名为"表1"的数据表，并以"数据表视图"打开了该表，如图 2.62 所示。至此完成了"图书销售系统"空数据库的创建。

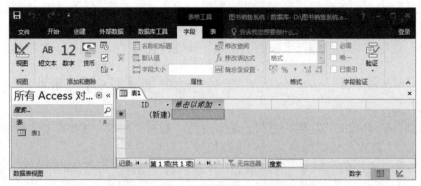

图 2.62 创建空白数据库后的默认视图

2. 建立表结构

建立表结构有两种常用方法，分别为数据表视图和设计视图。数据表视图是按行和列显示表中数据的视图。使用数据表视图建立表结构，可以定义字段名称和数据类型，可以设置格式、默认值等属性，可以设置文本类型字段的字段大小属性等。但是无法提供更多的属性设置，如有效性规则、有效性文本等，也无法设置数字类型字段的字段大小属性。使用设计视图建立表结构，可以设置各种类型字段的字段名称、数据类型、字段属性。

通常情况下，如果表中字段的数据类型和属性比较简单，可以选用数据表视图建立表；如果字段数据类型多种多样，字段属性比较复杂，可以选用设计视图建立表。使用数据表视图建立的表结构，即使不符合实际要求，也可以在设计视图中修改。因此设计视图是正确建立表结构最基本的方法。

本实验需要建立五个表，其中"员工信息"和"订单表"两个表包含的字段数据类型有"文本"、"日期/时间"和"附件"三种，这些字段的数据类型、字段大小和格式等属性均可以在数据表视图中设置，因此可以使用数据表视图建立。"书籍信息"、"客户信息"和"订单明细"三个表包含的字段数据类型有"文本"和"数字"两种，其中"数字"类型字段的字段大小属性需要在设计视图中设置，因此可以选择在设计视图中建立。

基本操作方法是：打开数据表视图或设计视图，定义字段的字段名称、数据类型和字段属性，并在设计视图中定义和修改字段的相关内容。下面将分别介绍"员工信息"表和"订单明细"表的建立方法。

（1）使用数据表视图创建"员工信息"表

操作步骤如下：

① 打开"图书销售系统"空数据库。

② 创建空表。单击"创建"选项卡→"表格"选项组→"表"按钮，创建名为"表1"的空表。

③ 定义"员工编号"字段。选中"ID"字段列，单击"表格工具-字段"选项卡→"属性"选项组→"名称和标题"按钮，弹出"输入字段属性"对话框，在该对话框的"名称"文本框中输入"员工编号"，如图 2.63 所示，单击"确定"按钮。在"格式"选项组中单击"数据类型"下拉列表框右侧下拉箭头按钮，

在弹出的下拉列表中选择"短文本";在"属性"选项组的"字段大小"文本框中输入 10,如图 2.64 所示。

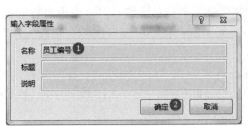

图 2.63 输入字段名称

图 2.64 "员工编号"字段属性设置

④ 定义其他字段。单击"单击以添加"列,从弹出的下拉列表中选择"短文本",这时 Access 自动将新字段命名为"字段 1";在"字段 1"中输入"姓名"。选中"姓名"列,在"属性"选项组的"字段大小"文本框中输入 5。使用相同方法完成"性别"、"出生日期"、"职务"、"照片"和"简历"字段的添加及其属性设置。其中"出生日期"字段的数据类型选择"日期/时间"、格式选择"短日期","照片"字段的数据类型选择"附件"。设置结果如图 2.65 所示。

图 2.65 在"数据表视图"中建立表结构

⑤ 保存数据表。单击快速访问工具栏上的"保存"按钮,弹出"另存为"对话框。在"表名称"文本框中输入"员工",单击"确定"按钮。

⑥ 定义主键。单击"表格工具-字段"选项卡→"视图"选项组→"视图"按钮,切换到设计视图。再单击"员工编号"字段行,然后单击"表格工具-设计"选项卡→"工具"选项组→"主键"按钮,设置结果如图 2.66 所示。

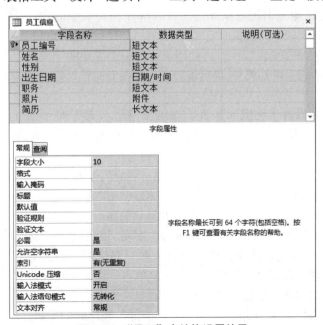

图 2.66 "员工"表结构设置结果

（2）使用设计视图创建"订单明细"表

操作步骤如下：

① 打开表设计视图。单击"创建"选项卡→"表格"选项组→"表设计"按钮，打开表设计视图。

② 定义字段。单击设计视图的第一行"字段名称"列，并在其中输入"订单明细号"；单击"数据类型"列，并单击其右侧下拉箭头按钮，在下拉列表中选择"短文本"数据类型；在字段属性区的"字段大小"行中输入 10。

③ 定义其他字段。单击设计视图第二行"字段名称"列，并在其中输入"订单编号"；在"数据类型"列中选择"短文本"，在字段属性区的"字段大小"行中输入 10。重复此步骤，按表 2.15 所列字段名、数据类型和字段大小，分别定义表中其他字段。

④ 定义主键。单击"订单明细号"字段行，然后单击"设计"选项卡下"工具"选项组中的"主键"按钮。

⑤ 保存数据表。按快捷键【Ctrl+S】，弹出"另存为"对话框。在"表名称"文本框中输入"订单明细"，单击"确定"按钮，设置结果如图 2.67 所示。

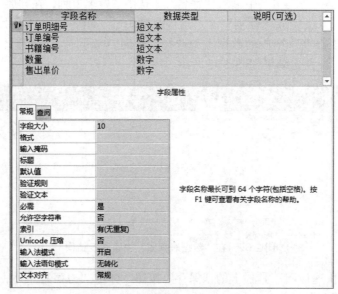

图 2.67 "订单明细"表结构设置结果

3. 义表关系

建立表之间的关系，可以避免出现数据冗余，可以确保相关表中的数据相互匹配，可以方便地查询不同表中的数据。定义方法是：打开"关系"窗口，并通过"显示表"对话框将表添加到窗口中，再使用鼠标将一个表中的字段拖动至另一个表中与之建立关系的字段处放开，最后设置表之间参照完整性规则。

操作步骤如下：

① 打开"关系"窗口。单击"数据库工具"选项卡下"关系"组中的"关系"按钮，打开"关系"窗口，同时弹出"显示表"对话框，如图 2.68 所示。

② 添加数据表。在弹出的"显示表"对话框（可以单击"设计"选项卡的"关系"选项组的"显示表"按钮来打开）中，分别双击"员工信息"、"客户信息"、"订单表"、"订单明细"和"书籍信息"五个表，单击"关闭"按钮。

③ 编辑关系。选定"订单明细"表中的"订单编号"字段，并拖动到"订单表"表中的"订单编号"字段上，这时弹出"编辑关系"对话框，在该对话框中勾选"实施参照完整性"复选框（见图 2.69），再单击"新建"按钮，返回到"关系"窗口。使用相同方法创建"订单明细"表与"书籍信息"表、"订单表"表与"员工信息"表、"订单表"表与"客户信息"表之间的关系，结果如图 2.70 所示。

图 2.68 关系对话框

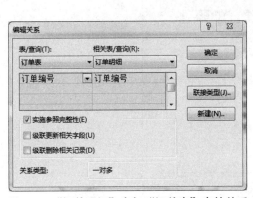

图 2.69 "订单明细"表与"订单表"表的关系

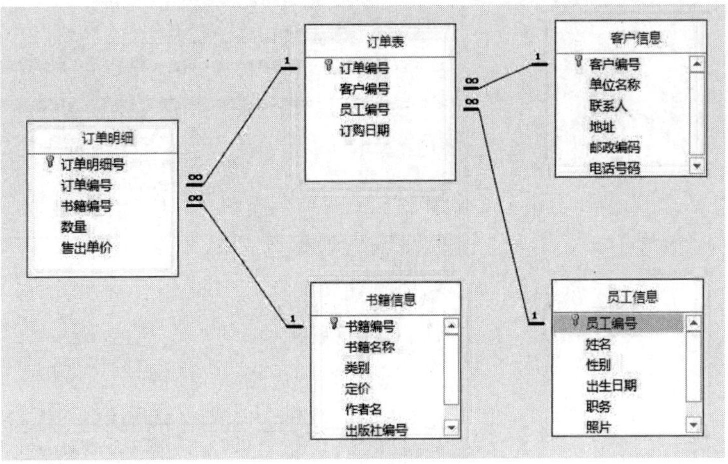

图 2.70 五张表关系

④ 保存结果。单击"保存"按钮,同时保存关系的布局。

4. 输入数据

为五个表输入数据,数据可自行拟定(包括"员工信息"表中的照片)。本实验以"员工信息"表为例,使用数据表视图输入数据。方法是:使用数据表视图打开"员工信息"表,从第一个空记录的第一个字段开始分别输入相应值,每输入完一个字段值按【Enter】键或按【Tab】键转至下一个字段。输入完一条记录后,按【Enter】键或按【Tab】键转至下一条记录。

为了方便、快速地输入数据,首先为"职务"字段创建查阅列表,然后再向表中输入数据。操作步骤如下:

(1)为"职务"字段创建查阅列表

① 打开"员工信息"表。使用设计视图打开"员工信息"表。

② 设置获取数据方式。选择"职务"字段,在"数据类型"下拉列表中选择"查阅向导…",弹出"查阅向导"第一个对话框,选择"自行键入所需的值"单选按钮,结果如图 2.71 所示。

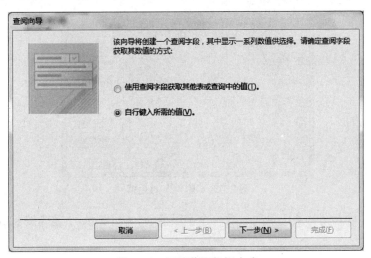

图 2.71 设置获取数据方式

③ 输入所需值。单击"下一步"按钮,弹出"查阅向导"第二个对话框,在"第 1 列"每行中依次输入"经理"、"副经理"和"职员",每输入完一个值按【↓】键或按【Tab】键转至下一行,结果如图 2.72 所示。

④ 指定查阅列表名称。单击"下一步"按钮,弹出"查阅向导"最后一个对话框,在"请为查阅字段指定标签"文本框中输入"职务",单击"完成"按钮。至此完成了查阅列表的设置。

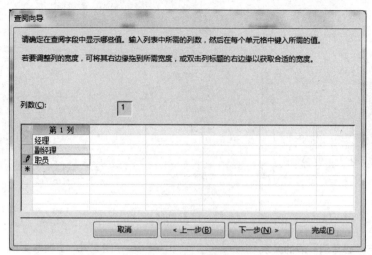

图 2.72 输入所需值

⑤ 切换至数据表视图。单击"视图"按钮,在弹出的"Microsoft Access"对话框中单击"是"按钮,切换至"员工信息"表的数据表视图。

(2)输入字段值

① 输入"员工编号""姓名""性别"等字段值。从第一个空记录的第一个字段开始分别输入"员工编号""姓名""性别"等字段值,每输入完一个字段值按【Enter】键或按【Tab】键转至下一个字段。

② 输入"职务"字段值。单击"职务"字段右侧下拉箭头按钮,从弹出的下拉列表中选择"经理"、"副经理"或"职员"。

③ 输入"照片"。将鼠标指针指向该记录的"照片"字段列,单击右键,从弹出的快捷菜单中选择"管理附件"命令,打开"附件"对话框,单击"添加"按钮,在弹出的"选择文件"对话框中找到照片文件所在文件夹,选中该照片文件,再单击"确定"按钮,返回"附件"对话框,结果如图 2.73 所示,再单击"确定"按钮。

图 2.73 "附件"对话框

④ 输入下一条记录。输入完每条记录的最后一个字段值后,按【Enter】键或按【Tab】键转至下一条记录,使用上述方法继续输入。

5. 设置字段属性

字段属性是字段所具有的一组特征,使用它可以控制数据在字段中的存储、输入或显示方式。修改字段类型及设置字段属性的方法是:在设计视图中选中字段,在"字段属性"区中选择要设置的属性,并输入属性值。若修改字段名称和数据类型,可以直接在字段名称和数据类型列中重新输入或选择。

操作步骤如下:

① 修改并设置"客户信息"表中"邮政编码"字段属性。使用设计视图打开"客户信息"表,单击"邮政编码"字段的"数据类型"列,单击右侧下拉箭头按钮,从弹出的下拉列表中选择"短文本",单击"字段属性"区中的"字段大小"属性行,输入数值 6,结果如图 2.74 所示,最后保存修改并关闭表。

② 设置"书籍信息"表中"类别"字段的属性。使用设计视图打开"书籍信息"表,单击"类别"字段

行任意位置：单击"字段属性"区中的"默认值"属性行，输入"计算机"，结果如图 2.75 所示，最后保存修改并关闭表。

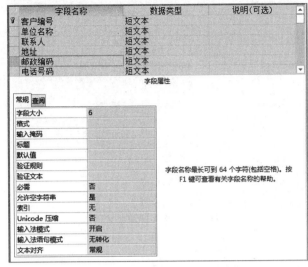

图 2.74 "邮政编码"字段的设置结果

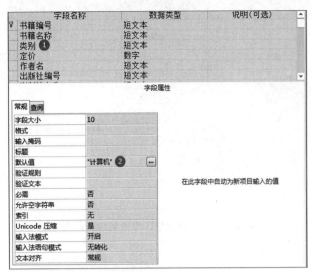

图 2.75 "类别"字段的设置结果

③ 设置"订单表"表中"订购日期"字段属性。使用设计视图打开"订单表"表，单击"订购日期"字段行任意位置，单击"字段属性"区中的"格式"属性行右侧下拉箭头按钮，并从弹出的下拉列表中选择"长日期"。单击"输入掩码"右侧的"表达式生成器"按钮，从弹出的"输入掩码向导"对话框的"输入掩码"列表中选择"短日期"（见图 2.76），然后单击"完成"按钮，设置结果如图 2.77 所示，最后保存修改并关闭表。

④ 设置"订单明细"表中"售出单价"字段属性。使用设计视图打开"订单明细"表，单击"售出单价"字段行任意位置，再单击"字段属性"区中的"验证规则"属性行，输入">0"，然后单击"验证文本"属性行，输入"请输入大于 0 的数据！"，设置结果如图 2.78 所示，最后保存修改并关闭表。

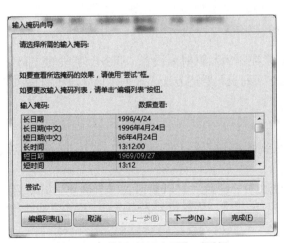

图 2.76 "输入掩码向导"对话框

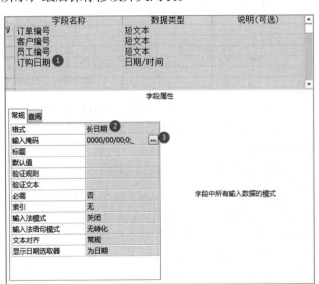

图 2.77 "订购日期"字段的设置结果

⑤ 在"订单明细"表中添加"金额"计算字段。使用设计视图打开"订单明细"表，在"售出单价"行下方第一个空行"字段名称"列中输入"金额"；在"数据类型"列中选择"计算"，在弹出的"表达式生成器"窗口的"表达式类别"区域中双击"数量"，再输入"*"，然后双击"售出单价"，结果如图 2.79 所示，单击"确定"按钮。设置"结果类型"属性值为"整型"、"格式"属性值为"标准"、"小数位数"属性值为"0"，设置结果如图 2.80 所示。

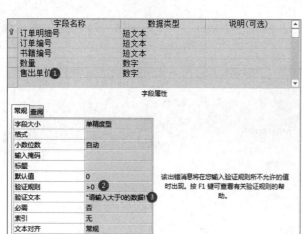

图 2.78 "售出单价"字段的设置结果

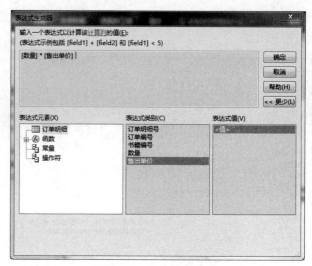

图 2.79 输入计算公式

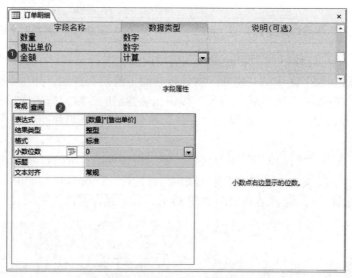

图 2.80 "金额"字段的设置结果

⑥ 为"员工信息"表中"职务"字段创建查阅列表。如果在输入数据时未设置"职务"字段的查阅列表，则可按照"4.输入数据"操作步骤中"为'职务'字段创建查阅列表"所述方法，来创建该字段的查阅列表，此处不再赘述。

6. 设置数据表格式

① 冻结"员工信息"表中的"姓名"字段列。以数据表视图打开"员工信息"表，选中"姓名"字段，单击右键，从弹出的快捷菜单中选择"冻结字段"命令即可。

② 将"员工信息"的背景颜色改为"绿色"，字体颜色改为"深蓝"。以数据表视图打开"员工信息"表，单击"开始"选项卡→"文本格式"选择组的"背景色"下拉箭头，从下拉列表中选择"绿色"命令按钮；再从"字体颜色"下拉列表中选择"深蓝"命令按钮完成设置。

7. 排序及筛选记录

通常可以通过排序来整理表中数据。方法是：在数据表视图中单击"开始"选项卡→"排序和筛选"选择组中的"升序"或"降序"按钮，或使用"高级筛选/排序"命令。如果按单个字段进行排序，可以直接使用"升序"或"降序"按钮；如果按两个以上字段排序，可以使用"高级筛选/排序"命令。

筛选记录可以是使用筛选器筛选、按窗体筛选和高级筛选。如果筛选某个字段某范围的值，可以使用筛选器筛选；如果要在多个字段上设置筛选条件，可以选用按窗体筛选；当筛选条件比较复杂时，可以使用高级筛选。

操作步骤如下：

① 对"订单明细"表按售出单价降序排序。使用数据表视图打开"订单明细"表，单击"售出单价"字段列的任意行，单击"开始"选项卡→"排序和筛选"选项组→"降序"按钮。

② 筛选"订单明细"表中"售出单价"超过25元（含25元）的记录。使用数据表视图打开"订单明细"表，单击字段名"售出单价"右侧下拉箭头按钮，从弹出的下拉菜单中执行"数字筛选器"→"大于"命令，在弹出的"自定义筛选"对话框的"售出单价 大于或等于"文本框中输入"25"，如图2.81所示，再单击"确定"按钮。

③ 筛选"书籍信息"表中"清华大学出版社"的书籍记录。此类筛选可使用多种方法实现，这里介绍按窗体筛选方法：使用数据表视图打开"书籍信息"表，单击"开始"选项卡→"排序和筛选"选项组→"高级"按钮，从弹出的下拉菜单中选择"按窗体筛选"命令，切换到"按窗体筛选"窗口，单击"出版社名称"字段下拉箭头按钮，从下拉列表中选择"清华大学出版社"。并单击"开始"选项卡→"排序和筛选"选项组→"切换筛选"按钮，查看筛选结果。

④ 筛选"订单明细"表中金额小于100元和大于2 000元的记录。可以使用高级筛选，实现方法是：用数据表视图打开"订单明细"表，单击"开始"选项卡，单击"排序和筛选"组→"高级"按钮，从弹出的下拉菜单中选择"高级筛选/排序"命令，切换到"筛选"窗口。在下方区域的"字段"行列表中选择"金额"，在"条件"行中输入条件"<100 or >2000"，如图2.82所示。单击"开始"选项卡→"排序和筛选"选择组→"切换筛选"按钮，可以查看筛选结果。

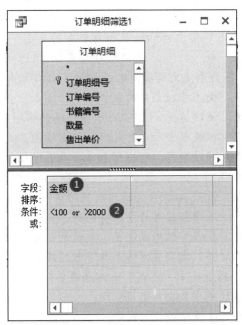

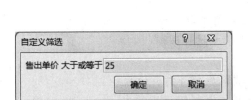

图 2.81　输入筛选条件　　　　　　　图 2.82　高级筛选设置结果

习　题　2

一、简答题

1. 创建数据库的方法有哪些？如何创建？
2. 为什么要压缩和修复数据库、备份数据库？
3. Access 提供的数据类型有哪些？
4. 什么是参照完整性？它的作用是什么？
5. 验证规则和验证文本的作用是什么？
6. 为什么要冻结列？如何冻结列？

7. 筛选记录的方法有几种？各自的特点是什么？

二、选择题

1. 创建数据库的结果，就是在磁盘上生成一个数据库文件，文件扩展名是（　　）。
   A．.dbf　　　　　　B．.mdb　　　　　　C．.adp　　　　　　D．.accdb
2. 以下关于 Access 数据库的叙述中，错误的是（　　）。
   A．可以使用 Access 提供的模板创建数据库
   B．Access 数据库是指存储在 Access 中的二维表格
   C．Access 数据库是以一个单独的数据库文件存储在磁盘中
   D．Access 数据库包含了表、查询、窗体、报表、宏及模块等对象
3. 如果要创建一个销售项目数据库，最快捷的建立方法是（　　）。
   A．通过数据表模板建立　　　　　　B．创建空白的数据库
   C．通过数据库模板建立　　　　　　D．上述建立方法相同
4. 在 Access 中，如果频繁删除数据库对象，数据库文件中的碎片就会不断增加，数据库文件也会越来越大。解决这一问题的有效方法是（　　）。
   A．谨慎删除，尽量不删除
   B．执行"压缩数据库"命令，压缩数据库
   C．执行"修复数据库"命令，修复数据库
   D．执行"压缩和修复数据库"命令，压缩并修复数据库
5. 以下不属于 Access 数据库对象的是（　　）。
   A．表　　　　　　　B．查询　　　　　　C．视图　　　　　　D．模块
6. 以下关于使用模板创建 Access 数据库的叙述中，错误的是（　　）。
   A．使用模板创建的数据库包含了表、查询、窗体、报表等对象
   B．使用 Access 提供的模板创建数据库是最快捷的方法
   C．模板包含有已定义好的数据结构，要导入的数据必须适合于模板的结构
   D．通过数据库模板可创建标准的数据库，如不符合要求可以对其修改
7. 以下对 Access 数据库进行管理的叙述中，错误的是（　　）。
   A．设置 Access 数据库密码的前提条件是数据库必须以独占方式打开
   B．压缩数据库的方法有两种，自动压缩和手动压缩
   C．在当前数据库设置"关闭时压缩"选项后，所有数据库关闭时都会自动执行压缩
   D．若不需要在网络上共享数据库，最好将数据库设为"关闭时压缩"
8. 下列选项中，不属于压缩和修复数据库的作用的是（　　）。
   A．减少数据库占用空间　　　　　　B．提高数据库打开速度
   C．修饰和美化数据库　　　　　　　D．提高数据库运行效率
9. 以下不属于 Access 数据类型的是（　　）。
   A．文本　　　　　　B．计算　　　　　　C．附件　　　　　　D．通用
10. 以下关于字段属性的叙述中，错误的是（　　）。
    A．格式属性只可能影响数据的显示格式　　B．可对任意类型的字段设置默认值属性
    C．验证规则是用于限制字段输入的条件　　D．不同的字段类型，其字段属性有所不同
11. 以下关于 Access 表的叙述中，错误的是（　　）。
    A．设计表的主要工作是设计表的字段和属性　　B．Access 数据库中的表是由字段和记录构成
    C．Access 数据表一般包含一到两个主题信息　　D．数据表是查询、窗体和报表的主要数据源
12. 能够使用"输入掩码向导"创建输入掩码的字段类型是（　　）。
    A．文本和日期/时间　　　　　　　　B．文本和货币
    C．数字和日期/时间　　　　　　　　D．文本和数字
13. 在设置或编辑"关系"时，不属于可设置的选项是（　　）。
    A．实施参照完整性　　　　　　　　B．级联更新相关字段

C. 级联追加相关记录 D. 级联删除相关记录
14. 以下关于 Null 值叙述中，正确的是（　　）。
    A. Null 值等同于空字符串 B. Null 值等同于数值 0
    C. Null 值表示字段值未知 D. Null 值的串长度为 0
15. 在 Access 数据表中，可以定义"格式"属性的字段类型是（　　）。
    A. 文本、货币、超链接、附件 B. 日期/时间、是/否、备注、数字
    C. 自动编号、文本、备注、OLE 对象 D. 日期时间、数字、OLE 对象、是/否
16. 验证规则是（　　）。
    A. 控制符 B. 条件 C. 文本 D. 表达式
17. 以下属于 Access 可以导入或链接的数据源是（　　）。
    A. Access B. Excel C. XML D. 以上都是
18. 筛选的结果是滤除了（　　）。
    A. 满足条件的字段 B. 不满足条件的字段
    C. 满足条件的记录 D. 不满足条件的记录
19. 以下关于设置参照完整性应符合的条件的叙述中，错误的是（　　）。
    A. 来自主表的匹配字段是主键或具有唯一索引 B. 两个表中相关联的字段应有相同的数据类型
    C. 两个表属于同一个 Access 数据库 D. 两个表之间必须是一对多的关系
20. 在对表中记录排序时，若以多个字段作为排序字段，则显示结果为（　　）。
    A. 按字段的优先次序依次排序 B. 按定义的优先次序依次排序
    C. 按从左向右的次序依次排序 D. 按从右向左的次序依次排序

三、填空题

1. 对于 Access 数据库来说，一个数据库对象是一个_____容器对象，其他 Access 对象均置于该容器对象之中。
2. 如果需要在关闭数据库时自动执行压缩和修复，可以设置"_____"选项。
3. 创建 Access 数据库有两种方法，一是使用数据库_____创建数据库；二是先创建空数据库，再创建数据库对象。
4. 压缩数据库文件可以消除_____，释放碎片所占用的空间。
5. 假设学号由 9 位数字组成，其中不能包含空格。学号字段的正确输入掩码是_____。
6. 排序是根据当前表中的单个或_____字段的值来对整个表中的所有记录进行重新排列。
7. _____的含义是使数据表中的某一列数据不显示。
8. 若输入的字符必须是字母或数字。应使用的输入掩码字符是_____。
9. 筛选记录有三种方法，分别是使用_____筛选，按窗体筛选和高级筛选。
10. 不能对数据类型为备注、超链接、OLE 对象和_____的字段进行排序。

四、判断题

1. 虽然 Access 有版本区别，但所建数据库的文件格式没有区别。　　　　　　　　　　　　（　　）
2. 当在 Access 数据库中删除某些对象后，Access 并不会将其占用的空间释放。　　　　（　　）
3. 模块不是 Access 数据库对象。　　　　　　　　　　　　　　　　　　　　　　　　　（　　）
4. Access 提供了还原数据库的功能。　　　　　　　　　　　　　　　　　　　　　　　（　　）
5. 不能将 Excel 表中的数据导入到 Access 数据表中。　　　　　　　　　　　　　　　　（　　）
6. 为字段设置查阅列表可以方便数据的输入。　　　　　　　　　　　　　　　　　　　（　　）
7. 附件类型的字段可以存储所有种类的文档。　　　　　　　　　　　　　　　　　　　（　　）
8. Access 中的每个表只能设置一个主键。　　　　　　　　　　　　　　　　　　　　　（　　）
9. 在数据表视图中，可以通过调整列宽来改变字段的"字段大小"属性。　　　　　　　（　　）
10. 只能使用高级筛选筛选出字段值在某范围内的记录。　　　　　　　　　　　　　　　（　　）

第 3 章

查询的创建和使用

使用 Access 的最终目的是通过对数据库中的数据进行各种处理和分析，从中提取有用信息。查询是 Access 处理和分析数据的工具，他能够将多个表中的数据抽取出来，供使用者查看、汇总、更改和分析使用。本章将详细介绍查询的概念和功能，以及各类查询的创建和使用方法。

3.1 查询概述

查询是 Access 数据库中的一个重要对象。通过查询可以筛选出符合条件的记录，构成一个数据集合。提供数据的表或查询称为查询的数据来源。在 Access 数据库中查询对象本身不是数据的集合，而是操作的集合，当运行查询时，系统会根据数据来源中的当前数据产生查询结果，因此查询结果是一个动态级，随着数据源的变化而变化，只要关闭查询，查询的动态级就会自动消失。

3.1.1 查询的功能

在 Access 中，利用查询可以实现多种功能。比如，选取所需数据，对表中数据进行计算，合并不同表中的数据，甚至可以添加、更改和删除表中的数据。

1. 选择数据

可以从一个或多个表中选取部分或全部字段。例如，可以只显示"教师"表中每名教师的姓名、性别、工作时间和学院等，也可以从一个或多个表中选取符合条件的记录，例如，只显示"教师"表中 1983 年参加工作的男教师。

选择字段和选取符合条件的记录这两个操作，可以单独使用，也可以同时进行。

2. 编辑数据

编辑数据包括添加记录、删除记录和更新字段值等。在 Access 中，可以利用查询添加、删除表中的记录。例如，将"教师"表中退休人员的记录删除。也可以利用查询更新某字段值。例如，将 1985 年以前参加工作的教师职称更改为"教授"。

3. 实现计算

查询不仅可以找到满足条件的记录，而且可以在建立查询的过程中进行各种统计计算，例如，计算每门课程的平均成绩、统计班级学生的人数等。还可以建立新的字段来保存计算的结果，例如，根据"教师"表中的"工作时间"字段计算每名教师的工龄。

4. 建立新表

利用查询得到的结果可以建立一个新表。例如，将总评成绩在 90 分及以上的学生信息存储到一个新表中，表内容为"学号""姓名""性别""年龄""考试成绩"等字段。

5. 为窗体和报表提供数据

查询可以作为一个对象存储。当创建了查询对象后，可以将其看作为一个数据表，作为窗体、报表或其他查询的数据源。每次打开窗体或报表时，查询数据源就从它的基表中检索出符合条件的最新记录，并显示在窗体或报表中。

3.1.2 查询的类型

在 Access 2016 中查询分为五种，分别是选择查询、交叉表查询、参数查询、操作查询和 SQL 查询。五种查询的应用目标不同，对数据源的操作方式和操作结果也有所不同。

1. 选择查询

选择查询是最常用的查询类型。可以根据给定的条件，从一个或多个数据源中获取数据并显示结果，也可以利用查询条件对记录进行分组，并进行求和、计数、求平均值等运算。例如，查找 1983 年参加工作的男教师，统计各类职称的教师人数等。Access 的选择查询主要有简单选择查询、统计查询、重复项查询、不匹配项查询等几种类型。

2. 交叉表查询

表查询可以计算并重新组织数据表的结构。交叉表查询将来源于某个表或查询中的字段进行分组，一组列在数据表左侧，一组列在数据表上方，数据表内行与列的交叉单元格处显示数据源中某个字段统计值，如合计、求平均值、统计个数、求最大值和最小值等。例如，统计每个班男女生人数，可以在行标题上显示班级，在列标题上显示性别，在数据表内行和列交叉单元格处显示统计的人数。

3. 参数查询

参数查询为使用者提供了更加灵活的查询方式，通过参数来设计查询条件，由使用者输入条件，并根据此条件返回查询结果。例如，设计一个参数查询，提示输入两个成绩值，然后 Access 检索在这两个值之间的所有记录，输入不同的值，可以得到不同的结果。

4. 操作查询

操作查询与选择查询类似，都需要指定查找记录的条件，但选择查询是检索符合特定条件的一组记录并显示，而操作查询是在一次查询操作中对原数据表中符合条件的记录进行追加、删除和更新。操作查询包括生成表查询、删除查询、更新查询和追加查询四种。

① 生成表查询：该查询是将检索到的数据保存到一个新基本表中，它提供了一种创建基本表的方法。
② 删除查询：该查询是将指定表中满足条件的记录删除，且删除后不可恢复。
③ 更新查询：该查询是将指定表中的数据进行编辑、修改。
④ 追加查询：该查询是将检索到的记录追加到指定基本表的尾部，它要求待追加字段的数据类型和顺序必须与被追加表的字段数据类型和顺序一致。

5. SQL 查询

利用 SQL 语句来创建的查询称为 SQL 查询。它是 Access 所有查询中最灵活、功能最强大的一种查询，SQL 查询包括联合查询、传递查询、数据定义查询和子查询四种类型。

① 联合查询：将多个相似的选择查询结果合并到一个结果集中。联合查询中合并的选择查询必须具有相同的输出字段数，采用相同的顺序并包含相同或兼容的数据类型。
② 传递查询：是直接将命令发送到 OLEDB，由访问接口来处理的查询。
③ 数据定义查询：可以实现表的创建、修改、删除或创建索引等功能。
④ 子查询：包含在查询中的查询称为子查询，一般用于创建新字段或设置查询条件等。

3.1.3 查询的视图

Access 的查询提供了三种不同视图，分别是设计视图数据表视图和 SQL 视图。设计视图和数据表视图是其中常用的两种视图，各个视图之间的切换可通过图 3.1 所示的"结果"功能组中的"视图"按钮来完成。

1. 设计视图

查询的"设计视图"窗口可以创建新查询，修改或运行已创建的查询，设计查询所需要的数据源、字段、查询条件等。如图 3.1 所示，查询设计窗口主要由三部分组成，分别是功能组区、导航窗格和设计视图区。其中设计视图区由上下两部分组成，上半区称为"字段列表区"，显示一个或多个数据源的字段信息，用于设计查询时选择所需的字段；下半区称为"设计网格区"，用于设计查询所需要的字段、查询条件等。可以通过拖动各个分区之间的分隔条来改变各区域的大小。

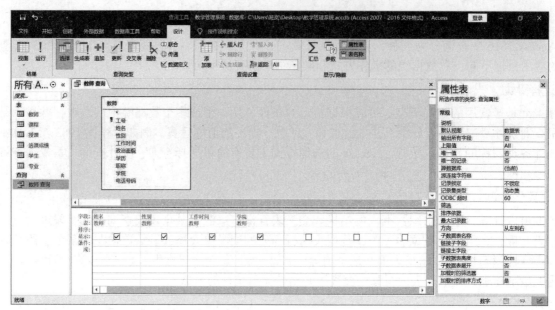

图 3.1　查询设计视图

"设计网格区"中各行的含义如下：

① 字段：设置查询所需要的字段，包括查询条件和查询结果需要的字段，其中"*"表示选择某数据源的所有字段。

② 表：设置字段所在的表或查询的名称。

③ 排序：设置查询结果中记录的排序方式，有升序、降序和不排序三种设置。

④ 显示：设置字段是否在查询结果中显示，若某字段所对应的复选框被选中，则该字段将在结果中显示，否则不显示。

⑤ 条件：设置查询条件。每个字段上都可以设置条件，同一行上各字段所设置的条件是"与"的关系。

⑥ 或：该行设置的查询条件为"或"的关系。

2. 数据表视图

查询的数据表视图与基本表的数据表视图完全相同，用于显示查询的运行结果，如图 3.2 所示，当运行查询后，原来的查询设计区域就切换为数据表视图区域。若发现查询结果不符合预期结果，则切换回查询设计视图，继续修改查询设计，然后运行查询。如此反复，直到所设计的查询满足要求为止。

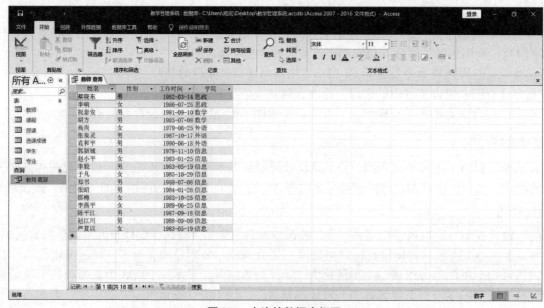

图 3.2　查询的数据表视图

3. SQL视图

SQL视图允许用户通过直接输入SQL语句来创建查询，适用于创建SQL查询的视图，如图3.3所示。事实上，用户在设计视图中创建或修改查询时，Access会自动创建或修改与该查询对应的SQL语句，在设计视图中创建完查询后，用户随时可以切换到SQL视图，查看该查询所对应的SQL语句，SQL查询是功能强大且较灵活的一种查询，一般适合比较熟练SQL的用户使用。

图3.3 查询的SQL视图

3.2 创建选择查询

选择查询是Access中最基本、最常用的查询，它根据指定的查询条件，从一个或多个数据源获取数据并显示查询结果。创建选择查询有两种方法，分别是查询向导和设计视图。查询向导能够有效地指导操作者顺利地创建查询，详细地解释在创建过程中需要进行的选择；设计视图不仅可以完成创建查询的设计，也可以修改已有查询。两种方法特点不同，查询向导操作简单、方便；设计视图功能丰富、灵活。因此可以根据实际需要进行选择。

3.2.1 使用查询向导

使用查询向导创建查询比较简单，可以在向导引导下选择一个或多个表、一个或多个字段，但不能设置查询条件。

1. 创建简单查询

使用"简单查询向导"创建简单查询。

【例3.1】查找"教师"表中的记录，并显示"姓名"、"性别"、"工作时间"和"学院"等字段信息。

操作步骤如下：

① 在Access中，单击"创建"选项卡"查询"选项组中的"查询向导"按钮，弹出"新建查询"对话框，如图3.4所示。

② 选定"简单查询向导"，然后单击"确定"按钮，弹出"简单查询向导"第一个对话框。

③ 选择查询数据源。在该对话框中单击"表/查询"下拉列表框右侧的下拉箭头按钮，从弹出的下拉列表中选定"教师"表。这时"可用字段"列表框中显示"教师"表中包含的所有字段。双击"姓名"字段将其添加到"选定字段"列表中，使用相同的方法将"性别""工作时间""学历"字段添加到"选定字段"列表框中，结果如图3.5所示，单击"下一步"按钮，弹出"简单查询向导"第二个对话框。

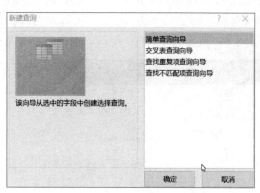

图 3.4 "新建查询"对话框

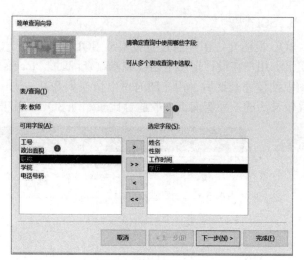

图 3.5 字段选定结果

④ 指定查询名称。在"请为查询指定标题"文本框中输入所需的查询名称,也可以使用默认标题"教师查询1"查询,此处使用默认标题。如果要打开查询查看结果,则选中"打开查询查看信息"单选按钮;如果要修改查询设计,则选中"修改查询设计"单选按钮。这里选中"打开查询查看信息"按钮,如图 3.6 所示。

⑤ 单击"完成"按钮,查询结果如图 3.7 所示。

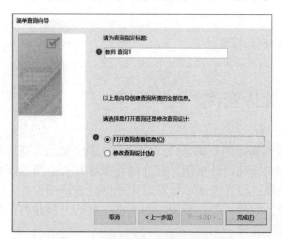

图 3.6 设置查询标题及查看方式

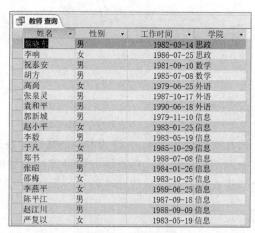

图 3.7 查询结果

所建查询数据源,既可以来自一个表或查询中的数据,也可以来自多个表或查询。

【例 3.2】查找每名学生选课成绩,并显示"学号"、"姓名"、"课程名"和"考试成绩"等字段,查询名为"学生选课成绩"。

分析查询要求不难发现,查询用到的"学号"、"姓名"、"课程名"和"考试成绩"等字段信息分别来自"学生"、"选课成绩"、"课程"三个表,因此应创建基于三个表的查询。

操作步骤如下:

① 打开"简单查询向导"第一个对话框。在该对话框中单击"表/查询"下拉列表框右侧的下拉箭头按钮,从弹出的下拉列表中选择"学生表",然后分别双击"可用字段"列表框中的"学号""姓名"字段,将他们添加到"选定字段"列表框中。

② 单击表查询下拉列表框右侧的下拉箭头按钮,从下拉列表中选择"课程"表,然后双击"课程名"字段,将其添加到"选定字段"列表框中;使用相同的方法,将"选课成绩"表中的"考试成绩"字段添加到"选定字段"列表框中,结果如图 3.8 所示。

③ 单击"下一步"按钮,弹出"简单查询向导"第二个对话框,在该对话框中需要确定是建立"明细"查询还是创建"汇总"查询。创建"明细"查询则查看详细信息,创建"汇总"查询则对一组或全部记录进行各种统计。本例选中"明细"(显示每个记录的每个字段)单选按钮。

④ 单击"下一步"按钮，弹出"简单查询向导"第三个对话框，在"请为查询指定标题"文本框中输入"学生选课成绩"。

⑤ 单击"完成"按钮，查询结果如图 3.9 所示。

图 3.8　字段选定结果

图 3.9　学生选课成绩查询结果

2．创建查找重复项查询

若要确定表中是否有相同记录，或字段是否具有相同值，可以通过"查找重复项查询向导"创建查找重复项查询。

【例 3.3】判断"学生"表中是否有重名的学生，如果有则显示"姓名"、"学号"、"性别"和"入校日期"，查询名为"学生重名查询"。

根据"查找重复项查询向导"创建的查询结果，可以确定"学生"表中的"姓名"字段是否存在相同的值。

操作步骤如下：

① 在 Access 中，打开"新建查询"对话框，如图 3.4 所示。

② 选定"查找重复项查询向导"，然后单击"确定"按钮，弹出"查找重复项查询向导"第一个对话框。

③ 选择查询数据源。在该对话框中，选择"表：学生"选项，如图 3.10 所示。单击"下一步"按钮，弹出"查找重复项查询向导"第二个对话框。

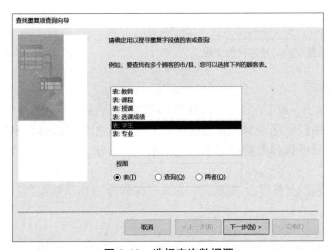

图 3.10　选择查询数据源

④ 选择包含重复值的字段。双击"姓名"字段，将其添加到"重复值字段"列表框中，如图 3.11 所示。单击"下一步"按钮，弹出"查找重复项查询向导"第三个对话框。

图 3.11 选择包含重复值的字段

⑤ 选择重复字段之外的其他字段。分别双击"学号""性别""出生日期"字段。将其添加到"另外的查询字段"列表框中，如图 3.12 所示，单击"下一步"按钮，弹出"查找重复项查询向导"第四个对话框。

⑥ 指定查询名称。在"请指定查询的名称"文本框中输入"学生重名查询"，然后选定"查看结果"单选按钮。

⑦ 单击"完成"按钮，查询结果如图 3.13 所示。

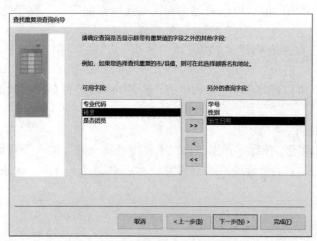

图 3.12 选择重复字段之外的其他字段

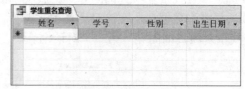

图 3.13 学生重名查询结果

3. 创建查找不匹配项查询

在关系数据库中，当建立了一对多的关系后，通常"一方"表的每一条记录与"多方"表的多条记录相匹配。但是也可能存在"多方"表中没有记录与之匹配的情况。例如，在教学管理数据库中常常出现有些课程没有学生选修的情况，为了查找哪些课程没有被学生选修，最好的方法是使用"查找不匹配项查询向导"创建查找不匹配项的查询。

【**例 3.4**】查找哪些课程没有被学生选修，并显示"课程号"和"课程名"。

操作步骤如下：

① 在 Access 中打开"新建查询"对话框。

② 在该对话框中选定"查找不匹配项查询向导"，然后单击"确定"按钮，弹出"查找不匹配项查询向导"第一个对话框。

③ 选择在查询结果中包含记录的数据源。在该对话框中单击"表：课程"选项，如图 3.14 所示。单击"下一步"按钮，弹出"查找不匹配项查询向导"第二个对话框。

第 3 章 查询的创建和使用

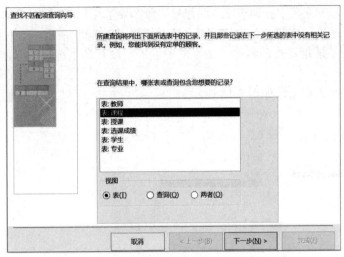

图 3.14 选择在查询结果中包含记录的数据表

④ 选择包含相关记录的数据表。在该对话框中，单击"表：选课成绩"选项，如图 3.15 所示。单击"下一步"按钮，弹出"查找不匹配项查询向导"第三个对话框。

⑤ 确定在两个表中都有的信息。Access 将自动找出相匹配的字段"课程号"，如图 3.16 所示。单击"下一步"按钮，弹出"查找不匹配项查询向导"第四个对话框。

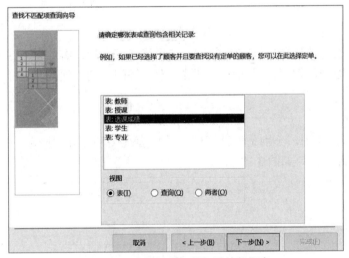

图 3.15 选择包含相关记录的数据表

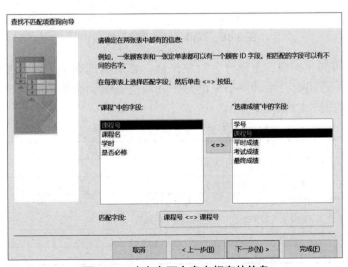

图 3.16 确定在两个表中都有的信息

⑥ 确定查询中所需显示的字段。分别双击"课程号"和"课程名",将他们添加到"选定字段"列表框中,如图 3.17 所示。单击"下一步"按钮,弹出"查找不匹配项查询向导"最后一个对话框。

⑦ 指定查询名称。在"请指定查询名称"文本框中输入"没有学生选修的课程查询",然后选中"查看结果"单选按钮。

⑧ 单击"完成"按钮,查询结果如图 3.18 所示。

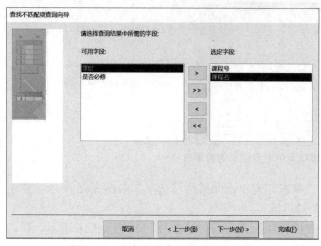

图 3.17 确定查询中所需显示的字段

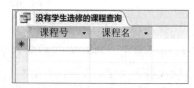

图 3.18 没有学生选修的课程查询结果

3.2.2 使用设计视图

在实际应用中,需要创建的选择查询多种多样,有些是带条件的,有些是不带有任何条件的。使用查询向导,虽然可以快捷方便地创建查询,但它只能创建不带条件的查询,而对于有条件的查询需要使用查询设计视图来完成。

1. 查询设计视图组成

在 Access 中查询有三种视图,分别是设计视图,数据表视图和 SQL 视图。使用设计视图是创建查询的主要方法,查询"设计视图"窗口如图 3.19 所示。

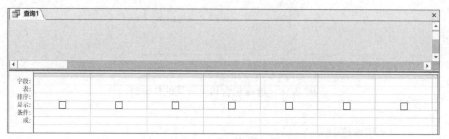

图 3.19 查询"设计视图"窗口

查询设计视图窗口由两部分构成,上部分为对象窗格,显示所选对象(如表或查询)字段列表;下部为设计网格,设计网格由若干行组成,设计网格中的每一列对应查询动态集中的一个字段,每一行对应字段的属性和要求,每行的作用如表 3.1 所示。

表 3.1 查询"设计网格"中行的作用

行 的 名 称	作 用
字段	放置查询需要的字段和用户自定义的字段
表	放置字段行的字段来源(表或查询)
排序	设置字段的排序方式,包括升序、降序和不排序三种
显示	设置选择字段是否在数据表视图(查询结果)中显示
条件	放置指定的查询条件
或	放置逻辑上存在"或"关系的条件

2. 创建不带条件的查询

【例3.5】使用设计视图创建查询，查找并显示授课教师的"学院"、"姓名"、"课程名"和"学时"。要求：按学院降序显示，查询名称为"授课教师查询"。

分析查询要求可以发现查询用到的"学院"、"姓名"、"课程名"和"学时"等字段分别来自"教师"和"课程"两个表，但两个表之间并没有直接联系，需要通过"授课"表建立两表之间的关系，因此应创建基于"教师"、"课程"和"授课"三个表的查询。

操作步骤如下：

① 在 Access 中单击"创建"选项卡"查询"选项组中"查询设计"的按钮，打开查询设计视图，并显示一个"显示表"对话框，如图 3.20 所示。

② 选择数据源。在该对话框中有三个选项卡。如果创建查询的数据源来自表，则单击"表"选项卡；如果创建查询的数据源来自已建立的查询，则单击"查询"选项卡；如果创建查询的数据源来自表和已建立的查询，则单击"两者都有"选项卡。本例单击"表"选项卡，双击"教师"表，这时"教师"字段列表添加到设计视图窗口的上方。然后分别双击"授课"和"课程"两个表，将他们添加到设计视图窗口上方，单击"关闭"按钮，关闭"显示表"对话框，选择数据源后的查询设计视图窗口如图 3.21 所示。

图 3.20 "显示表"对话框

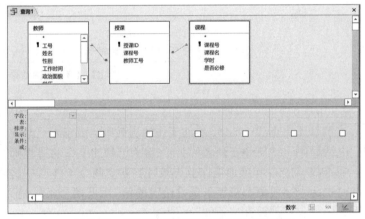

图 3.21 选择数据源后的查询设计视图窗口

③ 选择字段。选择字段有三种方法，一是选定某字段，然后按住鼠标左键不放，将其拖放到设计网格中的"字段"行上；二是双击要选择的字段；三是在"设计网格"中，单击要放置字段列的"字段"行，然后单击右侧下拉箭头按钮，并从弹出的下拉列表中选择所需字段，这里分别双击"教师"字段列表中的"学院"和"姓名"字段，"课程"字段列表中的"课程名"和"学时"字段，将他们分别添加到"字段"行的第一列至第四列上。同时"表"行上显示这些字段所在表的名称。

④ 设置显示顺序。单击"学院"字段的"排序"行，单击右侧下拉箭头按钮，并从弹出的下拉列表中选择"降序"，如图 3.22 所示。

⑤ 保存查询。单击快速访问工具栏上的"保存"按钮，在弹出的"另存为"对话框的"查询名称"文本框中输入"授课教师查询"，然后单击"确定"按钮。

⑥ 查看结果。单击"查询工具/设计"选项卡"结果"选项组中的"视图"按钮或"运行"按钮，切换到数据表视图，查询结果如图 3.23 所示。

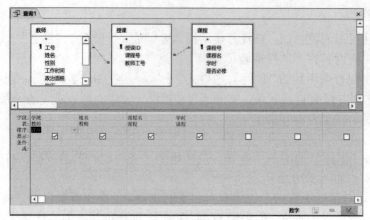

图 3.22 设置显示顺序

图 3.23 查询结果

3. 创建带条件的查询

【例3.6】查找 1983 年参加工作的男教师,并显示"姓名"、"性别"、"学历"、"职称"、"学院"和"电话号码"。所建查询名称为"1983 年参加工作的男教师"。

要查找"1983 年参加工作的男教师"需要两个条件,一是性别值为"男",二是工作时间值为 1983 年,查询时这两个字段值都应等于条件给定的值,因此两个条件是"与"的关系。Access 规定,如果两个条件是"与"关系,应将它们都放在"条件"行上。

操作步骤如下:

① 打开查询设计视图,并将"教师"表添加到设计视图窗口的上方。

② 分别双击"姓名"、"性别"、"工作时间"、"学历"、"职称"、"学院"和"电话号码"等字段。

③ 设置显示字段。"设计网格"中的第四行是"显示"行,行上的每一列都有一个复选框,用它来确定其对应的字段是否显示在查询结果中。选中复选框,表示显示这个字段。如果在查询结果中不显示相应字段,应取消其选中的复选框。按照本例要求,"工作时间"字段只作为条件,并不在查询结果中显示,因此应取消"工作时间"字段"显示"单元格中的复选框勾选。

④ 输入查询条件。在"性别"字段列的"条件"单元格中输入条件:"男",在"工作时间"字段列的"条件"单元格中输入条件:Year([工作时间])=1983。该条件的含义是通过 Year() 函数将"工作时间"字段值中的年份取出后与 1983 进行比较,如图 3.24 所示。也可以将"工作时间"字段列的"条件"单元格中的查询条件设置为:between#1983-01-01#and#1983-12-31#。

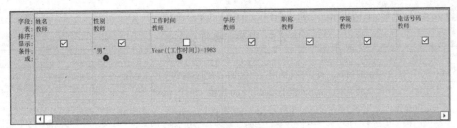

图 3.24　输入查询条件

⑤ 保存所建查询，将其命名为"1983年参加工作的男教师"。

⑥ 单击"查询工具/设计"选项卡"结果"选项组中的"视图"按钮或"运行"按钮，查询结果如图3.25所示。

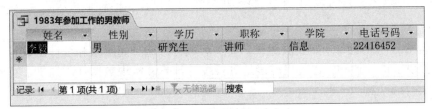

图 3.25　带条件的查询结果

3.2.3　查询中的表达式

查询中的表达式是在查询中用于限制检索记录的条件。由运算符、常量、字段值、函数、字段名称等组成。Access 将它与查询字段值进行比较，找出并显示满足条件的所有记录，查询条件在创建带条件的查询时经常用到。

1. 运算符

运算符是构成条件表达式的基本元素。Access 提供了四种运算符，分别是算术运算符、关系运算符、逻辑运算符和特殊运算符。四种运算符及含义见表3.2、表3.3、表3.4 和表3.5。

表 3.2　算术运算符及含义

运算符	含义	运算符	含义	运算符	含义	运算符	含义
+	加	-	减	*	乘	/	除
\	整除	^	求幂	mod	取模		

算术运算符的优先次序从高到低依次是：求幂（^），乘（*），除（/），整除（\），取模（mod），加（+）/减（-）。

表 3.3　关系运算符及含义

运算符	含义	运算符	含义	运算符	含义
=	等于	>	大于	<	小于
<>	不等于	<=	小于等于	>=	大于等于

使用比较运算符的表达式始终返回 True（真）、False（假）或 Null（空）。Access 使用 -1 表示 True，使用 0 表示 False。当无法对表达式进行求值时，返回 Null。如果关系表达式的任何一侧为 Null，则结果始终为 Null。

在 Access 中，两个字符串进行比较时不区分大小写。比如，CAR、Car 和 car 是相同的。

表 3.4　逻辑运算符及含义

运算符	含义
Not	当 Not 连接的表达式为真时，整个表达式为假
And	当 And 连接的两个表达式均为真时，整个表达式为真，否则为假
Or	当 Or 连接的两个表达式均为假时，整个表达式为假，否则为真

逻辑运算符的优先次序从高到低依次是：Not、And、Or。

表 3.5　特殊运算符及含义

运　算　符	含　　义
In	用于指定一个字段值的列表，列表中的任何一个值都可以与查询的字段相匹配
Between	用于指定一个字段值的范围，指定的范围之间用 And 连接
Like	用于指定查找文本字段的字符模式。在所定义的字符模式中，用"?"表示该位置可匹配任何一个字符，用"*"表示该位置可匹配任意多个字符，用"#"表示该位置可匹配一个数字，用"[]"描述一个范围，用于可匹配的字符范围
Is Null	用于指定一个字段为空
Is Not Null	用于指定一个字段为非空

在 Access 中还有两种特殊的符号：圆括号"（）"和方括号"[ ]"。圆括号"（）"可以用在表达式中，可以改变运算符的优先次序或结合性。方括号"[ ]"一般用来标识字段名称，如果在表达式中出现表名或字段名称时，要用"[ ]"括起来；还可以用"[ ]"将一些特殊的查询提示信息括起来。

2. 函数

Access 提供了大量的标准函数，如数值函数、文本函数、日期时间函数和统计函数等。这些函数为更好地构造条件表达式提供了极大便利，也为更准确地进行统计计算、实现数据处理提供了有效方法。常用函数格式和功能见表 3.6、表 3.7 和表 3.8。

表 3.6　常用数值函数及功能

函　数	功　能	函　数	功　能
Abs(数值表达式)	返回数值表达式值的绝对值	Int(数值表达式)	返回数值表达式值的整数部分
Sqr(数值表达式)	返回数值表达式值的平方根	Sgn(数值表达式)	返回数值表达式值的符号值

表 3.7　常用文本函数及功能

函　数	功　能
Space(数值表达式)	返回由数值表达式值确定的空格个数组成的字符串
String(数值表达式,字符表达式)	返回一个由字符表达式第一个字符组成的字符串，字符串长度为数值表达式
Left(字符表达式,数值表达式)	从字符表达式左侧第一个字符开始截取字符串，截取个数为数值表达式值
Right(字符表达式,数值表达式)	从字符表达式右侧第一个字符开始截取字符串，截取个数为数值表达式值
Mid(数值表达式,字符表达式1,字符表达式2)	从字符表达式左侧数值表达式1的值开始，截取连续的多个字符，截取字符个数为数值表达式2的值
Len(字符表达式)	返回字符表达式中的字符格式

表 3.8　常用日期时间函数及功能

函　数	功　能	函　数	功　能
Date()	返回系统当前日期	Month(日期表达式)	返回日期表达式中的月份（1~12）
Year(日期表达式)	返回日期表达式中的年份	Day(日期表达式)	返回日期表达式中的日（1~31）

3. 条件表达式示例

（1）使用数值作为查询条件

在 Access 中创建查询时，经常会使用数值作为查询条件。以数值作为查询条件的简单示例见表 3.9。

表 3.9　以数值作为查询条件的简单示例

字段名称	条　件	功　能
年龄	<19	查询年龄小于 19 的记录
	Between 14 and 70	查询年龄在 14 ~ 70 之间的记录
	>=14 And <=70	
	Not 70	查询年龄不为 70 的记录
	20 or 21	查询年龄为 20 或 21 的记录

（2）使用文本值作为查询条件

使用文本值作为查询条件，可以方便地限定查询的范围和查询的条件，实现一些相对简单的查询。以文本值作为查询条件的示例见表 3.10。

表 3.10 以文本值作为查询条件的事例

字 段 名 称	条 件	功 能
职称	"教授"	查询职称为教授的记录
	"教授" Or "副教授"	查询职称为教授或副教授的记录
	Right([职称],2)="教授"	
姓名	In("王海","刘力")	查询姓名为王海或刘力的记录
	"王海" Or "刘力"	
	Not "王海"	查询姓名不为王海的记录
	Len([姓名])=2	查询姓名为两个字的记录
学号	Mid([学号],5,2)="03"	查询学号第五个和第六个字符为03的记录

查找职称为教授的记录查询条件可以表示为：="教授"，但为了输入方便。Access 允许在条件中省去"="，因此可以直接表示为："教授"。如果没有输入双引号，Access 会自动添加上。

（3）使用计算或处理日期结果作为查询条件

使用计算或处理日期结果作为条件，可以方便地限定查询的时间范围，以计算或处理日期结果作为查询条件的示例见表3.11。

表 3.11 以计算或处理日期结果作为查询条件的示例

字 段 名 称	条 件	功 能
工作时间	Between #1983-01-01# And #1983-12-31#	查询1983年参加工作的记录
	Year([工作时间])=1983	
	<Date()-15	查询15天前参加工作的记录
	Between Date() And Date()-20	查询20天之内参加工作的记录
	Year([工作时间])=1999 And Mouth([工作时间])=4	查询1999年4月参加工作的记录
	Year([工作时间])>1980	查询1980年以后（不含1980）参加工作的记录
	In(#1992-1-1#,#1992-2-1#)	查询1992年1月1日或1992年2月1日参加工作的记录
	Month([工作时间])=4	查询四月参加工作的记录
	Date Part("m",[工作时间])=4	
	DatePart("q",[工作时间])=3	查询第三季度参加工作的记录

书写这类条件时应注意，日期常量值要用半角的"#"号括起来。

（4）使用字段的部分值作为查询条件

使用字段的部分值作为查询条件可以方便地限制查询范围，使用字段的部分值作为查询条件的示例见表3.12。

表 3.12 使用字段的部分值作为查询条件的示例

字 段 名 称	条 件	功 能
课程名	Like "计算机*"	查询课程名以"计算机"开头的记录
	Left([课程名],3)="计算机"	
	Right([课程名],2)="基础"	查询课程名最后两个字为"基础"的记录
	Like "*计算机*"	查询课程名中包含"计算机"的记录
姓名	Left([姓名],1)="王"	查询姓王的记录
	Not like "王*"	查询不姓王的记录

（5）使用空值或空字符作为查询条件

空值是使用 Null 或空白来表示字段的值；空字符串是用双引号括起来的字符串，且双引号中间没有空格。使用空值或空字符串作为查询条件的示例见表3.13。

表 3.13 使用空值或空字符串作为查询条件的示例

字 段 名 称	条 件	功 能
姓名	Is Null	查询姓名为 Null（空值）的记录
	Is Not Null	查询姓名有值（不是空值）的记录
联系电话	""	查询没有联系电话的记录

最后还需要注意，在条件中字段名称必须要用方括号括起来，而且数据类型应与对应字段定义的类型相

符合，否则会出现数据类型不匹配的错误。

3.2.4 查询中的计算

前面介绍了创建查询的一般方法，同时也使用这些方法创建了一些查询，但所建查询仅仅是为了获取符合条件的记录，并没有对查询得到的结果进行更深入的分析和利用，在实际应用中常常需要对查询结果进行统计计算，如合计、计数、求最大值、求平均值等。Access 允许在查询中对数据进行各种统计。

1. 查询中的计算功能

在 Access 查询中，可以执行两种类型的计算，预定义计算和自定义计算。

（1）预定义计算

预定义计算即"总计"计算（也称聚合计算），是系统提供的用于对查询中的一组或全部记录进行的计算，包括合计、平均值、计数、最大值、最小值等，其名称及功能见表 3.14。

表 3.14 总计项名称及功能

名 称	功 能	名 称	功 能
Group By	定义要执行计算的组	SeDev	计算一组记录中某字段值的标准偏差
合计	计算一组记录中某字段值的总和	First	一组记录中某字段的第一个值
平均值	计算一组记录中某字段值的平均值	Last	一组记录中某字段的最后一个值
最小值	计算一组记录中某字段值的最小值	Expression	创建一个由表达式产生的计算字段
最大值	计算一组记录中某字段值的最大值	Where	设定不用于分组的字段条件
计数	计算一组记录中记录的个数	变量	计算指定字段或分组中的所有值与组平均值的差量

（2）自定义计算

自定义计算允许自定义计算表达式，在表达式中使用一个或多个字段进行数值、日期和文本计算。例如，用一个字段值乘以某一数值，用两个日期时间字段的值相减等。自定义计算的主要作用是在查询中创建用于计算的字段列。

需要说明的是，在查询中进行计算，只是在字段中显示计算结果，实际结果并不存储在表中。如果需要将计算结果保存在表中，应在表中创建一个数据类型为"计算"的字段，或创建一个生成表查询。

2. 总计查询

在创建查询时，有时可能更关心记录的统计结果。例如，某年参加工作的教师人数、每门课程的平均考试成绩等。为了获取这样的信息，需要使用 Access 提供的总计查询功能。

总计查询是通过在查询设计视图中的"总计"行进行设置实现的，用于对查询中的一组记录或全部记录进行求和或求平均值等的计算，也可根据查询要求选择相应的分组、第一条记录、最后一条记录、表达式或条件。

【例 3.7】统计教师人数，所建查询名称为"统计职工人数"。

操作步骤如下：

① 打开查询设计视图，将"教师"表添加到设计视图窗口上方。

② 双击"教师"字段列表中的"工号"字段，将其添加到字段行的第一列上。

③ 在"查询工具/查询设计"选项卡下的"显示/隐藏"选项组中，单击"汇总"按钮∑，这时在"设计网格"中插入一个"总计"行，并自动将"工号"字段的"总计"单元格设置成"Group By"。

④ 单击"工号"字段的"总计"行单元格，再单击其右侧的下拉箭头按钮，然后从下拉列表中选择"计数"，如图 3.26 所示。

⑤ 单击快速访问工具栏上的"保存"按钮，在弹出的"另存为"对话框中输入"统计职工人数"作为查询名称，单击"确定"按钮。单击"结果"选项组中的"运行"按钮，总计查询结果如图 3.27 所示。

此例完成的是最基本的统计操作，不带有任何条件。实际应用中，往往需要对符合某条件的记录进行统计。

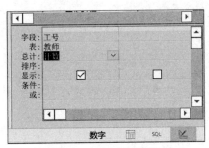
图 3.26 设置"总计"项

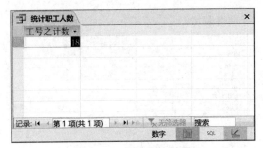
图 3.27 总计查询结果

【例 3.8】统计 1983 年参加工作的教师人数。保存该查询,并将其命名为"1983 年参加工作人数统计"。所建查询的设计结果如图 3.28 所示,查询结果如图 3.29 所示。

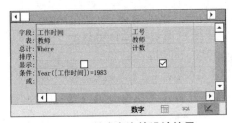
图 3.28 所建查询的设计结果

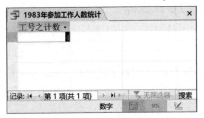
图 3.29 查询结果

在该查询中,由于"工作时间"只作为条件,并不参与计算或分组,故在"工作时间"的"总计"行上选择了"Where"。Access 规定"Where"总计项指定的字段不能出现在查询结果中,因此统计结果中只显示了统计人数,没有显示工作时间。

另外,统计人数的显示标题是"工号之计数",显然这种显示可读性不好。为了更加清晰和明确地显示出统计字段的标题,需要对其进行更改。在 Access 中,允许用户重新命名字段标题。重新命名字段标题有两种方法,一种是在设计网格"字段"行的单元格中直接命名;另一种是利用"属性表"对话框来命名。

【例 3.9】在"1983 年参加工作人数统计"查询中,将以"工号"字段统计的结果显示标题改为"教师人数"。

操作步骤如下:

① 用设计视图打开"1983 年参加工作人数统计"查询。

② 将光标定位在"字段"行"工号"单元格中内容的最左侧,输入"教师人数:",注意,字段标题和字段名称之间一定要用英文冒号分隔,如图 3.30 所示。其中,"教师人数"为更改后的字段标题,"工号"为用于计数的字段。

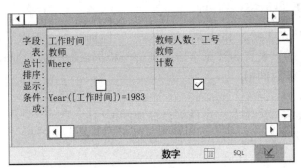
图 3.30 查询结果

或者将光标定位在"字段"行"工号"单元格中,右击该单元格,从弹出的快捷菜单中,选择"属性"命令,打开"属性表"对话框,在"标题"属性栏中,输入"教师人数",如图 3.31 所示。

③ 单击"查询工具/设计"选项卡下"结果"选项组中的"视图"按钮,切换到数据表视图。可以看到查询结果中,字段"工号"的标题已经更改为"教师人数",结果如图 3.32 所示。

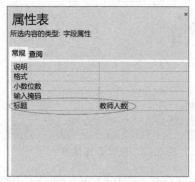

图 3.31 设置"标题"属性

图 3.32 字段标题更改后的结果

3. 分组总计查询

在实际应用中,不仅要统计某个字段中的合计值,也需要按字段值分组进行统计。创建分组统计查询,只需在设计视图中将用于分组字段的"总计"行设置成"Group By"即可。

【例 3.10】计算各类职称的教师人数,并显示"职称"和"人数"。

设计结果如图 3.33 所示,运行该查询后的显示结果如图 3.34 所示。

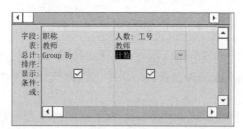

图 3.33 设计结果

图 3.34 运行查询后的显示结果

4. 计算字段

当需要统计的字段未出现在表中,或者用于计算的数据值来源于多个字段时,应在"设计网格"中添加一个计算字段。计算字段是根据一个或多个表中的一个或多个字段,通过使用表达式建立的新字段。创建计算字段的方法是,在设计视图的设计网格"字段"行中直接输入计算字段名及其计算表达式。输入格式为:计算字段名称:计算表达式。

> 注:
> 中间的冒号必须是半角英文格式。

【例 3.11】计算每名教师的工龄,并显示"姓名"、"性别"、"职称"和"工龄"。

按照题目要求,需将"工龄"设置为计算字段,其值可根据系统当前日期和工作时间计算得出。计算表达式为:Year(Date())-Year([工作时间])。

操作步骤如下:

① 打开查询设计视图,并将"教师"表添加到设计视图窗口的上方。

② 分别双击"教师"字段列表中的"姓名"、"性别"和"职称"字段,将其添加到字段行的第一列至第三列中。

③ 在第四列"字段"行单元格中输入:工龄 :Year(Date())-Year([工作时间]),如图 3.35 所示。切换到数据表视图,工龄计算的查询结果如图 3.36 所示。

【例 3.12】查找总评成绩平均分低于所在班总评成绩平均分的学生并显示其班级号、姓名和平均成绩。假设班级号为"学号"中的前六位。

分析该查询要求不难发现,虽然它只涉及"学生"和"选课成绩"两个表,但是要找出符合要求的记录必须完成三项工作。一是以上述两个表为数据源计算每班总评成绩的平均分,并建立一个查询;二是计算每名学生总评成绩的平均分,并建立一个查询;三是以所建两个查询为数据源,找出所有低于所在班级平均分的学生。

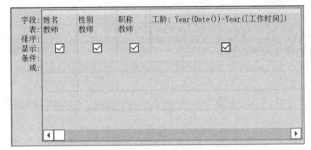

图 3.35　含计算字段的查询设计结果

图 3.36　工龄计算的查询结果

（1）创建计算每班平均成绩的查询

① 打开查询设计视图,将"学生"表和"选课成绩"表添加到设计视图窗口的上方。

② 在"字段"行的第一列单元格中输入:班级 :Left([学生]![学号],6)。这里使用 Left() 函数是为了将"学生"表中"学号"字段值的前六位取出来,"班级"是新添加的计算字段。

③ 双击"选课成绩"表中的"最终成绩"字段,将其添加到"设计网格"中"字段"行的第二列,并在"最终成绩"字段名称前输入"班平均成绩:"。

④ 单击"查询工具 / 查询设计"选项卡的"显示 / 隐藏"选项组中的"汇总"按钮,并将"班平均成绩:最终成绩"字段的"总计"行中的总计项改为"平均值",如图 3.37 所示。

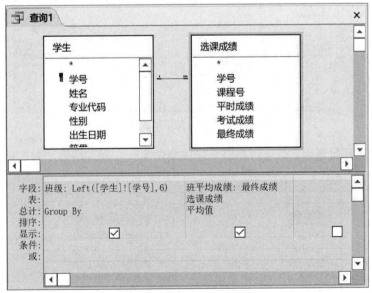

图 3.37　设计计算每班平均成绩

⑤ 保存该查询,并将其命名为"各班平均成绩"。

如果所建查询的数据来源于两个以上的表,那么需要对查询条件或计算公式中引用的字段源进行说明。说明格式为:[表名]![字段名称]。注意,表名和字段名称均需用方括号括起来,用"!"符号作为分隔符。如果引用字段来源于查询,则应在字段名称前加上查询名。

（2）创建计算每名学生平均成绩的查询

为了使创建的两个查询能够建立起关系，在创建"每名学生平均成绩"查询时，同样要建立"班级"字段，如图 3.38 所示。

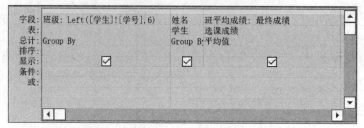

图 3.38　设计计算每名学生平均成绩

（3）创建查找低于所在班平均成绩学生的查询

① 打开查询设计视图，以"各班平均成绩"和"每名学生平均成绩"两个查询为数据源，并将它们添加到设计视图窗口上方。

② 建立两个查询之间的关系。选定"每名学生平均成绩"查询中的"班级"字段，然后按住鼠标左键拖动到"各班平均成绩"查询中的"班级"字段上，松开鼠标左键。

③ 将"每名学生平均成绩"中的"班级"和"姓名"字段添加到"设计网格"中。

④ 添加一个新字段，字段名称为"平均成绩"，用来显示"每名学生平均成绩"查询中的"学生平均成绩"字段值；添加另一个计算字段，字段名称为"差"，使其计算每名学生平均成绩和各班平均成绩的差，计算公式为：[每名学生平均成绩]![学生平均成绩]-[各班平均成绩]![班平均成绩]。

由于参与计算的字段来源于不同的查询，因此在引用该字段时需要在字段名称前加上查询名，中间用"!"分开。

⑤ 在"差"字段的"条件"行上输入查询条件：<0，并取消"显示"行上复选框的勾选，如图 3.39 所示。

图 3.39　设计计算平均成绩差值

⑥ 保存该查询，并将其命名为"低于所在班平均成绩学生"，查询结果如图 3.40 所示。

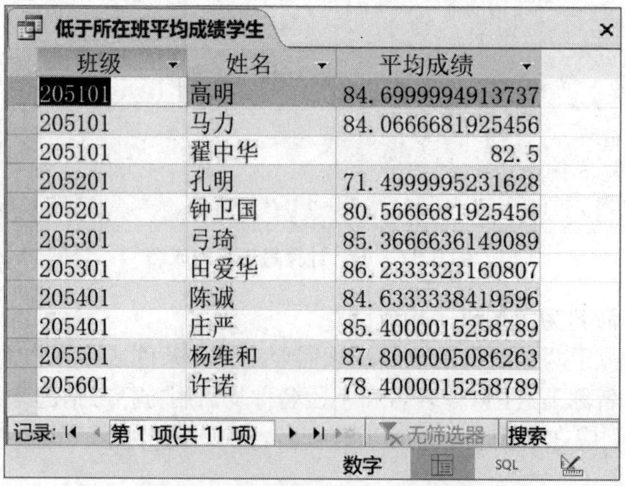

班级	姓名	平均成绩
205101	高明	84.6999994913737
205101	马力	84.0666681925456
205101	翟中华	82.5
205201	孔明	71.4999995231628
205201	钟卫国	80.5666681925456
205301	弓琦	85.3666636149089
205301	田爱华	86.2333323160807
205401	陈诚	84.6333338419596
205401	庄严	85.4000015258789
205501	杨维和	87.8000005086263
205601	许诺	78.4000015258789

图 3.40　低于所在班平均分学生的查询结果

3.3 创建交叉表查询

使用 Access 提供的查询，可以根据需要检索出满足条件的记录，也可以在查询中执行计算。但是，这两个功能并不能很好地解决数据管理工作中遇到的所有问题。例如，前面创建的“学生选课成绩”查询（见图 3.9）中给出了每名学生所选课程的考试成绩。由于很多学生选修了同一门课程，因此在“课程名”字段列中出现了重复的课程名。在实际应用中，常常需要以姓名为行索引，以每门课的课程名为列索引显示每门课程的成绩，这种情况就需要使用 Access 提供的交叉表查询来实现了。

3.3.1 交叉表查询的概念

交叉表查询是 Access 特有的一种查询类型。它将用于查询的字段分成两组，一组列在数据表的左侧作为交叉表的行标题，另一组列在数据表的顶端作为交叉表的列标题，并在数据表行与列的交叉处显示表中某个字段的计算值。图 3.41 所示显示的是一个交叉表查询示例，该表第一行显示性别值，第一列显示班级号，行与列交叉处单元格显示每班男生人数或女生人数。创建交叉表查询有两种方法，一种是使用向导创建交叉表查询，另一种是直接在查询的设计视图中创建交叉表查询。

班级	男	女
205101	4	2
205201	4	1
205301	2	2
205401	3	
205501	2	1
205601		2

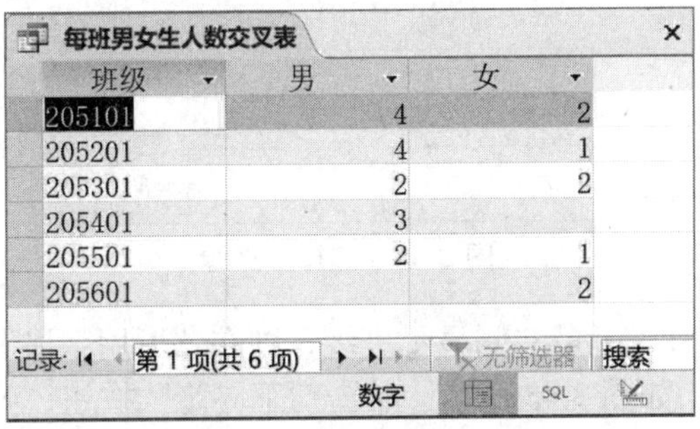

图 3.41 交叉表查询示例

在创建交叉表查询时，需要指定三类字段：第一是放在数据表最左侧的行标题，它将某一字段的相关数据放入指定的行中；第二是放在数据表最上端的列标题，它将某一字段的相关数据放入指定的列中；第三是放在数据表行与列交叉位置上的字段，需要为该字段指定一个总计项，如合计、平均值、计数等。在交叉表查询中，只能指定一个列标题字段和一个总计类的字段。

3.3.2 创建交叉表查询

1. 使用查询向导

设计交叉表查询可以首先使用交叉表查询向导，以便快速生成一个基本的交叉表查询对象，然后再进入查询设计视图对交叉表查询对象进行修改。

【例 3.13】 创建一个交叉表查询，统计每班男女生人数。

在图 3.41 所示交叉表查询结果中，行标题是“班级”，列标题是“性别”。但是“班级”并不是一个独立字段，其值包含在“学号”字段中。由于使用向导创建交叉表查询时无法利用字段的部分值，因此需要先创建一个查询，将“班级”字段值提取出来。按照例 3.12 所述方法提取“班级”值，并创建“学生情况”查询，设计结果如图 3.42 所示，显示结果如图 3.43 所示。

图 3.42 “学生情况”查询设计结果

班级	姓名	性别
205101	翟中华	男
205101	马力	女
205101	田大海	男
205101	燕大众	男
205101	高明	女
205101	赵国庆	男
205201	张明亮	男
205201	刘思远	男
205201	李钰	女
205201	孔明	男

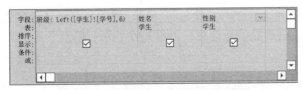

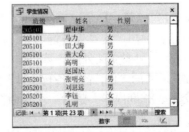

图 3.43 “学生情况”查询显示结果

以此查询为数据源,创建交叉表查询的操作步骤如下:

① 在 Access 中,打开"新建查询"对话框;并在该对话框中单击"交叉表查询向导",然后单击"确定"按钮,弹出"交叉表查询向导"第一个对话框。

② 选择数据源。选中"查询"单选按钮,从上方列表框中选中"查询:学生情况",如图 3.44 所示。单击"下一步"按钮,弹出"交叉表查询向导"第二个对话框。

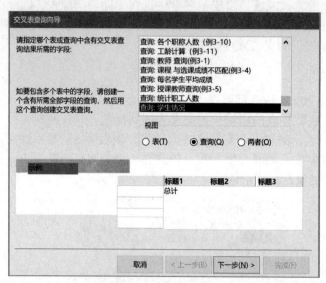

图 3.44　选择数据源

③ 确定行标题。若在交叉表每一行最左侧显示班级,则在"可用字段"列表框中,双击"班级"字段,将其移到"选定字段"列表框中,如图 3.45 所示。单击"下一步"按钮,弹出"交叉表查询向导"第三个对话框。

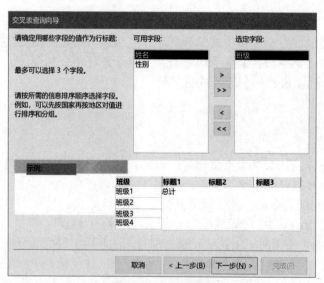

图 3.45　确定行标题

④ 确定列标题。若在交叉表每一列最上端显示性别,则选定"性别"字段,如图 3.46 所示,然后单击"下一步"按钮,弹出"交叉表查询向导"第四个对话框。

⑤ 确定行和列交叉处的计算数据。选定"字段"列表框中的"姓名"字段,然后在"函数"列表框中选择"计数"。取消"是,包括各行小计"复选框勾选,则不显示总计数,如图 3.47 所示。单击"下一步"按钮,弹出"交叉表查询向导"最后一个对话框。

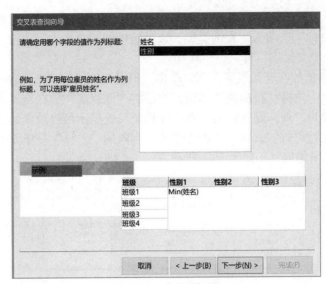

图 3.46　确定列标题

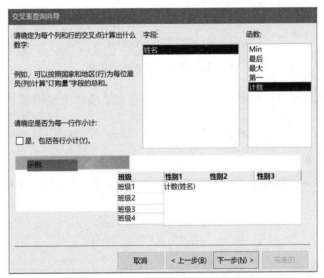

图 3.47　确定行和列交叉处的计算数据

⑥ 确定交叉表查询名称。在该对话框的"请指定查询的名称"文本框中输入"每班男女生人数交叉表"，选中"查看查询"单选按钮，然后单击"完成"按钮。结果如图 3.41 所示。

需要注意的是，使用向导创建交叉表的数据源必须来自一个表或一个查询。如果数据源来自多个表，或有需要计算的字段，需要先创建基于多表的选择查询，然后以此查询作为数据源，再创建交叉表查询。

2. 使用设计视图

如果所建交叉表查询的数据源来自多个表，或来自某个字段的部分值或计算值，那么使用设计视图创建交叉表查询则更方便、更灵活。

【例 3.14】创建一个交叉表查询，使其显示各班每门课程的最终成绩的平均分。

分析查询要求不难发现，查询用到的"班级"、"课程名"和"最终成绩"等字段信息分别来自"学生"、"选课成绩"和"课程"三个表。交叉表查询向导不支持从多个表中选择字段，因此可以直接在设计视图中创建交叉表查询。

操作步骤如下：

① 打开查询设计视图，并将"学生"表、"选课成绩"表和"课程"表添加到设计视图窗口上方。

② 在"字段"行的第一列单元格中输入：班级 :Left([学生]![学号],6)。

③ 双击"课程"表中的"课程名"字段，将其添加到"设计网格"中"字段"行的第二列；双击"选课

成绩"表中的"最终成绩"字段,将其添加到"设计网格"中"字段"行的第三列。

④ 单击"查询工具/设计"选项卡"查询类型"选项组中的"交叉表"按钮,这时查询"设计网格"中显示一个"总计"行和一个"交叉表"行。

⑤ 为了将提取出的班级值放在交叉表第一列,单击"班级"字段的"交叉表"单元格,单击右侧下拉箭头按钮,从弹出的下拉列表中选择"行标题"选项;为了将"课程名"放在交叉表第一行,将"课程名"字段的"交叉表"单元格设置为"列标题";为了在行和列交叉处显示最终成绩的平均值,将"最终成绩"字段的"交叉表"单元格设置为"值",单击"最终成绩"字段的"总计"行单元格,单击其右侧的下拉箭头按钮,从下拉列表中选择"平均值",如图 3.48 所示。

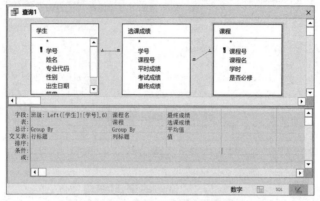

图 3.48　设置交叉表中的字段

⑥ 保存该查询,并命名为"班级选课成绩交叉表",查询结果如图 3.49 所示。

图 3.49　"班级选课成绩交叉表"查询结果

显然,当所建"交叉表查询"数据来源于多个表或查询时,最简单、灵活的方法是使用设计视图。在设计视图中可以自由地选择一个或多个表,选择一个或多个查询。如果"行标题"或"列标题"需要通过建立新字段得到,那么使用设计视图创建查询也是最好的选择。

3.4　创建参数查询

使用前面所述方法创建的查询包含的条件都是固定的常数,如果希望根据某个或某些字段不同的值查找不同的记录,就需要不断地更改查询条件,这显然很麻烦。为了更灵活地输入查询条件可以使用 Access 提供的参数查询。

参数查询在运行时,灵活输入指定的条件,查询出满足条件的信息。例如,查询某学生某门课程的考试成绩,需要按学生姓名和课程名称进行查找。这类查询不是事前在查询设计视图的条件行中输入某一姓名和某一课程名称,而是根据需要在运行查询时输入姓名和课程名称进行查询。

可以创建输入一个参数的查询,即单参数查询,也可以创建输入多个参数的查询,即多参数查询。参数查询都显示一个单独的对话框,提示输入该参数的值。

3.4.1 创建单参数查询

创建单参数查询，即指定一个参数。在执行单参数查询时，输入一个参数值。

【例3.15】按学生姓名查找该学生的考试成绩，并显示"学号"、"姓名"、"课程名"及"考试成绩"等。

前面已经建立了一个"学生选课成绩"查询，该查询的设置内容与此例要求相似。因此可以在此查询基础上对其进行修改。具体操作步骤如下：

① 用设计视图打开"学生选课成绩"查询。

② 在"姓名"字段的"条件"单元格中输入：[请输入学生姓名:]，如图3.50所示。

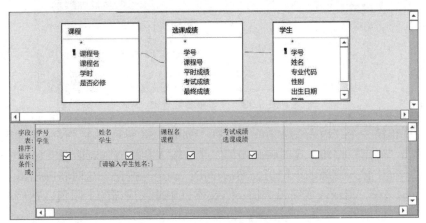

图 3.50 设置单参数查询

> **注意：**
> 在"设计网格"的"条件"单元格中输入用方括号括起来的提示信息，将出现在参数对话框中。"[]"符号必须为半角英文符号。

③ 执行"文件"→"另存为"命令，在"文件类型"选项组中选中"对象另存为"选项，然后单击"另存为"按钮，弹出"另存为"对话框，输入"学生选课成绩单参数查询"，将其作为该对象名，然后单击"确定"按钮。

④ 单击"结果"选项组中的"视图"按钮或"运行"按钮，这时屏幕上显示"输入参数值"对话框，如图3.51所示。

⑤ 该对话框中的提示文本正是在"姓名"字段"条件"单元格中输入的内容。按照需要输入参数值，如果参数值有效，将显示出所有满足条件的记录；否则不显示任何数据。在"请输入学生姓名："文本框中输入："高明"，然后单击"确定"按钮，这时就可以看到所建参数查询的查询结果，如图3.52所示。

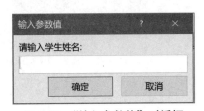

图 3.51 "输入参数值"对话框

图 3.52 单参数查询的查询结果

3.4.2 创建多参数查询

创建多参数查询，即指定多个参数。在执行多参数查询时，需依次输入多个参数值。

【例3.16】创建一个查询，使其查找某门课程某范围内成绩的学生，并显示"姓名"、"课程名"和"最终成绩"。

该查询将按两个字段三个参数值进行查找，第一个参数为课程名，第二个参数为成绩最小值，第三个参数为成绩最大值。因此应将三个参数的提示信息均放在"条件"行上。该查询创建步骤与前面步骤相似，如图3.53所示。

可以在表达式中使用参数提示。比如此例中,最终成绩的条件参数为:Between[请输入成绩最小值 :] And[请输入成绩最大值 :]。

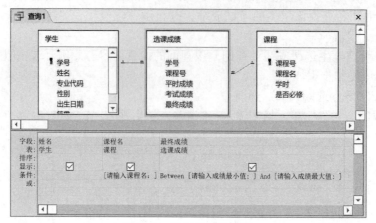

图 3.53　设置多参数查询

运行该查询后,弹出第一个"输入参数值"对话框,如图 3.54 所示。在"请输入课程名:"文本框中输入课程名称,然后单击"确定"按钮,这时将弹出第二个"输入参数值"对话框,如图 3.55 所示。在"请输入成绩最小值:"文本框中输入成绩的下限值,然后单击"确定"按钮,这时将弹出第三个"输入参数值"对话框,如图 3.56 所示。在"请输入成绩最大值:"文本框中输入成绩的上限值,然后单击"确定"按钮,这时就可以看到相应的查询结果。

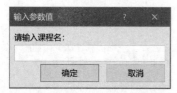  

图 3.54　第一个"输入参数值"　　图 3.55　第二个"输入参数值"　　图 3.56　第三个"输入参数值"

在参数查询中,如果要输入的参数表达式比较长,可右击"条件"单元格,在弹出的快捷菜单中选择"显示比例"命令,弹出"缩放"对话框。在该对话框中输入表达式,如图 3.57 所示,然后单击"确定"按钮,表达式将自动出现在"条件"单元格中。

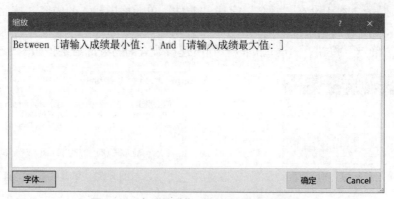

图 3.57　在"缩放"对话框中输入表达式

参数查询提供了一种灵活的交互式查询。但在实际数据库开发中,要求用户输入的参数常常是在一个确定的数据集合中。例如,教师职称就是一个由"教授"、"副教授"、"讲师"和"助教"组成的数据集合。如果从一个数据集合的列表中选择参数,就比手动输入参数的效率更高,且不容易出错。

3.5 创建操作查询

在对数据库的维护操作中，常常需要修改批量数据。例如，删除选课成绩小于 60 分的记录，将所有 1988 年及以前参加工作教师的职称改为"教授"，将选课成绩为 90 分及以上的学生记录存放到一个新表中等。这类操作既要检索记录，又要更新记录，操作查询能够实现这样的功能。操作查询可以对表中的记录进行修改、删除、更新和追加。Access 提供的操作查询包括生成表查询、删除查询、更新查询和追加查询。所有查询都将影响到表，其中生成表查询在生成新表结构的同时，也生成新表数据。而删除查询、更新查询和追加查询只修改表中数据。

3.5.1 生成表查询

生成表查询是利用一个或多个表中的全部或部分数据生成一个新表。在 Access 中，从表中访问数据要比从查询中访问数据快得多，如果经常需要从几个表中提取数据，最好的方法是使用生成表查询，将从多个表中提取的数据组合起来生成一个新表进行保存。

【例 3.17】将考试成绩在 90 分及以上的学生信息存储到一个新表中，表名为"90 分及以上学生情况"，表内容为"学号"、"姓名"、"性别"和"考试成绩"等字段。

操作步骤如下：

① 打开查询设计视图，并将"学生"表和"选课成绩"表添加到设计视图窗口上方。

② 双击"学生"表中的"学号""姓名""性别"等字段，将它们添加到"设计网格""字段"行的第一列至第三列中。双击"选课成绩"表中的"考试成绩"字段，将其添加到"设计网格""字段"行的第五列中。

③ 在"考试成绩"字段的"条件"单元格中输入查询条件：>=90。

④ 单击"查询类型"选项组的"生成表"按钮，弹出"生成表"对话框，在"表名称"文本框中输入要创建的表名称"90 分及以上学生情况"，如图 3.58 所示。

⑤ 单击"确定"按钮。

⑥ 单击"结果"选项组中的"视图"按钮，预览新建表。如果不满意，可以再次单击"结果"选项组中的"视图"按钮，返回到设计视图，对查询进行更改，直到满意为止。

⑦ 在设计视图中，单击"结果"选项组中的"运行"按钮，弹出一个生成表提示框，如图 3.59 所示。

图 3.58 设置表名称

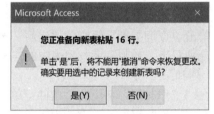

图 3.59 生成表提示框

⑧ 单击"是"按钮，Access 将开始建立"90 分及以上学生情况"表，生成新表后不能撤销所做的更改；单击"否"按钮，不建立新表。这里单击"是"按钮。

此时在导航窗格中，可以看到名为"90 分及以上学生情况"新表。生成表查询的创建将继承原表字段的数据类型，但不继承原表字段的属性及主键设置。

3.5.2 删除查询

随着时间的推移，表中数据会越来越多，其中有些数据有用，而有些数据已无任何用途，对于这些数据应及时从表中删除。删除查询能够从一个或多个表中删除一条或多条记录。

【例 3.18】将选课成绩表中最终成绩小于 60 分的记录删除。

操作步骤如下：

① 打开查询设计视图，将"选课成绩"表添加到设计视图窗口上方。

② 单击"查询类型"选项组的"删除"按钮，查询"设计网格"中显示一个"删除"行。

③ 单击"选课成绩"字段列表中的"*"号，并将其拖放到"设计网格"中"字段"行的第一列上，这时第一列上显示"选课成绩.*"，表示已将该表中的所有字段放在了"设计网格"中。同时，在"删除"单元格中显示"From"，表示从何处删除记录。

④ 双击字段列表中的"最终成绩"字段，将其添加到"设计网格"中"字段"行的第二列，同时在该字段的"删除"单元格中显示"Where"，表示要删除哪些记录。

⑤ 在"最终成绩"字段的"条件"单元格中输入条件：<60，如图 3.60 所示。

⑥ 单击"结果"选项组中的"视图"按钮，能够预览"删除查询"检索到的记录。如果预览到的记录不是要删除的，可以再次单击"视图"按钮，返回到设计视图，对查询设计进行更改，直到确认删除内容为止。

⑦ 在设计视图中，单击"结果"选项组中的"运行"按钮，弹出一个删除提示框，如图 3.61 所示。

图 3.60　设置删除查询

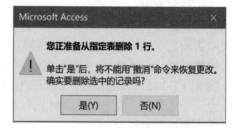

图 3.61　删除提示框

⑧ 单击"是"按钮，Access 将开始删除属于同一组的所有记录；单击"否"按钮，不删除记录。这里单击"是"按钮。

删除查询将永久删除指定表中的记录，记录一旦被删除将不能恢复。因此运行删除查询需要十分慎重，最好在删除记录前对其进行备份，以防由于误操作而引起数据丢失。

3.5.3　更新查询

在对记录进行更新和修改时，常常需要成批更新数据。例如，将 1988 年以前参加工作的教师职称改为"教授"。对于这一类操作简单有效的方法是使用 Access 提供的更新查询来完成。

【例 3.19】将所有 1988 年以前参加工作的教师职称改为"教授"。

操作步骤如下：

① 打开查询设计视图，将"教师"表添加到设计视图窗口上方。

② 单击"查询类型"组中的"更新"按钮，这时查询"设计网格"中显示一个"更新为"行。

③ 分别双击"教师"字段列表中的"工作时间"和"职称"字段，将它们添加到"设计网格"中"字段"行的第 1 列和第 2 列。

④ 在"工作时间"字段的"条件"单元格中输入查询条件：<=#1988/12/31#。

⑤ 在"职称"字段的"更新为"单元格中输入改变字段数值的表达式："教授"，如图 3.62 所示。

Access 除了可以更新一个字段的值，还可以更新多个字段的值，只要在查询"设计网格"中指定要修改字段的内容即可。

⑥ 单击"结果"选项组中的"视图"按钮，能够预览到要更新的一组记录。再次单击"视图"按钮，返回到设计视图，可对查询设计进行修改。

⑦ 单击"结果"选项组中的"运行"按钮，弹出一个更新提示框，如图 3.63 所示。

图 3.62　设置更新查询

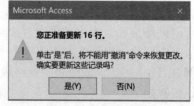

图 3.63　更新提示框

⑧ 单击"是"按钮，Access 将开始更新属于同一组的所有记录，一旦利用"更新查询"更新记录，就不能用"撤销"命令恢复所做的更改；单击"否"按钮，不更新表中记录。这里单击"是"按钮。

> **注意：**
> 更新数据之前一定要确认找出的数据是不是准备更新的数据。还应注意，每执行一次更新查询，就会对原表更新一次。

3.5.4 追加查询

维护数据库时，常常需要将某个表中符合一定条件的记录追加到另一个表中，此时可以使用追加查询。追加查询能将一个或多个表中经过选择的数据追加到另一个已存在表的尾部。

【例 3.20】创建一个追加查询，将考试成绩在 80~90 分之间的学生成绩添加到已建立的"90 分及以上学生情况"表中。

操作步骤如下：

① 打开查询设计视图，并将"学生"表和"选课成绩"表添加到设计视图窗口上方。

② 单击"查询类型"选项组的"追加"按钮 ，弹出"追加"对话框。

③ 在"表名称"文本框中输入"90 分及以上学生情况"或从下拉列表中选择"90 分及以上学生情况"；单击"当前数据库"单选按钮，如图 3.64 所示。

图 3.64 设置表名称和查询范围

④ 单击"确定"按钮。这时查询"设计网格"中显示一个"追加到"行。

⑤ 将"学生"表中的"学号""姓名""性别"字段和"选课成绩"表中的"考试成绩"字段添加到设计网格"字段"行的相应列上。

⑥ 在"考试成绩"字段的"条件"单元格中输入条件：>=80 And <90，如图 3.65 所示。

⑦ 单击"结果"选项组中的"视图"按钮，能够预览到要追加的一组记录。再次单击"视图"按钮，返回到设计视图，可对查询设计进行修改。

⑧ 单击"结果"选项组中的"运行"按钮，弹出一个追加查询提示框，如图 3.66 所示。

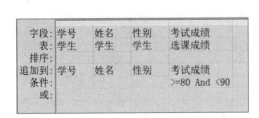

图 3.65 设置追加查询

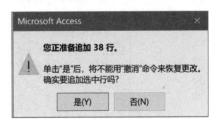

图 3.66 追加查询提示框

⑨ 单击"是"按钮，Access 开始将符合条件的一组记录追加到指定表中，一旦利用"追加查询"追加了记录，就不能用"撤销"命令恢复所做的更改；单击"否"按钮，不将记录追加到指定的表中。这里单击"是"按钮。这时，如果打开"90 分及以上学生情况"表，可以看到增加了 80~90 分学生的记录。

无论何种操作查询，都可以在一个操作中更改许多记录，并且在执行操作查询后，不能撤销所做的更改操作。因此应注意在执行操作查询之前，最好单击"结果"选项组中的"视图"按钮，预览即将更改的记录，如果预览记录就是所要操作的记录，便可继续执行操作查询，以防误操作。另外，在执行操作查询之前，应对数据进行备份。

3.6 SQL 查询

在 Access 中，创建和修改查询最简便、灵活的方法是使用查询设计视图。但并不是所有查询都可以在系统提供的查询设计视图中进行设计，有些查询只能通过 SQL 语句实现。例如，同时显示"90 分及以上学生情况"表中所有记录和"学生选课成绩"查询中 70 分以下所有记录。在实际应用中常常需要用 SQL 语句创建一些复杂的查询。在编写 SQL 语句时，需有规范意识，做到严谨专注、精益求精、注重细节，养成良好的编程风格，积极寻求一题多解。

3.6.1 SQL的功能

SQL 是结构化查询语言（structured query language）的英文缩写，是目前使用最为广泛的关系数据库标准语言。最早的 SQL 标准是 1986 年 10 月美国 ANSI（American National Standards Institute）公布的。随后，ISO（International Organization for Standardization）于 1987 年 6 月也正式确定它为国际标准，并在此基础上进行了补充。到 1989 年 4 月，ISO 提出了具有完整性特征的 SQL。1992 年 11 月又公布了 SQL 的新标准，从而建立了 SQL 在数据库领域中的核心地位。

SQL 设计巧妙，语言简单，完成数据定义、数据查询、数据操纵和数据控制的核心功能只用了九个动词，见表 3.15。

表 3.15 SQL 的动词

SQL 功能	动词	SQL 功能	动词
数据定义	CREATE、DROP、ALTER	数据查询	SELECT
数据操纵	INSTER、UPDATE、DELETE	数据控制	GRANT、REVOKE

3.6.2 显示SQL语句

在 Access 中，任何一个查询都对应着一条 SQL 语句。在创建查询时，系统会自动地将操作命令转换为 SQL 语句，只要打开查询，切换到 SQL 视图，就可以看到系统生成的 SQL 语句。

【例 3.21】显示例 3.1 所建"教师"查询的 SQL 语句。

操作步骤如下：

① 用设计视图打开查询"教师"查询。

② 单击"结果"选项组中的"视图"按钮下方的下拉箭头按钮，从弹出的下拉菜单中选择"SQL 视图"，进入该查询的 SQL 视图，如图 3.67 所示。

在 SQL 视图中既可以查看 SQL 语句，也可以对其进行编辑和修改，还可以直接输入 SQL 命令创建查询。

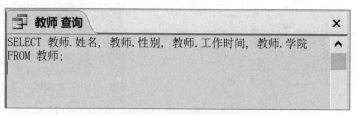

图 3.67 查看 SQL 语句

3.6.3 常用SQL语句

1. 创建、更改、删除表

利用数据定义查询可以直接创建、删除或更改表，或者在当前数据库中创建索引。在数据定义查询中要输入 SQL 语句，每个数据定义查询只能由一个数据定义语句组成。常用的数据定义语句见表 3.16。

表 3.16　常用的数据定义语句

SQL 语句	功　能
CREATE	创建表
DROP	在已有的表中添加新字段或约束
ALTER	从数据库中删除表，或者从字段和字段组中删除索引

（1）CREATE 语句

CREATE TABLE 语句用于建立基本表。语句基本格式为：

CREATE TABLE ＜表名＞(＜字段名 1＞＜数据类型＞ ［字段级完整性约束条件］
[,＜字段名 2＞＜数据类型＞ ［字段级完整性约束条件］]…)
[,＜表级完整性约束条件＞];

命令说明：

① ＜表名＞：指需要定义的表的名字。
② ＜字段名＞：指定义表中一个或多个字段的名称。
③ ＜数据类型＞：指字段的数据类型。要求每个字段必须定义字段名称和数据类型。
④ [字段级完整性约束条件]：指定义相关字段的约束条件，包括主键约束（Primary Key）、数据唯一约束（Unique）、空值约束（Not Null 或 Null）和完整性约束（Check）等。

【例 3.22】使用 CREATE TABLE 语句创建"学生信息"表。"学生信息"表结构见表 3.17。

表 3.17　"学生信息"表结构

字段名称	数据类型	说　明	字段名称	数据类型	说　明
姓名 ID	数字	主键	家庭住址	短文本	—
姓名	短文本	—	联系电话	短文本	—
性别	短文本	—	备注	长文本	—
出生日期	日期时间	—	—	—	—

操作步骤如下：

① 打开查询设计视图。
② 单击"查询类型"选项组上的"数据定义"按钮，弹出 SQL 视图。
③ SQL 视图空白区域输入如下 SQL 语句。

CREATE TABLE 学生信息(学生 ID SMALLINT,姓名 CHAR(4),性别 CHAR(1),
出生日期 DATE,家庭住址 CHAR(20),联系电话 CHAR(8),
备注 MEMO,Primary Key(学生 ID));

其中，SMALLINT 表示数字型（整型），CHAR 表示短文本类型，DATE 表示日期/时间类型，MEMO 为长文本型。输入语句后的 SQL 视图如图 3.68 所示。

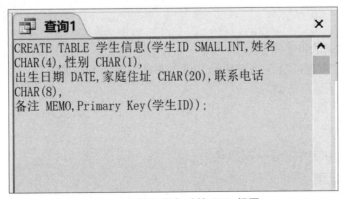

图 3.68　输入语句后的 SQL 视图

④ 保存查询，并命名为"创建新表"。
⑤ 单击"结果"选项组中的"运行"按钮，这时在导航窗格的"表"选项组中可以看到新建的"学生信息"表。在设计视图中打开"学生信息"表，表结构如图 3.69 所示。

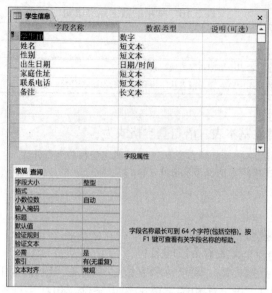

图 3.69 "学生信息"表结构

(2) ALTER 语句

ALTER 语句用于修改表的结构。语句基本格式为:

```
ALTER TABLE <表名>
    [ADD <新字段名> <数据类型> [字段级完整性约束条件]]
    [DROP <完整性约束名>]
    [ALTER <字段名> <数据类型>];
```

命令说明:

① <表名>: 指需要修改结构的表的名字。
② ADD 子句: 用于增加新字段和该字段的完整性约束。
③ DROP 子句: 用于删除指定的字段和完整性约束。
④ ALTER 子句: 用于修改原有字段属性,包括字段名称、数据类型等。

【例 3.23】将"学生信息"表中"学生 ID"字段的数据类型改为短文本型,字段大小为 10。
在 SQL 视图中输入如下语句,并运行该查询,即可修改"学生 ID"字段的数据类型。

```
ALTER TABLE 学生信息 ALTER 学生 ID CHAR(10);
```

(3) DROP 语句

DROP 语句用于删除不需要的表、索引或视图。语句基本格式为:

```
DROP TABLE <表名>;
```

命令说明:

① <表名>: 指要删除的表的名字。
② 表一旦被删除,表中数据以及在此表基础上建立的索引等都将自动删除,并且无法恢复。

【例 3.24】将"学生信息"表删除。
在 SQL 视图中输入如下语句,并运行该查询,即可删除"学生信息"表。

```
DROP TABLE 学生信息;
```

删除一个表是将表结构和表中记录一起删除。

2. 插入、更新与删除记录

SQL 的数据操纵语句包括 INSERT、UPDATE、DELETE 等。使用这些语句可以实现记录的插入、修改和删除等操作功能。事实上,可以直接使用 SQL 语句创建操作查询。

(1) INSERT 语句

INSERT 语句实现插入记录的功能。语句基本格式为:

```
INSERT  INTO <表名> [(<字段名1> [,<字段名2>…])]
VALUES(<常量1> [,<常量2>]…);
```

命令说明：

① <表名>：指要插入记录的表的名字。

② <字段名1>[,<字段名2>…]：指表中插入新记录的字段名称。

③ VALUES(<常量1>[,<常量2>]…)：指表中新插入字段的具体值。其中各常量的数据类型必须与 INTO 子句中所对应字段的数据类型相同，且个数也要匹配。

【例 3.25】在"课程"表中插入一条新记录，记录中的字段值分别为"113"、"数据库程序设计"、64、"是"。

操作步骤如下：

① 在 Access 中单击"创建"选项卡"查询"选项组中的"查询设计"按钮，弹出"显示表"对话框，在该对话框中不选择任何表，直接单击"关闭"按钮。

② 单击"结果"选项组中的"SQL 视图"按钮 SQL，在 SQL 视图空白区域输入如下 SQL 语句。

```
INSERT INTO 课程
VALUES("113"," 数据库程序设计 ",64," 是 ");
```

这里应注意，短文本数据要用双引号括起来。输入语句后的 SQL 视图如图 3.70 所示。

③ 保存查询，并命名为"插入记录"。

④ 单击"结果"选项组中的"运行"按钮，弹出 Access 提示对话框，如图 3.71 所示，单击"是"按钮。

⑤ 在导航窗格中，双击"授课"表，插入记录运行结果如图 3.72 所示。可以看到"授课"表中增加了一条"课程号"为 113 的记录。

图 3.70　输入 SQL 语句

图 3.71　Access 提示对话框

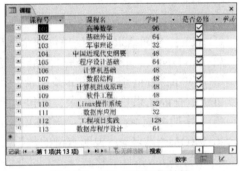

图 3.72　插入记录运行结果

（2）UPDATE 语句

UPDATE 语句实现数据的更新功能。语句基本格式为：

```
UPDATE <表名>
SET <字段名1>=<表达式1> [,<字段名2>=<表达式2>]…
[WHERE <条件>];
```

命令说明：

① <表名>：指要更新数据的表的名字。

② <字段名>=<表达式>：用表达式值替代对应字段的值，并且一次可以修改多个字段。

③ WHERE<条件>：指定被更新记录字段值所满足的条件；如果不使用 WHERE 子句，则更新全部记录。

【例 3.26】将"教师"表中"工号"为"5310"教师的工作时间改为：1983-12-12。

操作步骤如下：

① 使用上面所述方法打开 SQL 视图，并在 SQL 视图的空白区域输入如下语句：

```
UPDATE 教师 SET 工作时间 =#1983-12-12#
WHERE 工号 ="5310";
```

日期数据要用"#"号括起来。

② 单击"结果"选项组中的"运行"按钮，弹出数据更新提示框，单击"是"按钮。

③ 用数据表视图打开"教师"表，可以看到教师表中工号为"5310"的教师记录中的"工作时间"字段值已改为"1983-12-12"。

（3）DELETE 语句

DELETE 语句实现数据的删除功能。其语句格式是：

DELETE FROM <表名>[WHERE <条件>];

命令说明：

① FROM<表名>：指定要删除数据的表的名字。

② WHERE<条件>：指定被删除的记录应满足的条件，如果不使用 WHERE 子句，则删除该表中的全部记录。

【例3.27】将"教师"表中工号为"5310"的记录删除。

要删除工号为"5310"的记录，可在 SQL 视图中输入如下语句，并运行该查询。

DELETE* FROM 教师
WHERE 工号="5310";

操作步骤与上述相似，这里不再赘述。

3.6.4 创建SQL查询

SELECT 语句是 SQL 语言中功能强大、使用灵活的语句之一，它能够实现数据的选择、投影和连接运算，并能够完成筛选字段、分类汇总、排序和多数据源数据组合等具体操作。SELECT 语句的一般格式为：

SELECT [ALL|DISTINCT|TOP n] *|<字段列表>
FROM <表名1> [,<表名2>]…
[WHERE <条件表达式>]
[GROUP BY <字段名> [HAVING <条件表达式>]]
[ORDER BY <字段名> [ASC|DESC]];

命令说明：

① ALL：查询结果是满足条件的全部记录，默认值为 ALL。

② DISTINCT：查询结果是不包含重复行的所有记录。

③ TOP n：查询结果是前 n 条记录，其中 n 为整数。

④ *：查询结果是整个记录，即包括所有的字段。

⑤ <字段列表>：使用","将各项分开，这些项可以是字段、常数或系统内部的函数。

⑥ FROM<表名>：说明查询的数据源，可以是单个表，也可以是多个表。

⑦ WHERE<条件表达式>：说明查询的条件，条件表达式可以是关系表达式，也可以是逻辑表达式。查询结果是表中满足<条件表达式>的记录集。

⑧ GROUP BY<字段名>：用于对查询结果进行分组，查询结果是按<字段名>分组的记录集。

⑨ HAVING<条件表达式>：必须跟随 GROUP BY 使用，限定分组必须满足的条件。

⑩ ORDER BY<字段名>：用于对查询结果进行排序。查询结果是按某一字段值排序。

⑪ ASC：必须跟随 ORDER BY 使用，查询结果按某一字段值升序排列。

⑫ DESC：必须跟随 ORDER BY 使用，查询结果按某一字段值降序排列。

1. 简单查询

数据来自于一个表，并且只进行记录检索的查询称为简单查询。

（1）查找表中所有记录和所有字段

【例3.28】查找并显示"教师"表中所有记录的全部信息。

操作步骤如下：

① 打开 SQL 视图，在 SQL 视图空白区域输入如下 SQL 语句。

SELECT * FROM 教师;

SELECT 语句中的"*"表示显示全部字段。

② 单击"结果"选项组中的"运行"按钮，切换到数据表视图，查询结果如图 3.73 所示。

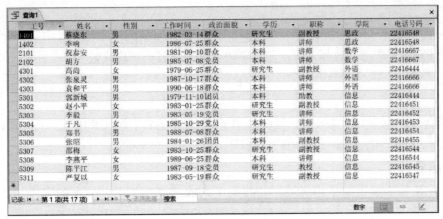

图 3.73　查询结果

（2）查找表中所有记录的指定字段

【例 3.29】查找并显示"教师"表中"姓名"、"性别"、"工作时间"和"学院"四个字段。

① 打开 SQL 视图，并在 SQL 视图的空白区域输入如下语句。

SELECT 姓名,性别,工作时间,学院 FROM 教师;

由于查询中只显示指定字段,因此需要在字段列表中一一列出需要显示的字段名称,字段名称之间使用","分隔。

② 单击"结果"选项组中的"运行"按钮，切换到数据表视图，查询结果如图 3.74 所示。

③ 单击"结果"选项组中的"视图"按钮，切换到设计视图，如图 3.75 所示，可以看到 SQL 语句的设计含义。

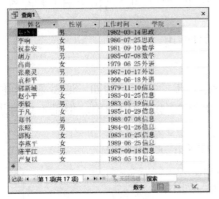

图 3.74　查询结果

图 3.75　设计视图

2. 条件查询

查找表中满足条件的记录。

【例 3.30】查找 1983 年参加工作的男教师，并显示"姓名"、"性别"、"学历"、"职称"、"学院"和"电话号码"。

SELECT 姓名,性别,学历,职称,学院,电话号码
FROM 教师
WHERE 性别="男" AND YEAR([工作时间])=1983;

【例 3.31】查找具有高级职称的教师，并显示"姓名"和"职称"。

SELECT 姓名,职称
FROM 教师
WHERE 职称 IN("教授","副教授");

也可以将此例 WHERE 后的条件写为：职称="教授" OR 职称="副教授"。显然，使用 IN 书写条件更为简洁，而且还可以避免逻辑错误。

3. 分组查询

使用 GROUP BY 子句，可以实现按某个字段进行分组统计的操作。

【例 3.32】计算各类职称的教师人数，显示字段名称为"各类职称人数"。

SELECT Count(工号) AS 各类职称人数
FROM 教师
GROUP BY 职称;

由于查询中需要按职称分类计算人数，因此使用了 GROUP BY 子句，并用 AS 子句定义了统计结果的字段名称。AS 后面的"各类职称人数"为新的字段名称。

4. 排序查询结果

【例 3.33】计算每个学生的平均成绩，并按照平均成绩降序显示，显示的字段为"学号"和"平均成绩"。

SELECT 学号,AVG(最终成绩) AS 平均成绩
FROM 选课成绩
GROUP BY 学号
ORDER BY AVG(最终成绩) DESC

5. 连接查询

上面所述查询的数据源均来自一个表，而在实际应用中，许多查询是要将多个表的数据组合起来，也就是说，查询的数据源来自多个表。

【例 3.34】查找学生的选课情况，并显示"学号"、"姓名"、"课程号"和"考试成绩"。

SELECT 学生.学号,学生.姓名,选课成绩.课程号,选课成绩.考试成绩
FROM 学生,选课成绩
WHERE 学生.学号 = 选课成绩.学号;

由于此查询数据源来自"学生"和"选课成绩"两个表，因此在 FROM 子句中列出了两个表的名称，同时使用 WHERE 子句指定连接表的条件。

在涉及的两表查询中，应在所用字段的字段名称前加上表名，并且使用"."分开。

6. 子查询

在对 Access 表中字段进行查询时，可以利用子查询的结果进行进一步的查询。例如，通过子查询作为查询的条件来测试某些结果的存在性，查找主查询中等于、小于或大于子查询返回值的值。但是不能将子查询作为单独的一个查询，必须与其他查询相配合。

【例 3.35】查找并显示"选课成绩"表中高于平均最终分数的学生记录。

① 打开查询设计视图，并将"选课成绩"表添加到设计视图窗口上方。

② 单击"选课成绩"字段列表中的"*"，将其拖到字段行的第一列中。

③ 双击"选课成绩"表中的"最终成绩"字段，将其添加到"设计网格"中字段行的第二列。取消"显示"行复选框的勾选。

④ 在第二列字段的"条件"单元格中输入：>(SELECT AVG([最终成绩]) FROM [选课成绩])，如图 3.76 所示。

图 3.76 设置子查询

3.7 编辑与运行已建查询

创建查询后,如果对其中的设计不满意,或因情况发生变化,使得所建查询不能满足需要,可以在设计视图中对其进行修改。如果需要也可以对查询进行一些相关操作。例如,通过运行查询获得查询结果,依据某个字段排列查询中的记录等。

3.7.1 编辑查询

1. 编辑查询中的字段

编辑字段主要包括添加字段、删除字段、移动字段和更改字段名称等。

(1)添加字段

添加字段一般有以下几种方式:

① 添加在设计网格"字段"行最后一列。以设计视图方式打开要修改的查询,双击要添加的字段即可。

② 添加在某字段前。在设计网格上方字段列表中选择要添加的字段,并按住鼠标左键不放,将其拖放到该字段的位置上,或者单击"查询设置"选项组中的"插入列"按钮,然后单击"字段"行该列单元格右侧下拉箭头按钮,从弹出的下拉列表中选择要添加的字段。

③ 一次添加多个字段。按住【Ctrl】键并单击添加的字段,然后将它们放到"设计网格"中。

④ 添加表中所有字段。在设计视图上方,双击该表的标题栏,选中所有字段,并将光标放到字段列表中的任意一个位置,按下鼠标左键拖动鼠标到"设计网格"中的第一个空白列上,然后释放鼠标左键。或将鼠标放到设计视图上方字段列表的星号"*"上,并按住鼠标左键拖动鼠标到"设计网格"中的第一个空白列上,然后释放鼠标左键。

(2)删除字段

以设计视图方式打开要删除字段的查询,选中要删除字段所在的列,然后使用以下三种方法完成删除。

① 按【Delete】键。

② 右击所选列,从弹出的快捷菜单中选择"剪切"命令。

③ 单击"查询工具/设计"选项卡,然后单击"查询设置"选项组中的"删除列"按钮区。

(3)移动字段

在设计查询时,字段的排列顺序非常重要,它影响数据的排序和分组。Access 在排序查询结果时,首先按照"设计网格"中排列最靠前的字段排序,然后再按下一个字段排序。可以根据排序和分组的需要移动字段来改变字段的顺序。

用设计视图打开要修改的查询,单击要移动字段对应的字段选择器,然后按住鼠标左键不放,将鼠标指针移动至新的位置。如果要将字段移到某一字段的左侧,则将鼠标指针移动到该列,当松开鼠标左键时,Access 将把被移动的字段移到光标所在列的左侧。

2. 编辑查询中的数据源

在已建查询的设计视图上方,每个表或查询的字段列表中都列出了可以添加到"设计网格"上的所有字段。但是,如果在列出的字段中,没有所要的字段,就需要将该字段所属的表或查询添加到设计视图中;反之,如果所列表或查询没有用了,可以将其删除。

(1)添加表或查询

用设计视图打开所要修改的查询,单击"查询工具/设计"选项卡,然后单击"查询设置"选项组中的"显示表"按钮,弹出"显示表"对话框,在"显示表"对话框中,双击需要添加的表或查询;或右击设计视图上方空白区域,从弹出的快捷菜单中选择"显示表"命令,弹出"显示表"对话框,在"显示表"对话框中,双击需要添加的表或查询。

(2)删除表或查询

打开要修改查询的设计视图;右击要删除的表或查询字段列表的标题栏,从弹出的快捷菜单中选择"删除表"命令;或单击要删除的表或查询,并按【Delete】键。

3.7.2 运行查询

创建查询时，在查询设计视图下可以通过"查询工具/设计"选项卡的"结果"选项组中的"运行"按钮或"视图"按钮浏览查询结果。创建查询后，可以通过以下两种方法实现：

方法1：在导航窗格中，右击要运行的查询，然后在弹出的快捷菜单中选择"打开"命令。

方法2：在导航窗格中，直接双击要运行的查询。

实 验 3

一、实验目的

① 掌握 Access 2016 的操作环境。
② 了解查询的基本概念和种类。
③ 理解查询条件的含义和组成，掌握条件的书写方法。
④ 熟悉查询设计视图的使用方法。
⑤ 掌握各种查询的创建和设计方法。
⑥ 掌握使用查询实现计算的方法。

二、实验内容

以数据库中相关表为数据源，按题目要求创建以下查询：

① 查找所有员工的售书情况，并按数量从大到小顺序显示员工姓名、书籍名称、出版社名称、定价、订购日期、数量和售出单价。查询名为"Query 1"。

② 查找定价大于等于15并且小于等于20元的图书，显示书籍名称、作者名和出版社名称。查询名为"Query 2"。

③ 查找1月出生的员工，并显示姓名、出生日期、书籍名称、数量。查询名为"Query 3"。

④ 查询员工所签订单中的售书数量信息，并显示"姓名"和"总数量"。查询名为"Query 4"。

⑤ 计算每名员工的奖金，并显示"姓名"和"奖金额"。查询名为"Query 5"。

$$销售额 = 销售数量 \times 售出单价$$
$$奖金额 = 每名员工的销售额合计数 \times 0.005$$

⑥ 查找低于本类图书平均定价的图书，并显示书籍名称、类别、定价、作者名、出版社名称。查询名为"Query 6"。

⑦ 计算员工的总销售额占图书大厦总销售额的百分比，并找出超过20%的员工，显示其姓名。查询名为"Query 7"。

⑧ 计算并显示每名员工销售的各类图书的总金额，显示时行标题为"姓名"，列标题为"类别"。查询名为"Query 8"。

⑨ 按员工编号查找某个员工，并显示员工的姓名、性别、出生日期和职务。查询名为"Query 9"。当运行该查询时，提示框中应显示"请输入员工编号："。

⑩ 计算"计算机"类每本图书的销售额，并将计算结果放入新表中，表中字段名称包括"类别"、"书籍名称"和"销售额"，表名为"销售额"。查询名为"Query 10"。

⑪ 删除⑩所建"销售额"表中销售额小于1 000元的记录。查询名为"Query 11"。

⑫ 将"客户信息"表中"北京科技大学天津学院"的单位名称改为"天津财经大学"。查询名为"Query 12"。

⑬ 计算非"计算机"类每本书的销售额，并将它们添加到已建的"销售额"表中。查询名为"Query 13"。

三、实验要求

① 创建查询，运行并查看结果。
② 保存上机操作结果。

③ 记录上机时出现的问题及解决方法。
④ 编写上机报告，报告内容包括如下：
  a．实验内容：实验题目与要求。
  b．分析与思考：包括实验过程，实验中遇到的问题及解决办法，实验的心得与体会。

四、实验步骤

1. 创建Query 1查询的步骤

① 打开"新建查询"对话框。在 Access 2016 中，单击"创建"选项卡"查询"选项组中的"查询向导"按钮，弹出"新建查询"对话框，如图 3.77 所示。

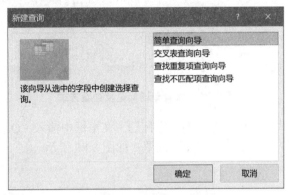

图 3.77 "新建查询"对话框

② 打开简单查询向导。在"新建查询"对话框中选择"简单查询向导"，然后单击"确定"按钮，弹出"简单查询向导"第一个对话框。

③ 选择查询数据源。在该对话框中，单击"表/查询"下拉列表右侧的下拉箭头按钮，从列表中选择"员工信息"表，然后双击"可用字段"列表框中的"姓名"字段，将该字段加到"选定字段"列表框中。再次单击"表/查询"下拉列表右侧的下拉箭头按钮，并从列表中选择"书籍信息"表，分别双击"书籍名称"、"出版社名称"、"定价"字段，将它们加到"选定字段"列表框中。重复此步骤，将"订单表"表中"订购日期"字段、"订单明细"表中"数量"和"售出单价"等字段依次添加到"选定字段"列表框中，结果如图 3.78 所示。

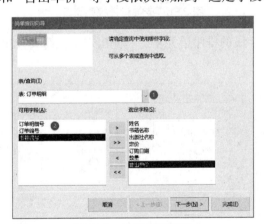

图 3.78 字段选定结果

④ 选择建立"明细"查询，单击"下一步"按钮，弹出"简单查询向导"第二个对话框。在该对话框中需要确定是建立"明细"查询还是建立"汇总"查询。建立"明细"查询，则查看详细信息；建立"汇总"查询，则对一组或全部记录进行各种统计。在此单击"明细"单选按钮，然后单击"下一步"按钮，弹出"简单查询向导"第三个对话框，如图 3.79 所示。

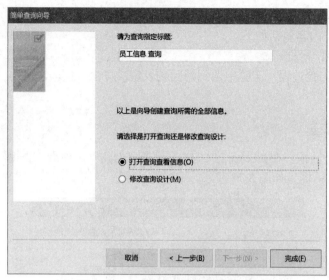

图 3.79　设置查询标题及查看方式

⑤ 确定查询名称及查看方式。在"请为查询指定标题"文本框中输入"Query 1";选择"修改查询设计"单选按钮;最后单击"完成"按钮,进入查询设计视图,如图 3.80 所示。

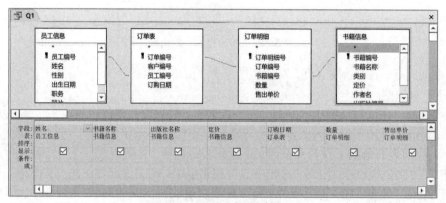

图 3.80　查询设计视图窗口

⑥ 设置排序。单击"数量"字段的排序单元格,右侧出现下拉箭头按钮,选择"降序"方式,设置结果如图 3.81 所示。

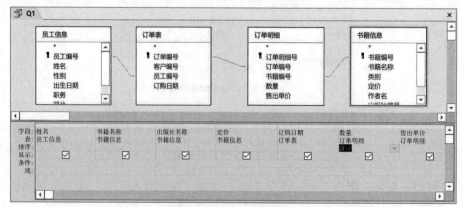

图 3.81　排序设置结果

⑦ 显示查询结果。单击"查询设计"选项卡"结果"选项组中的"视图"按钮或"运行"按钮,切换到数据表视图,可以看到查询结果,如图 3.82 所示。

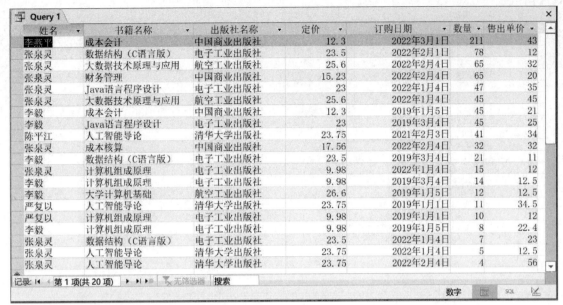

图 3.82　查询结果

⑧ 保存查询。单击快速访问工具栏上的"保存"按钮，保存查询。

2. 创建Query 2查询的步骤

① 在 Access 中，单击"创建"选项卡"查询"选项组中的"查询设计"按钮，打开查询设计视图，并显示"显示表"对话框，如图 3.83 所示。

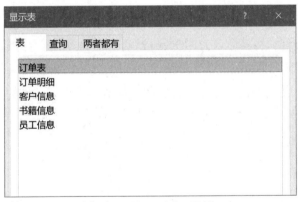

图 3.83　"显示表"对话框

② 选择数据源。在该对话框的"表"选项卡中，双击"书籍信息"表，将其添加到查询设计视图窗口上半部分，然后单击"关闭"按钮，关闭"显示表"对话框。

③ 选择字段。依次双击"书籍名称"、"作者名"、"出版社名称"和"定价"字段，将它们分别加到"字段"行上。

④ 设置查询条件。在"定价"字段列的"条件"单元格中输入条件：Between 15 And 20，由于"定价"字段只作为条件，并不在查询结果中显示，因此取消勾选"定价"字段"显示"行上的复选框，设置结果如图 3.84 所示。

⑤ 显示查询结果。单击"查询设计"选项卡"结果"选项组中的"视图"按钮或"运行"按钮，切换到数据表视图，观察查询结果，如图 3.85 所示。

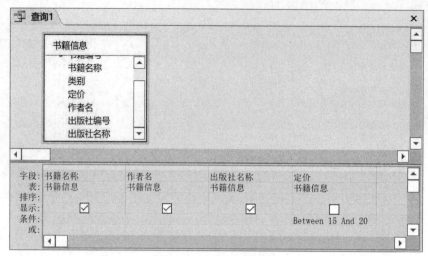

图 3.84 设置查询条件

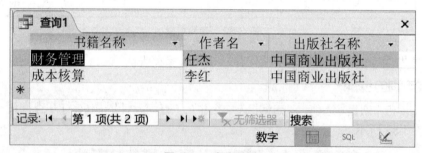

图 3.85 查询结果

⑥ 保存查询。保存所见查询,将其命名为"Query 2"。

3. 创建Query 3查询的步骤

① 创建基本的选择查询。使用查询向导或设计视图,构造不带查询条件的选择查询,查找所有员工的售书情况,显示姓名、出生日期、书籍名称、数量,设计结果如图3.86所示。

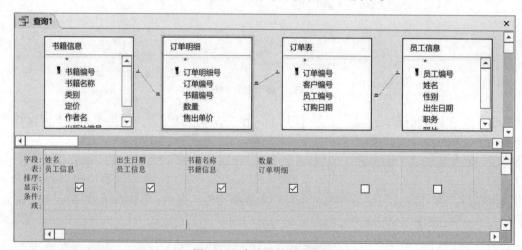

图 3.86 查询设计视图窗口

② 设置查询条件。在"出生日期"字段列的"条件"单元格中输入条件:Month([出生日期])=1。由于"出生日期"字段只作为条件,并不在查询结果中显示,因此取消勾选"出生日期"字段"显示"行上的复选框,设置结果如图3.87所示。

图 3.87 设置查询条件

③ 显示查询结果。进入数据表视图，观察查询结果，如图 3.88 所示。

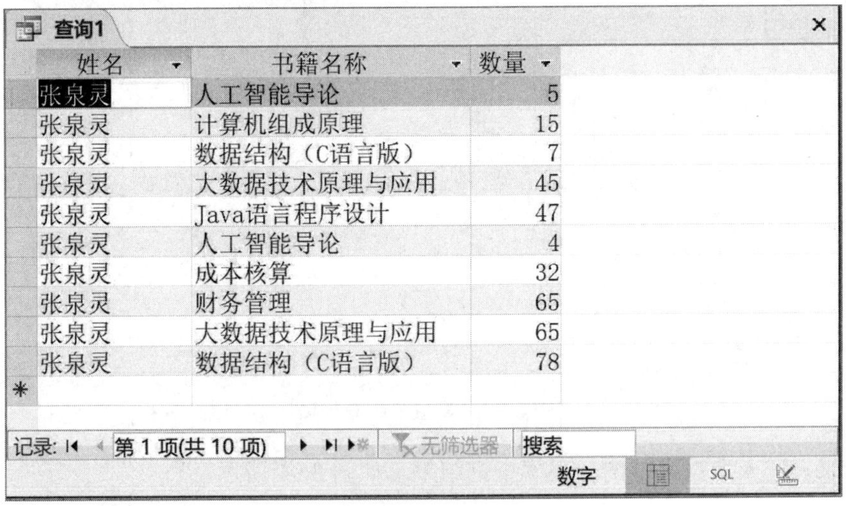

图 3.88 查询结果

④ 保存查询结果。保存所建查询，将其命名为"Query 3"。

4. 创建Query 4查询的步骤

① 创建基本的选择查询。使用查询向导或设计视图，构造基本的选择查询，查询员工所签订单中的售书数量信息，设计结果如图 3.89 所示。

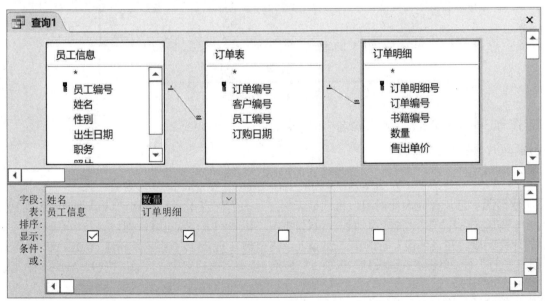

图 3.89 设置基本查询

② 显示"总计"行。单击"查询设计"选项卡"显示/隐藏"选项组中"汇总"按钮，Access 在"设计网格"

中插入一个"总计"行。

③ 设置分组统计。在"姓名"的"总计"行选择"Group By",在"数量"的"总计"行选择"合计",同时按题意要求将字段"数量"总计结果的标题改为"总数量",设置结果如图 3.90 所示

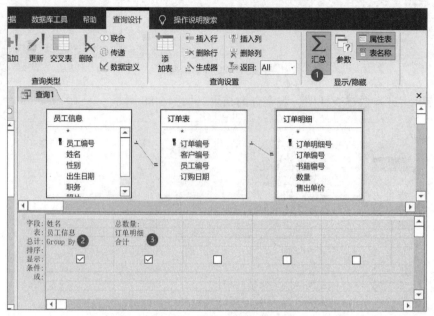

图 3.90　设置分组总计项

④ 显示查询结果。进入数据表视图,观察查询结果,如图 3.91 所示。

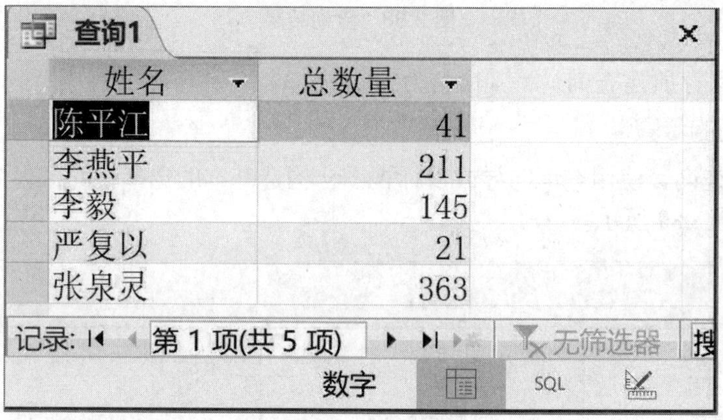

图 3.91　查询结果

⑤ 保存查询。保存所建查询,将其命名为"Query 4"。

5. 创建 Query 5 查询的步骤

$$销售额 = 销售数量 × 售出单价$$
$$奖金额 = 每名员工的销售额合计数 × 0.05$$

① 添加数据源。打开查询设计视图,将"员工信息"表、"订单表"表和"订单明细"表加到设计视图窗口的上方,双击"姓名"字段将其添加到"设计网格"中"字段"行的第一列。

② 添加计算字段。在"字段"行的第二列输入:奖金额:[数量]×[售出单价]×0.05。

③ 显示"总计"行。单击"查询设计"选项卡"显示/隐藏"选项组中"汇总"按钮,Access 在"设计网格"中插入一个"总计"行。

④ 设置分组统计。在"姓名"的"总计"行选择"Group By",在"奖金额"的"总计"行选择"合计",

设置结果如图 3.92 所示。

图 3.92　设计计算字段和总计查询

⑤ 显示查询结果。进入数据表视图模式或者单击"运行"按钮，显示最终结果，如图 3.93 所示。

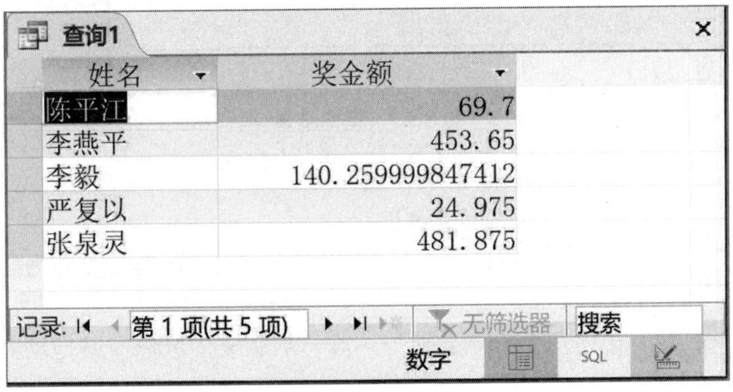

图 3.93　查询结果

6. 创建 Query 6 查询的步骤

根据本实验题目题意分析，查询信息只涉及"书籍信息"一个表，但要找出符合要求的记录必须完成两项工作：一是以"书籍信息"表为数据源计算每类图书的平均定价（需要构建分组总计查询），并保存查询；二是以所建查询及"书籍信息"表为数据源查找低于本类图书平均定价的图书（需要添加计算字段）。

（1）创建计算每类图书平均定价的查询

① 添加"书籍信息"表。打开查询设计视图，将"书籍信息"表添加到设计视图窗口的上方。

② 选择字段。双击"类别""定价"字段，将其加到"设计网格"中"字段"行的第一列和第二列。

③ 计算平均定价。单击"查询设计"选项卡"显示/隐藏"选项组中的"汇总"按钮，并将"定价"字段的"总计"行中的总计项改为"平均值"，设计结果如图 3.94 所示。

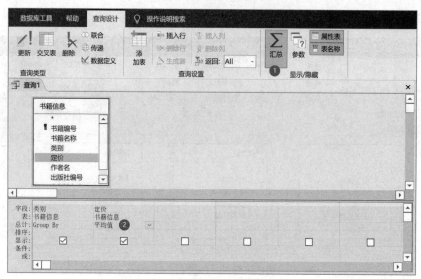

图 3.94 计算每类图书平均定价

④ 查看查询结果。进入数据表视图，观察查询结果，如图 3.95 所示。

图 3.95 查询结果

⑤ 保存该查询，并将其命名为"Query 6-1"。

（2）创建查找低于本类图书平均定价图书的查询

① 添加数据源。打开查询设计视图，以"书籍信息"表和"Query 6-1 查询为数据源，将它们添加到设计视图窗口上方。

② 建立关系。选定"书籍信息"表中的"类别"学段，然后按住鼠标左键拖动到"Query 6-1"查询中的"类别"字段上，松开鼠标左键。

③ 选择字段。将"书籍信息"表中的"书籍名称"、"类别"、"定价"、"作者名"、"出版社名称"字段加到"设计网格"中。

④ 添加计算字段。添加一个计算字段，名为"差"，使其计算每本图书的定价与其所属类别的类平均定价的差，计算公式为：[书籍信息]![定价]-[Query 6-1]![定价之平均值]，该字段作为查询条件但不显示。

⑤ 输入查询条件。在"差"字段的"条件"行上输入查询条件：<0，并取消勾选"显示"行上的复选框。设计结果如图 3.96 所示。

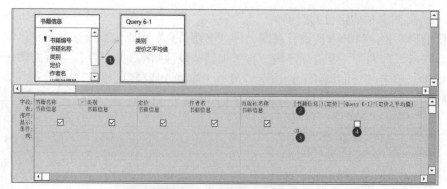

图 3.96 设置第 2 个查询

⑥ 保存该查询，并将其命名为"Query 6"。查询结果如图 3.97 所示。

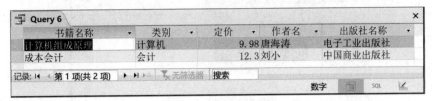

图 3.97　最终查询结果

7. 创建Query 7查询的步骤

本实验内容比较复杂，解题方法不唯一，这里给出一种解题思路。

完成实验分为三步，第一步按员工分组统计销售额合计数（即计算每名员工的总销售额），并保存查询；第二步计算所有员工的销售金额合计数（即图书大厦总销售额），并保存查询；第三步以前两步所建查询为数据源，计算员工的总销售额占图书大厦总销售额的百分比，并找出超过 20% 的员工。

① 创建第一步查询，计算每名员工的销售额合计。设置分组总计查询，将其另存为"Query 7-1"，设计视图如图 3.98 所示。

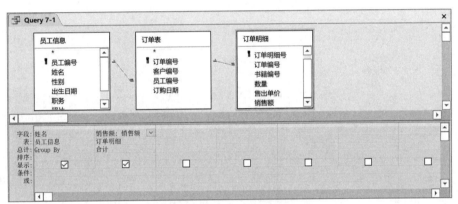

图 3.98　每名员工销售额查询

② 创建第二步查询并保存为"Query 7-2"。以第一步所建查询为数据源，创建总计查询，计算所有员工的销售额合计数，设计结果如图 3.99 所示。

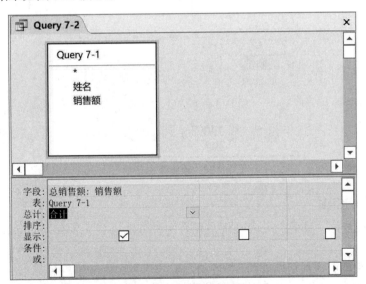

图 3.99　计算总销售额

③ 显示查询结果。进入数据表视图模式，观察查询结果，如图 3.100 所示。

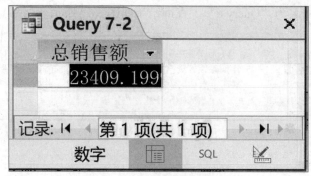

图 3.100　总销售额查询结果

④ 创建第三步查询并保存为"Query 7"。以上面所建两个查询为数据源，将"姓名"字段添加到字段行中，再添加一个计算字段，名为"百分比"，使其计算员工的总销售额占图书大厦总销售的百分比，计算公式为：([Query 7-1]![销售额]/[Query 7-2]![总销售额])*100，并以此字段作为查询条件，找出百分比超过20%的员工，设计结果如图 3.101 所示。

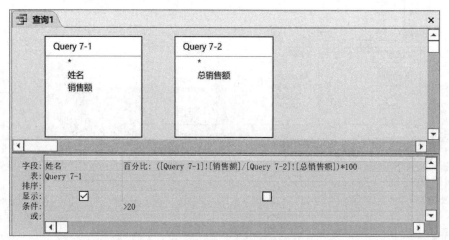

图 3.101　设置查询

⑤ 显示查询结果。进入数据表视图模式，观察最终查询结果，如图 3.102 所示。

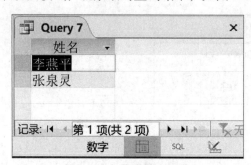

图 3.102　最终查询结果

8. 创建Query 8查询的步骤

此题要求创建交叉表查询。创建交叉表查询主要有两种方法：交叉表查询向导和设计视图。本实验使用设计视图完成。

① 构建基本的选择查询。设计结果如图 3.103 所示。

② 显示"总计"行和交叉表行。单击"查询设计"选项卡"查询类型"选项组中的"交叉表"按钮，这时查询"查询网格"中显示一个"总计"行和一个"交叉表"行。

③ 设置各字段"总计"行、"交叉表"行选项。设置结果如图 3.104 所示。

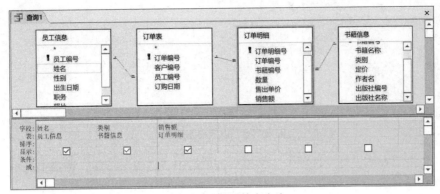

图 3.103　设置基本查询

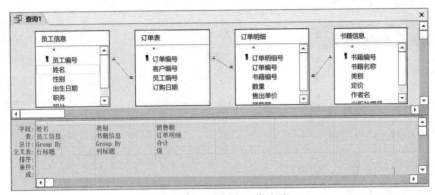

图 3.104　设置交叉表查询

④ 保存该查询，并将其命名为"Query 8"。查询结果如图 3.105 所示。

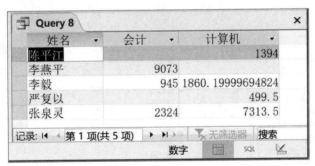

图 3.105　查询结果

9. 创建Query 9查询的步骤

本实验要求创建基于"员工信息"表中"员工编号"字段信息的单参数查询。下面使用查询设计视图完成本实验操作。

① 添加数据源。打开查询设计视图，并将"员工信息"表添加到查询设计视图上半部分的窗口中。

② 选择字段。依次双击"员工信息"字段列表中的"员工编号"、"姓名"、"性别"、"出生日期"和"职务"字段。由于"员工编号"字段只作为条件，并不在查询结果中显示，因此取消勾选"员工编号"字段"显示"行上的复选框。

③ 设置查询提示文本。在"员工编号"字段列表的"条件"单元格中输入"[请输入员工编号：]"，设置结果如图 3.106 所示。

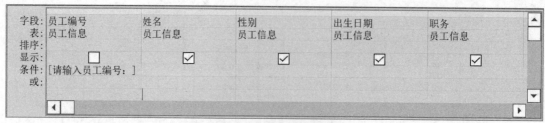

图 3.106 设置参数查询

④ 运行查询。单击"查询设计"选项卡"结果"选项组中"运行"按钮,屏幕上显示"输入参数值"对话框,如图 3.107 所示。

⑤ 按照需要输入查询条件值。如果在"请输入员工编号:"文本框中输入员工编号"2",然后单击"确定"按钮,查询结果如图 3.108 所示。

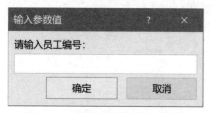

图 3.107 "输入参数值"对话框

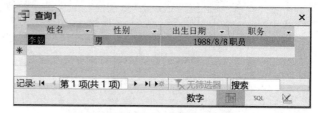

图 3.108 查询结果

⑥ 保存该查询,并将其命名为"Query 9"。

10. 创建Query 10查询的步骤

此实验是要求创建生成表查询。

① 构建基本的选择查询,查找"计算机"类每本图书的销售额。设计结果如图 3.109 所示。

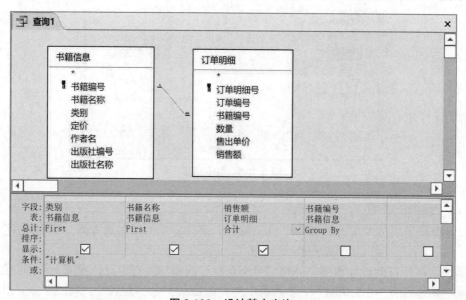

图 3.109 设计基本查询

② 构建生成表查询。单击"查询设计"选项卡"查询类型"选项组的"生成表"按钮,弹出"生成表"对话框。在"表名称"文本框中输入要创建的表名称"销售额",如图 3.110 所示,并单击"确定"按钮。

③ 预览查询结果。在设计视图模式下,单击"查询设计"选项卡"结果"选项组中的"视图"按钮,进入数据表视图模式,预览查询结果,如图 3.111 所示。

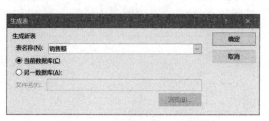

图 3.110 "生成表"对话框

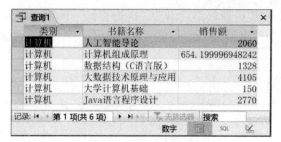

图 3.111 预览查询结果

④ 运行查询。再次单击"视图"按钮，返回到设计视图模式，单击"查询设计"选项卡"结果"选项组中的"运行"按钮，弹出提示框，单击"是"按钮，将生成新表。

⑤ 保存查询。

11. 创建Query 11查询的步骤

本实验要求创建删除查询。

① 构建基本选择查询，查找"销售额"表中销售额小于1 000元的记录。设计结果如图3.112所示。

② 构建删除查询。单击"查询设计"选项卡"查询类型"选项组中的"删除"按钮，查询"设计网格"中显示一个"删除"行，如图3.113所示。

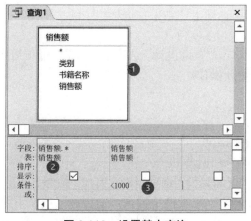

图 3.112 设置基本查询

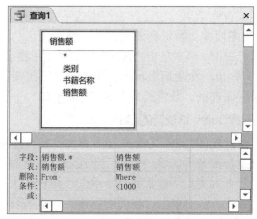

图 3.113 设置删除查询

③ 预览查询结果。单击"查询设计"选项卡"结果"选项组中的"视图"按钮，进入数据视图模式，预览"删除查询"检索到的记录，如图3.114所示。

图 3.114 预览查询结果

④ 运行查询。再次单击"视图"按钮，返回到设计视图模式，单击"查询设计"选项卡"结果"选项组中的"运行"按钮，弹出一个删除提示框，单击"是"按钮，将删除检索到的记录。

⑤ 保存查询，并将其命名为"Query 11"。

12. 创建Query 12查询的步骤

此实验要求使用更新查询对表中的记录进行更新操作。

① 构建基本的选择查询，查找"客户信息"表中单位名称为"北京科技大学天津学院"的记录，设计结果如图3.115所示。

② 构建更新查询。单击"查询设计"选项卡"查询类型"选项组的"更新"按钮,查询"设计网格"中显示一个"更新为"行,在"单位名称"字段的"更新为"单元格中输入"天津财经大学",结果如图3.116所示。

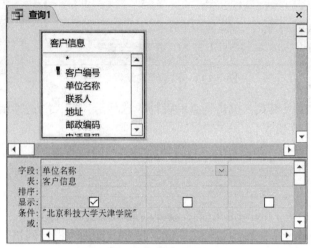

图 3.115　设置基本的选择查询　　　　　　　　图 3.116　设置更新查询

③ 预览查询结果。在设计视图模式下,单击"查询设计"选项卡"结果"选项组中的"视图"按钮,进入数据表视图模式,预览到要更新的一组记录。

④ 运行查询。再次单击"视图"按钮,返回到设计视图。单击"查询设计"选项卡"结果"选项组中的"运行"按钮,弹出一个更新提示框,单击"是"按钮,将执行更新操作。

⑤ 保存该查询,并将其命名为"Query 12"。

13. 创建Query 13查询的步骤

① 用设计视图打开"Query 10"查询,其设计视图参见图3.109。

② 修改查询条件。将"类别"字段条件单元格内容改为:<>"计算机"。

③ 设置查询类型为追加查询。单击"查询设计"选项下"查询类型"选项组的"追加"按钮,弹出"追加"对话框。在对话框中单击"当前数据库"单选按钮;在"表名称"文本框中输入"销售额"或从下拉列表中选择"销售额"。单击"确定"按钮,此时查询"设计网格"中显示一个"追加到"行。设计结果如图3.117所示。

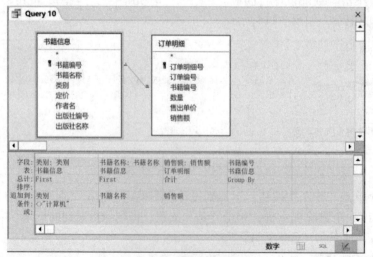

图 3.117　设置追加查询

④ 单击"文件"→"对象另存为"命令,弹出"另存为"对话框,输入"Query 13",单击"确定"按钮。

⑤ 预览查询结果。在设计视图模式下,单击"查询设计"选项卡"结果"选项组中的"视图"按钮,进

入数据表视图模式，能够预览到要追加的一组记录。

⑥ 运行查询。再次单击"视图"按钮，返回到设计视图模式，单击"运行"按钮，弹出一个追加查询提示框，单击"是"按钮，Access 将符合条件的一组记录追加到指定的表中。

习 题 3

一、简答题

1. 什么是查询？查询与筛选的主要区别是什么？
2. 使用查询的目的是什么？查询具有哪些功能？
3. 查询有几种？它们的区别是什么？

二、选择题

1. Access 支持的查询类型是（   ）。
   A. 选择查询、参数查询、操作查询、SQL 查询和交叉表查询
   B. 基本查询、选择查询、参数查询、SQL 查询和操作查询
   C. 多表查询、单表查询、参数查询、操作查询和交叉表查询
   D. 选择查询、统计查询、参数查询、SQL 查询和操作查询
2. 在表中查找符合条件的记录，应使用的查询是（   ）。
   A. 总计查询　　　B. 更新查询　　　C. 选择查询　　　D. 生成表查询
3. 如果数值函数 INT(数值表达式) 中，数值表达式为正，则返回的是数值表达式的值（   ）。
   A. 绝对值　　　B. 整数部分值　　　C. 符号值　　　D. 小数部分值
4. 条件 "Between 10 And 90" 的含义是（   ）。
   A. 数值 10~90 的数字，且包含 10 和 90　　　B. 数值 10~90 的数字，不包含 10 和 90
   C. 数值 10 和 90 这两个数字之外的数字　　　D. 数值为 10 和 90 这两个数字
5. 在创建交叉表查询时，行标题字段的值显示在交叉表上的位置是（   ）。
   A. 第一行　　　B. 上面若干行　　　C. 第一列　　　D. 左侧若干列
6. 在 Access 中已建立了"教师"表，表中有"教师号""姓名""性别""职称""奖金"等字段。执行如下 SQL 命令：
   SELECT 职称,AVG(奖金) FROM 教师 GROUP BY 职称;
   其结果是（   ）。
   A. 计算奖金的平均值，并显示职称
   B. 计算奖金的平均值，并显示职称和奖金的平均值
   C. 计算各类职称奖金的平均值，并显示职称
   D. 计算各类职称奖金的平均值，并显示职称和奖金的平均值
7. 以下关于 INSERT 语句的叙述中，正确的是（   ）。
   A. 用于插入记录　　　　　　　　　　B. 用于更新记录
   C. 用于删除记录　　　　　　　　　　D. 用于选择记录
8. 在查询设计视图中（   ）。
   A. 只能添加查询　　　　　　　　　　B. 可以添加数据表，也可以添加查询
   C. 只能添加数据表　　　　　　　　　D. 可以添加数据表，不可以添加查询
9. 假设某数据表中有一个"姓名"字段，查找姓李的记录的条件是（   ）。
   A. NOT "李 *"　　B. Like "李"　　C. Left([姓名],1)="李"　　D. "李"
10. 在表设计视图中，不能进行的操作是（   ）。
    A. 插入字段　　　B. 设置索引　　　C. 修改字段　　　D. 删除记录

三、填空题

1. 创建分组统计查询时，总计项应选择_____。
2. 查询有五种：_____、交叉表查询、_____、操作查询和 SQL 查询。
3. 若希望使用一个或多个字段的值进行计算，需要在查询设计视图的"设计网格"中添加_____字段。
4. 书写查询条件时，日期常量值应使用_____符号括起来。
5. 操作查询共有四种类型，分别是删除查询、_____、追加查询和生成表查询。

第 4 章 窗体设计

窗体是 Access 2016 数据库中的一个重要对象,用户可以通过窗体方便地输入数据、编辑数据和查询表中的数据,利用窗体可以将整个系统的对象组织起来,形成一个功能完整、风格统一的数据库应用系统。

4.1 窗体概述

窗体本身并不存储数据,但用窗体可以使数据库中数据的输入、修改和查看变得十分直观、容易,数据显示的格式更加灵活、方便。窗体可以包含各种控件,通过这些控件可以打开报表或其他窗体、执行宏或 VBA 编写的代码程序,在一个数据库应用程序开发完成后,对数据库的所有操作都可以通过窗体这个界面来实现。

4.1.1 窗体的作用

窗体作为 Access 应用程序和用户之间的接口,是创建数据库应用系统最基本的对象。用户通过使用窗体来实现数据维护、控制应用程序的流程。

Access 窗体采用的是图形界面,具体包括以下几个方面:

1. 显示与编辑数据

窗体最基本的功能是显示与编辑数据,它可以同时显示来自多个数据表中的数据,可以通过窗体对数据表中的数据进行添加、删除和修改。窗体中数据显示的格式相对于数据表更加自由、灵活。

2. 接收数据输入

用户可以为数据库中的每一个数据表都设计相应的窗体作为数据输入界面,通过设置绑定字段的控件的相关属性,可以加快数据输入的速度,提高输入的准确率。

3. 信息显示和数据打印

在窗体中可以显示警告或解释的信息,也可以用来执行打印数据库中的数据。

4. 控制应用程序流程

Access 的窗体可以与函数相结合,通过编写宏或 VBA 代码完成各种复杂的功能。

4.1.2 窗体的视图

Access 的窗体主要有四种视图,分别是设计视图、窗体视图、布局视图、数据表视图。

1. 设计视图

设计视图是用来创建和修改窗体的窗口。

2. 窗体视图

窗体视图是用于显示数据的窗口,是最终面向用户的视图,在窗体视图下可以对数据表或者查询中的数据进行浏览或修改等操作,也可以在设计过程中用来查看窗体运行的效果。

3. 布局视图

布局视图用于修改窗体布局,它的界面和窗体视图几乎一样,区别仅在于在布局视图中各控件的位置可以移动。

4. 数据表视图

数据表视图以数据表的形式显示表、窗体、查询中的数据,可用于编辑字段、添加和删除数据、查找数据等。

4.1.3 窗体的类型

Access 提供了多种类型的窗体,分别是纵栏式窗体、多个项目窗体、数据表窗体、分割窗体、空白窗体、导航窗体、模式对话窗体、窗体/子窗体和图表窗体。

1. 纵栏式窗体

纵栏式窗体在一个窗体界面中显示一条记录,显示记录按列分割,每列在左边显示字段名,在右边显示字段内容。在纵栏式窗体中,可以随意地安排字段,还可以设置直线、方框、颜色、特殊效果等。

2. 多个项目窗体

多个项目窗体类似于数据表,可以在窗体集中显示多条记录内容,如果要显示的数据很多,多个项目窗体可以通过垂直滚动条来浏览。

3. 数据表窗体

数据表窗体从外观上看与数据表和查询显示数据的界面相同,通常情况下,数据表窗体主要用于子窗体,用来显示一对多的关系。

4. 分割窗体

分割窗体不同于窗体/子窗体的组合,它的两个视图连接到同一数据源,并且总是相互保持同步。如果在窗体的一个部分中选择了一个字段,则会在窗体的另一部分中选择相同的字段。可以在任一部分添加、编辑和删除数据。

分割窗体同时提供窗体视图和数据表视图两种视图。使用分割窗体可以在一个窗体中同时利用两种窗体类型的优势,可以使用窗体的数据表部分快速定位记录,然后使用窗体部分查看或编辑记录。

5. 空白窗体

空白窗体可以直接从字段列表中添加绑定型控件。

6. 导航窗体

导航窗体是一个管理窗体,通过该窗体可以对数据库中的所有对象进行查看和访问。导航窗体只包含导航控件,用来对数据库应用进行管理。

7. 模式对话窗体

模式对话窗体是必须输入数据或者做出选择才能执行操作的窗体,通常用在登录的时候。创建模式对话框窗体时,窗体中会自动生成两个按钮:确定和取消。

8. 窗体/子窗体

窗体中的窗体称为子窗体,包含子窗体的窗体称为主窗体。主窗体和子窗体通常用于显示多个表或查询中的数据,这些表和查询中的数据具有一对多的关系。

9. 图表窗体

图表窗体是以图表方式显示用户的数据信息,图表窗体的数据源可以是数据表或查询。

4.2 创建窗体

Access 创建窗体有两种途径:一种是使用窗体的"设计视图"创建,另外一种是使用 Access 提供的"窗体向导"创建,其中,数据操作类的窗体一般都能由"窗体向导"创建,可以根据向导提示一步一步地完成窗体的创建工作,但是这类窗体的版式是既定的,因此经常需要转到"设计视图"下进行调整和修改;而利用"设计视图"创建窗体则需要设计者利用窗体提供的控制工具来创建窗体。

4.2.1 自动创建窗体

1. 使用"窗体"工具创建窗体

使用"窗体"工具是创建数据操作类窗体最快捷的方法。如果选定的表有关联的子表,"窗体"工具还会在主窗体中自动生成一个子窗体,子窗体显示主窗体中当前记录关联的子表中的数据。

【例4.1】以"学生"表为数据源,使用"窗体"工具,创建"学生(纵栏式)"窗体。

操作步骤如下:

① 在导航窗格的"表"对象下,打开(或选定)"学生"表。

② 单击"创建"选项卡下"窗体"选项组中的"窗体"按钮,系统自动生成图4.1所示的窗体。

③ 保存该窗体。窗体名称为"学生(纵栏式)"。

可以看到,在生成的主窗体下方有一个子窗体,显示了与"学生"表关联的子表"成绩"表的数据,并且是主窗体中当前记录关联的子表中的相关记录。

2. 使用"多个项目"工具创建表格式窗体

【例4.2】以"学生"表为数据源,使用"多个项目"工具,创建"学生(表格式)"窗体。

操作步骤如下:

① 在导航窗格的"表"对象下,打开(或选定)"学生"表。

② 单击"创建"选项卡,在"窗体"选项组中,单击其他窗体按钮,在弹出的下拉列表中选择"多个项目"选项,系统自动生成图4.2所示的窗体。

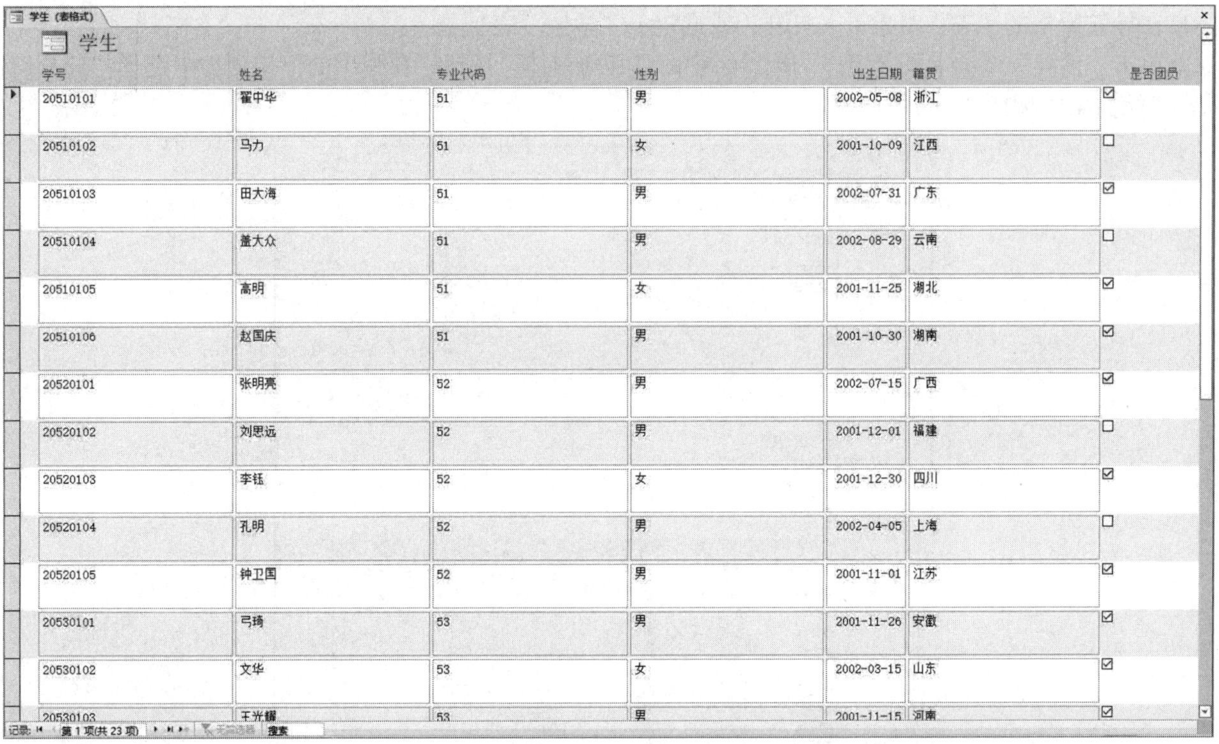

图 4.1　学生(纵栏式)窗体

图 4.2　学生(表格式)窗体

③ 保存该窗体,窗体名称为"学生(表格式)"。

3. 使用“数据表”工具创建数据表式窗体

【例 4.3】 以“学生”表为数据源，使用“数据表”工具，创建“学生（数据表式）”窗体。

操作步骤如下：

① 在导航窗格的“表”对象下，打开（或选定）“学生”表。

② 单击“创建”选项卡下“窗体”选项组中的“其他窗体”按钮，在弹出的下拉列表中选择“数据表”选项，系统自动生成图 4.3 所示的窗体。

学生（数据表式）

学号	姓名	专业代码	性别	出生日期	籍贯	是否团员
20510101	翟中华	51	男	2002-05-08	浙江	☑
20510102	马力	51	女	2001-10-09	江西	☐
20510103	田大海	51	男	2002-07-31	广东	☑
20510104	盖大众	51	男	2002-08-29	云南	☐
20510105	高明	51	女	2001-11-25	湖北	☑
20510106	赵国庆	51	男	2001-10-30	湖南	☑
20520101	张明亮	52	男	2002-07-15	广西	☑
20520102	刘思远	52	男	2001-12-01	福建	☐
20520103	李钰	52	女	2001-12-30	四川	☑
20520104	孔明	52	男	2002-04-05	上海	☐
20520105	钟卫国	52	男	2001-11-01	江苏	☑
20530101	弓琦	53	男	2001-11-26	安徽	☑
20530102	文华	53	女	2002-03-15	山东	☑
20530103	王光耀	53	男	2001-11-15	河南	☑
20530104	田爱华	53	女	2001-09-21	河北	☑
20540101	陈诚	54	男	2002-05-28	山西	☐
20540102	庄严	54	男	2001-11-12	陕西	☑
20540103	王建忠	54	男	2001-12-14	甘肃	☐
20550101	李思齐	55	女	2002-06-25	宁夏	☐
20550102	秦辉煌	55	男	2001-10-01	北京	☑
20550103	杨维和	55	男	2001-11-20	天津	☑
20560101	许诺	56	女	2001-11-30	辽宁	☐
20560102	顾佳	56	女	2002-04-18	吉林	☑

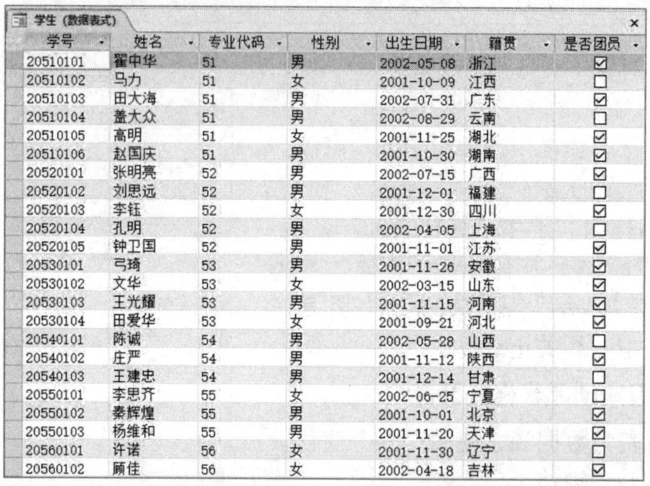

图 4.3 学生（数据表式）窗体

③ 保存该窗体，窗体名称为“学生（数据表式）”。

4. 使用“分割窗体”工具创建分割式窗体

【例 4.4】 以“学生”表为数据源，使用“分割窗体”工具，创建“学生（分割式）”窗体。

操作步骤如下：

① 在导航窗格的“表”对象下，打开（或选定）“学生”表。

② 单击“创建”选项卡下“窗体”选项组中的“其他窗体”按钮，在弹出的下拉列表中选择“分割窗体”选项，系统自动生成图 4.4 所示的窗体。

学号	姓名	专业代码	性别	出生日期	籍贯	是否团员
20510101	翟中华	51	男	2002-05-08	浙江	☑
20510102	马力	51	女	2001-10-09	江西	☐
20510103	田大海	51	男	2002-07-31	广东	☑
20510104	盖大众	51	男	2002-08-29	云南	☐
20510105	高明	51	女	2001-11-25	湖北	☑
20510106	赵国庆	51	男	2001-10-30	湖南	☑
20520101	张明亮	52	男	2002-07-15	广西	☑
20520102	刘思远	52	男	2001-12-01	福建	☐
20520103	李钰	52	女	2001-12-30	四川	☑

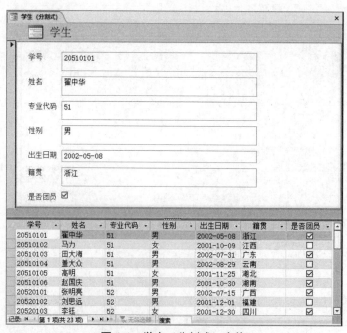

图 4.4 学生（分割式）窗体

③ 保存该窗体，窗体名称为"学生（分割式）"。

分割式窗体有上下两个窗口，上窗口以纵栏的方式显示当前记录，一个页面只显示一条记录；下窗口以数据表的形式显示所有记录，方便对全部记录进行快速浏览，从下窗口中选择的当前记录会同步显示在上窗口中。

5. 使用"空白窗体"工具创建空白窗体

【例 4.5】以"学生"表为数据源，使用"空白窗体"工具创建空白窗体，并显示学号、姓名、性别和籍贯。

操作步骤如下：

① 单击"创建"选项卡下"窗体"选项组中的"空白窗体"按钮，创建一个空白窗体。

② 从右侧"字段列表"窗口中展开"学生"表的字段。分别双击要创建的绑定控件的字段"学号"、"姓名"、"性别"和"籍贯"，或者拖动该字段到空白窗体中。

③ 关闭"字段列表"窗口，调整控件布局，保存该窗体，窗体名称为"学生（空白窗体）"。

生成的窗体如图 4.5 所示。

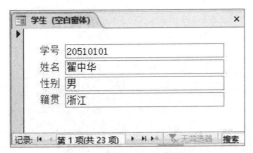

图 4.5　学生（空白窗体）

在"空白窗体"的布局视图下，系统同时打开包含当前数据库中全部表对象的"字段列表"窗口，用户可以直接由"字段列表"快捷地在窗体中建立绑定型控件。当窗体运行时，绑定型控件可以用来显示和编辑被绑定的字段。

6. 使用"导航窗体"工具创建导航窗体

【例 4.6】以"学生"表为数据源，使用"水平标签"命令创建一个导航窗体，要求窗体中包含两个选项卡，分别显示学生（纵栏式）窗体和学生（数据表式）窗体。

操作步骤如下：

① 单击"创建"选项卡下"窗体"选项组中的"导航"按钮，在下拉列表中选择"水平标签"命令，系统自动新建一个导航窗体。默认情况下，导航窗体中只有一个"[新增]"选项卡，如图 4.6 所示。

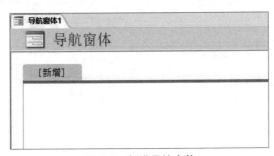

图 4.6　新增导航窗体

② 将导航窗格中的"学生（纵栏式）"窗体拖动到"[新增]"按钮中，则在该选项卡中它会作为子窗体立即显示，同时 Access 会自动生成一个新的"[新增]"选项卡，如图 4.7 所示。

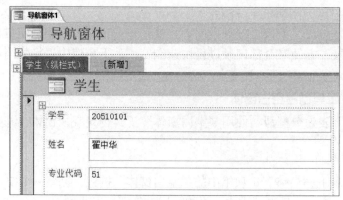

图 4.7　新增"学生（纵栏式）"导航窗体

③ 将导航窗格中的"学生（数据表式）"窗体拖动到"[新增]"按钮中，则在该选项卡中它会作为子窗体立即显示，同时 Access 会自动生成一个新的"[新增]"选项卡，如图 4.8 所示。

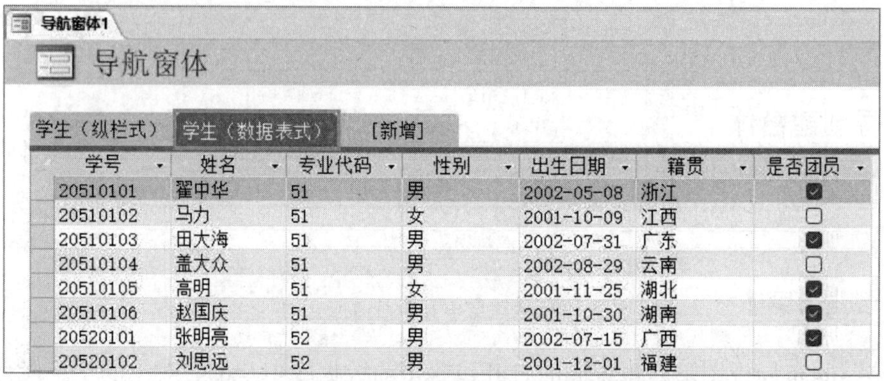

图 4.8　新增"学生（数据表式）"导航窗体

④ 保存该窗体，窗体名称为"导航窗体"，生成的窗体如图 4.9 所示。

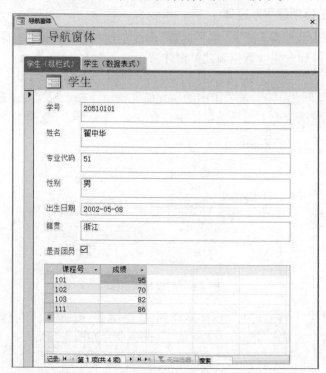

图 4.9　导航窗体

导航窗体可以包含多个选项卡，在每个选项卡中，用户都可以将已经创建好的窗体作为子窗体显示。

4.2.2 创建"模式对话框"窗体

模式对话框窗体是一种交互信息窗体,带有"确定"和"取消"两个命令按钮。模式对话框窗体的运行方式是独占的,在退出窗体(单击"确定"或"取消"按钮)之前不能操作其他的数据库对象。

【例 4.7】创建一个"模式对话框"窗体。

操作步骤如下:

① 单击"创建"选项卡下"窗体"选项组中的"其他窗体"按钮,在弹出的下拉列表中选择"模式对话框"选项,系统自动生成图 4.10 所示的"模式对话框"窗体。

② 保存该窗体,窗体名称为"模式对话框"。

图 4.10 模式对话框

4.2.3 使用向导创建窗体

Access 提供的自动创建窗体工具方便快捷,但是多数内容和形式都受到限制,不能满足更为复杂的要求。

使用"窗体向导"就可以更灵活、全面地控制数据来源和窗体格式,因为"窗体向导"能从多个表或查询中获取数据。

1. 创建单一数据源窗体

【例 4.8】使用"窗体向导"创建"选课成绩"窗体,要求窗体布局为"表格",窗体显示"选课成绩"表的所有字段。

操作步骤如下:

① 单击"创建"选项卡下"窗体"选项组中的"窗体向导"按钮,启动窗体向导。

② 在"表/查询"的下拉列表中选中"选课成绩"表,添加"学号"、"课程号"和"最终成绩"字段到"选定字段"列表中,选择结果如图 4.11 所示。

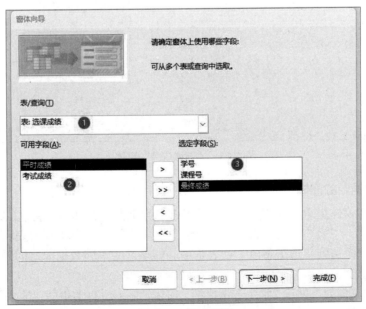

图 4.11 选定字段

③ 单击“下一步”按钮，弹出“窗体向导”对话框，“请确定窗体使用的布局”提供了纵栏表、表格、数据表和两端对齐四种布局形式，本题中选择“表格”形式，如图 4.12 所示。

窗体向导
请确定窗体使用的布局:
纵栏表(C)
表格(T)
数据表(D)
两端对齐(J)
取消
< 上一步(B)
下一步(N) >
完成(F)

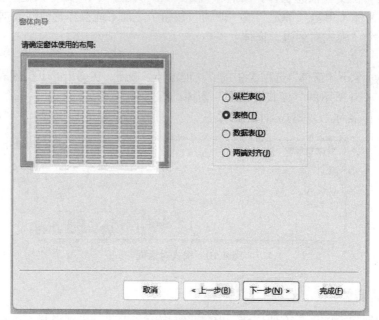

图 4.12　确定窗体布局

④ 单击“下一步”按钮，为窗体设定标题，本题中窗体标题命名为“选课成绩”。

⑤ 单击“完成”按钮，保存该窗体，生成的窗体如图 4.13 所示。

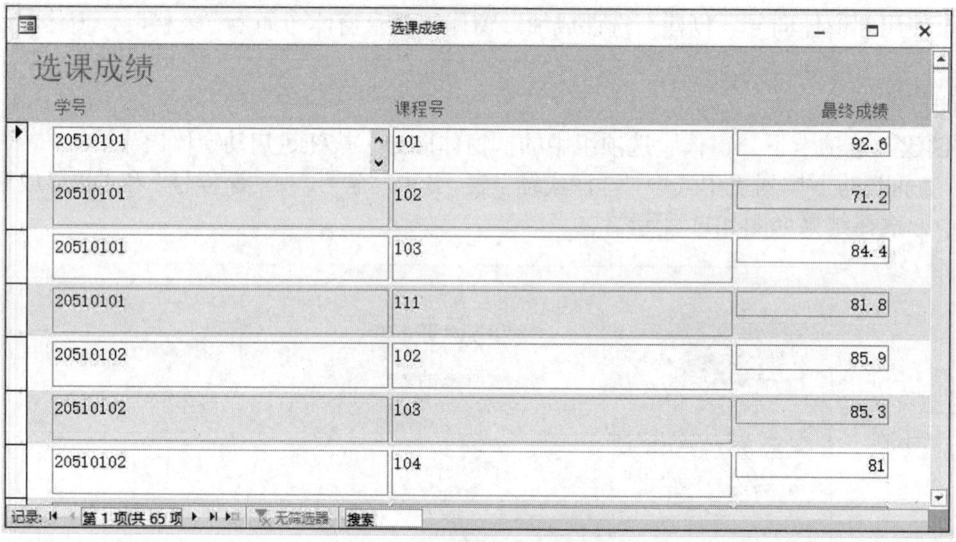

选课成绩
选课成绩
学号
课程号
最终成绩
20510101
101
92.6
20510101
102
71.2
20510101
103
84.4
20510101
111
81.8
20510102
102
85.9
20510102
103
85.3
20510102
104
81
记录: 第 1 项(共 65 项
无筛选器
搜索

图 4.13　“选课成绩”窗体

2. 创建涉及多个数据源的窗体（主/子窗体）

使用“窗体向导”创建窗体更重要的应用是创建涉及多个数据源的窗体，也称此类窗体为主/子窗体。在“窗体向导”的第一个窗口中，“表/查询”下拉列表中包含了当前数据库中所有的表和查询，用户可以自由地将不同表或查询中的字段添加到“选定字段”列表框中。如果这些不同数据源之间的数据存在关联，那么就可以创建带有子窗体的窗体。

【例 4.9】使用“窗体向导”创建“学生选课成绩”窗体，显示所有学生的“学号”、“姓名”、“性别”、“课程名”和“最终成绩”。

操作步骤如下：

① 单击"创建"选项卡下"窗体"选项组中的"窗体向导"按钮，启动窗体向导。

② 在"表/查询"的下拉列表中选中"学生"表，添加"学号"、"姓名"、"性别"字段到"选定字段"列表中；选中"课程"表，添加"课程名"到"选定字段"列表中；选中"选课成绩"表，添加"最终成绩"到"选定字段"列表中，选择结果如图 4.14 所示。

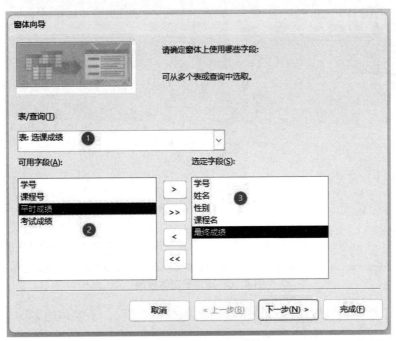

图 4.14　选定字段

③ 单击"下一步"按钮，确定查看数据的方式，本题中选择"通过学生"查看数据，并选中"带有子窗体的窗体"，设置结果如图 4.15 所示。

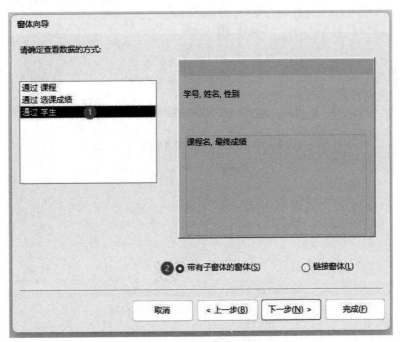

图 4.15　确定查看数据的方式

④ 单击"下一步"按钮，在弹出的对话框中选择布局形式为"数据表"形式，设置结果如图 4.16 所示。

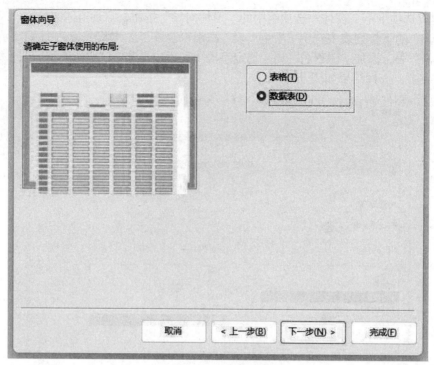

图 4.16　确定子窗体布局

⑤ 单击"下一步"按钮，设置窗体的名称为"学生选课成绩"，子窗体的名称为"成绩"，如图 4.17 所示。

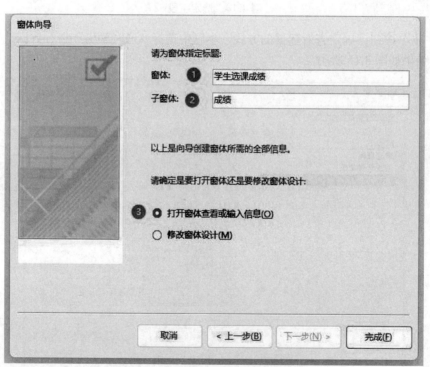

图 4.17　指定窗体标题及子窗体标题

⑥ 单击"完成"按钮，保存该窗体，生成的窗体如图 4.18 所示。

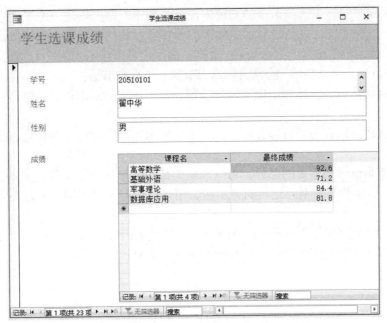

图 4.18　"学生选课成绩"窗体

4.3　设 计 窗 体

窗体设计视图可以修改由任何一种方式创建的视图，用户也可以直接利用"窗体设计"工具直接在设计视图下创建窗体，在窗体的设计视图中，通常需要使用标签、文本框等各种窗体元素。

4.3.1　窗体设计视图

1. 窗体的组成和结构

在窗体的设计视图中，窗体通常由窗体页眉、页面页眉、主体、页面页脚和窗体页脚五个部分组成，每个部分称为一个"节"，如图 4.19 所示。窗体中的信息可以分布在不同的节中。

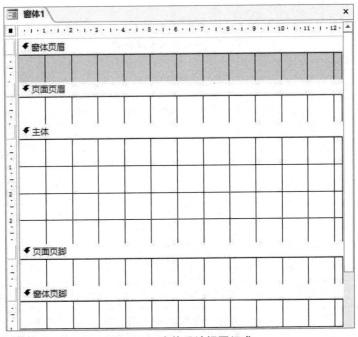

图 4.19　窗体设计视图组成

单击"创建"选项卡"窗体"选项组中的"窗体设计"按钮,即可创建一个新的空白窗体并打开窗体的设计视图。通常情况下,窗体设计视图只显示主体节。若要显示其他节,可以在窗体设计视图的空白处单击鼠标右键,在弹出的快捷菜单中选择"页面页眉/页脚"命令,可以显示/隐藏页面页眉节和页面页脚节;选择"窗体页眉/页脚"命令,可以显示/隐藏窗体页眉节和窗体页脚节。

① 窗体页眉节。窗体页眉在窗体视图中屏幕的顶部,常用用来显示窗体的标题和使用说明信息,此区域的内容是静态的。

② 页面页眉节。页面页眉在每个打印页的顶部,用来显示标题或列标题等信息,页面页眉只出现在打印窗体中。

③ 主体节。主体节是窗体最重要的部分,每一个窗体都必须有一个主体节,主体节是打开窗体设计视图时系统默认打开的节。主体节是数据、记录的显示区,用来显示记录的明细,可以显示一条记录,也可以显示多条记录。

④ 页面页脚节。页面页脚在每个打印页的底部显示日期或页码等信息,页面页脚只出现在打印窗体中。

⑤ 窗体页脚节。窗体页脚在窗体视图中屏幕的底部,用来显示命令按钮或有关使用窗体的说明,该区域的内容也是静态的。

2. 窗体设计工具

在 Access 2016 中,进入窗体设计视图后,将自动展开"窗体设计工具","窗体设计工具"下有三个选项卡,分别是"设计"、"排列"和"格式",其中,窗体的控件按钮放置在"窗体设计工具"下"设计"选项卡的"控件"选项组中。Access 提供的窗体基本控件按钮如图 4.20 所示。在窗体中添加控件时,通过控件下方的"使用控件向导"选项可以选择是否使用控件向导。此外,通过"ActiveX 控件"选项还可以在窗体中添加 ActiveX 控件。

图 4.20 Access 提供的窗体基本控件

窗体常用控件说明见表 4.1。

表 4.1 窗体常用控件说明

控件按钮	名 称	功 能
▷	选择	用于选择对象、节或窗体
ab|	文本框	用于显示、输入、编辑窗体或报表的基础记录数据,显示计算结果或接收用户输入的数据
Aa	标签	用于显示说明性文本
xxxx	按钮	用于创建命令按钮。单击命令按钮时,会执行相应的宏或 VBA 代码
	选项卡控件	用于创建一个多页的选项卡窗体或选项卡对话框,可以在选项卡控件上添加其他控件
	超链接	用于在窗体中添加指向 Web 页面、电子邮件或某个程序文件的超链接
	Web 浏览器	用于在窗体中添加 Web 浏览器控件
	导航控件	用于在窗体中添加导航条
xyz	选项组	与复选框、选项按钮或切换按钮搭配使用,可以显示一组可选值,但只能选择其中一个选项值
	插入分页符	用于在窗体中开启一个新屏幕,或在打印窗体中开启一个新页
	组合框	组合了文本框和列表框的特性,可以在组合框中输入新值,也可以从列表中选择一个值

控件按钮	名称	功能
	图表	用于在窗体中添加图表
	直线	用于在窗体中添加直线，通过添加的直线来突出显示重要的信息
	切换按钮	通常用作选项组的部分，该按钮有两种状态
	列表框	显示可滚动的数值列表。在"窗体视图"中，可以从列表中选择值输入到新记录中或更新现有记录中的值
	矩形	用于绘制矩形以突出显示重要的信息
	复选框	表示"是/否"值的控件，是窗体或报表中添加"是/否"字段时创建的默认控件类型
	未绑定对象框	用于在窗体中显示未绑定的 OLE 对象
	附件	用于在窗体中显示附件，如"学生"表中的照片，在以"学生"表为记录源的窗体视图中，可以用来显示当前学生记录的照片
	选项按钮	通常用作选项组的一部分，也称为单选按钮
	子窗体/子报表	用于在主窗体中显示另一个窗体
	绑定对象框	用于在窗体中显示绑定到某个表中字段的 OLE 对象
	图像	用于在窗体中显示静态图片

3. 字段列表

数据操作类窗体都是基于某一个表或查询建立起来的，因此窗体内控件显示的是表或查询中的字段值。当要在窗体中建立绑定型控件时，从"字段列表"窗口中创建是最便捷的。在"窗体设计工具"下"表单设计"选项卡中，单击"工具"选项组中的"添加现有字段"按钮，即可显示"字段列表"窗口，如图 4.21 所示。例如，要在窗体内创建一个控件来显示字段列表中的某一文本型字段的数据时，只需将该字段拖到窗体内，窗体便自动创建一个文本框控件显示该字段的值。

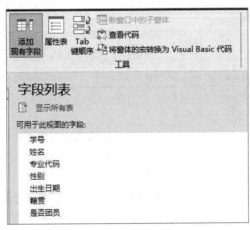

图 4.21　字段列表

4.3.2　设计窗体属性

窗体和窗体上的控件都有自己的属性集合，这些属性决定了控件的外观、它所关联的字段，以及对鼠标或键盘事件的响应。

1. 属性表

在窗体设计视图下，窗体和窗体上的控件的属性都可以在属性表中设定。在"窗体设计工具"下"设计"选项卡中，单击"工具"选项组中的"属性表"按钮，或单击鼠标右键并从弹出的快捷菜单中选择"属性"命令，可打开属性表，还可以双击控件本身打开该控件的属性表，属性表如图 4.22 所示。

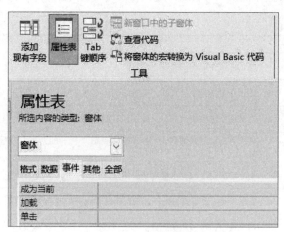

图 4.22 属性表

"属性表"对话框上方的下拉列表是当前窗体上所有对象的列表,可从中选择要设置属性的对象,也可以直接在窗体上用鼠标单击选中对象,列表框相应显示被选中对象的控件名称。"属性表"对话框包含五个选项卡,分别是格式、数据、事件、其他和全部。其中,"格式"选项卡包含窗体或控件的外观类属性;"数据"选项卡包含了与记录源、记录集类型、筛选等和数据操作相关的属性;"事件"选项卡包含了窗体或当前控件能够响应的事件;"其他"选项卡包含了"弹出方式""模式"等其他属性,选项卡下方左侧显示属性名称,右侧是属性值。

窗体也是一个控件对象,只不过不是从"控件"组中创建的,而是在初建窗体时由系统创建的,它是一个容器类控件。窗体也有自己的属性集合。例如,可以设置用户右键单击窗体时的效果、窗体的颜色、窗体的数据来源以及用户是否可以在窗体上编辑数据等。

双击"窗体选定器"也可以打开窗体的属性表,如图 4.23 所示。窗体选定器是窗体上水平标尺和垂直标尺交叉处的灰色方框的矩形块,单击它可选定窗体,双击它可选定窗体并打开窗体的属性表。

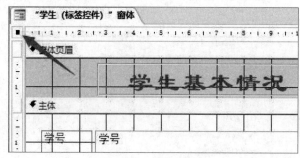

图 4.23 窗体选定器

2. 格式属性

窗体的格式属性包括默认视图、滚动条、记录选择器、导航按钮、分隔线、自动居中、控制框、最大化最小化按钮、关闭按钮、边框样式等。这些属性都可以在窗体的属性对话框中设置。除此之外,还可以通过一些特殊的修饰手段来达到美化窗体的效果。例如,应用条件格式,条件格式允许用户编辑基于输入值的字段格式。

【例 4.10】修改"选课成绩"窗体,应用条件格式,使窗体中最终成绩的分数字段的值能用不同的颜色标识。60 分以下(不含 60 分)用红色表示,60 ~ 89 分用蓝色表示,90 分及其以上用绿色表示,另存为"选课成绩(条件格式)"窗体。

操作步骤如下:

① 打开"选课成绩"窗体的设计视图,选定"最终成绩"文本框控件,单击"窗体设计工具"下的"格式"选项卡,单击"控件格式"选项组中的"条件格式"按钮,弹出"条件格式规则管理器"对话框,如图 4.24 所示。

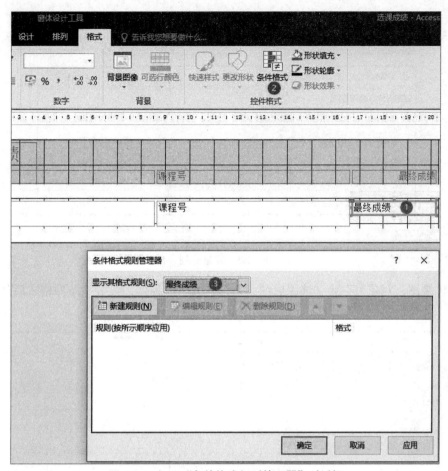

图 4.24　打开"条件格式规则管理器"对话框

② 在对话框顶部的下拉列表中选择"最终成绩"字段，单击"新建规则"按钮，弹出"新建格式规则"对话框，如图 4.25 所示，设置字段值小于 60 时，数据格式为"红色，粗体"，单击"确定"按钮。

图 4.25　"新建格式规则"对话框

③ 重复以上步骤，设置字段值介于 60～89 之间的数据格式为"蓝色，粗体"，设置字段值大于等于 90 的数据格式为"绿色，粗体"，设置结果如图 4.26 所示。

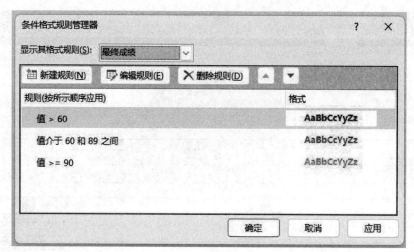

图 4.26 设置规则

④ 切换到窗体视图，对象另存为"选课成绩（条件格式）"窗体，设置完条件格式后的窗体运行效果如图 4.27 所示。

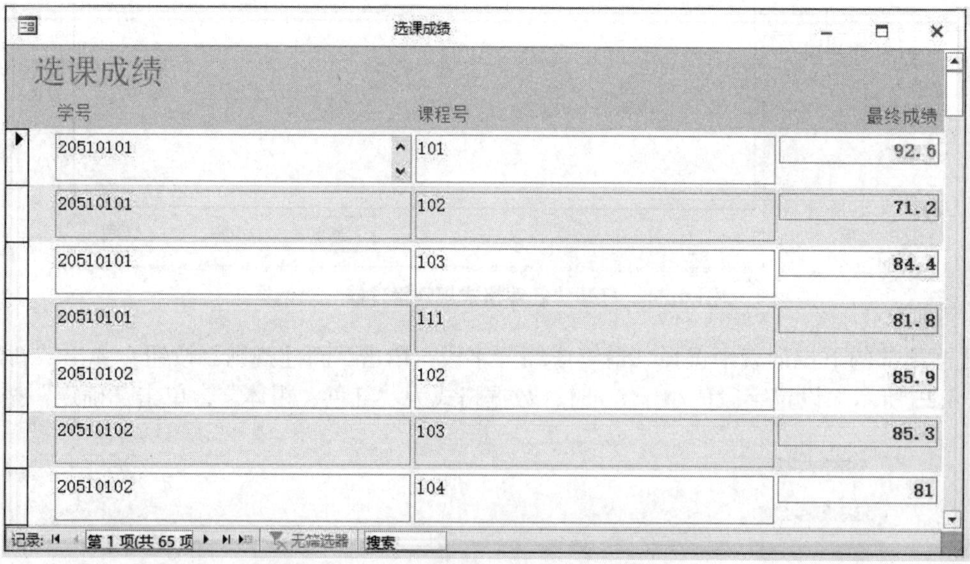

图 4.27 "选课成绩（条件格式）"窗体

3. 为窗体添加状态栏

为了使人机交互更加友好，可以为窗体中的数据字段添加帮助信息，也就是在状态栏中显示提示信息。添加状态栏，只需选中要添加帮助的字段控件，在属性表的"其他"选项卡中的"状态栏文字"属性中输入帮助信息。保存后，在窗体视图下选中指定控件时，状态栏中就会显示出设置好的帮助信息。

4. 使用背景位图

如果希望进一步美化窗体，可以给窗体加入背景位图，或使用"图像"控件，在窗体上添加用于修饰的图片。在使用背景位图时，应设置图片类型、图片缩放模式、对齐方式等参数。

5. 主题应用

"主题"是修饰和美化窗体的一种快捷方法，应用"主题"可以更改数据库的整体设计，包括颜色、字体、背景等。

"主题"是在窗体处于"设计视图"下，在"设计"选项卡中"主题"选项组中，一共包含主题、颜色和字体三个按钮，如图 4.28 所示。

图 4.28 "主题"

4.3.3 常用窗体控件

在窗体中,控件的基本操作包括添加控件、调整控件大小、移动控件和对齐控件等,用户可以应用窗体设计工具中的"设计"和"排列"选项卡完成相关操作。

1. 控件的基本操作

(1) 添加控件

在窗体中添加控件有三种方法:使用字段列表、使用控件按钮和使用控件向导。

① 使用字段列表。

在窗体设计视图中,可以通过从字段列表中拖动字段来创建控件,使用这种方法创建的控件是绑定控件。单击"窗体设计工具"下"设计"选项卡中的"工具"选项组中的"添加现有字段"按钮,显示来自记录源的"字段列表"窗格,用户可以直接从"字段列表"窗格中将字段拖动到窗体的适当位置,释放鼠标即可添加与该字段绑定的控件,如果用户在按住【Ctrl】键的同时单击多个字段,然后将其一起拖动到窗体的适当位置,可以同时添加多个控件,此时创建的控件的尺寸是系统预设的,并且除了标签控件外,系统还会自动为每一个新建的控件自动创建一个关联的标签。除了拖动之外,也可直接双击"字段列表"窗格中的某个字段,系统会在窗体的适当位置自动添加与该字段绑定的控件。

② 使用控件按钮。

确定"窗体设计工具"下"设计"选项卡"控件"选项组中的"使用控件向导"选项处于无效状态(未被选中状态),这时单击"控件"选项组中的任一控件按钮,将鼠标指针移动到窗体上,此时鼠标指针变成"+"号(标识新建控件的左上角位置),在窗体中的适当位置按住鼠标左键,并拖动鼠标,可以直接绘制并创建控件。使用这种方法创建的控件是未绑定控件。

③ 使用控件向导。

确定窗体设计工具"设计"选项卡"控件"选项组中的"使用控件向导"选项处于有效状态(选中状态),再单击"控件"选项组中的任一控件按钮,将鼠标指针移动到窗体上,在窗体中的适当位置按住鼠标左键直接绘制,然后利用控件向导(当 Access 对该控件提供有控件向导时才可以使用)的提示来创建控件。使用这种方法创建的控件可以是绑定或未绑定控件。

在窗体中添加的每个控件都会有一个"名称"标识自己。文本框控件的默认名称为"Text"加上一个自动编排的数字编号,标签控件的默认名称为"Label"加上一个自动编排的数字编号,例如,第一个添加的文本框控件的名称为"Text0",第二个添加的文本框控件的名称为"Text1",第三个添加的标签控件的名称为"Label2"等,依次类推。用户可以在"属性表"中,通过控件的"名称"属性来修改各个控件的名称,但必须保证名称在该窗体中具有唯一性。

(2) 调整控件大小

对窗体中的控件进行操作,首先应先选中控件,方法是单击控件。此时被选中的控件的四周会出现八个控制点。如图 4.29 所示,"专业代码"控件被选中,所以四周有八个控制点,而"Text0"控件未被选中。如果要选中多个控件,可按住【Ctrl】键逐个选择。

图 4.29 控件被选中

控件被选中的情况下，当鼠标指针指向八个控制点中的任意一个时，鼠标指针会变成双向箭头，此时可以向八个方向拖动鼠标来调整控件的大小，如图 4.30 所示。

（3）移动控件

控件的移动有以下两种不同形式：

① 控件和其关联的标签联动：当鼠标指针放在控件四周并变成十字箭头形状时，用鼠标拖动可以同时移动两个相关联的控件，如图 4.31 所示。

② 控件独立移动：当鼠标指针放在控件左上角的黑色方块上并变成十字箭头形状时，用鼠标拖动可以移动所指向的单个控件，如图 4.32 所示。

图 4.30　改变控件大小

图 4.31　控件标签联动

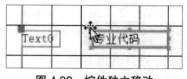
图 4.32　控件独立移动

（4）对齐控件

向窗体添加控件时，大多数情况下用户都不能一次性将控件对齐，这时可以单击"窗体设计工具"中"排列"选项卡"调整大小和排序"选项组中的"对齐"按钮，如图 4.33（a）所示，用下拉列表中的命令来调整；也可以单击"大小 / 空格"按钮，如图 4.33（b）所示，用下拉列表中的命令来调整。

（a）对齐

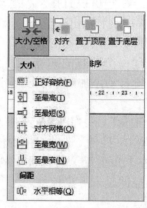
（b）大小 / 空格

图 4.33　"调整大小和排序"选项组

2. 标签控件的使用

标签控件主要用来在窗体上显示文本，用作提示和说明。标签控件没有数据源，只要将需要显示的字符赋值给标签的"标题"属性就行了。

标签的常用属性及说明见表 4.2。

表 4.2　标签的常用属性及说明

属　　性	说　　明
标题	指定标签显示的标题
前景色	字体的颜色
文本对齐	指定文本的对齐方式：常规（默认值）、左、居中、右、分散
字体名称	指定显示文本的字体
字号	指定显示文本的大小
特殊效果	指定标签的特殊效果：平面（默认值）、凸起、凹陷、蚀刻、阴影、凿痕

【例 4.11】打开"学生（纵栏式）"窗体，在"学生（纵栏式）"窗体的窗体页眉处，添加一个标签控件，显示"学生基本情况"，另存为"学生（标签控件）"窗体。

操作步骤如下：

① 在导航窗格的"窗体"对象下，右键单击"学生（纵栏式）"窗体对象，在弹出的快捷菜单中选择"设计视图"命令，进入窗体的设计视图。

② 删除窗体页眉中默认的"Auto_Logo0"和"Auto_Header0"，添加标签控件，直接在标签中输入文字"学生基本情况"。

③ 选中标签，打开"属性表"，单击"格式"选项卡。

④ 设置"字号"属性为26；"字体名称"属性为"隶书"，字体粗细为"加粗"，特殊效果为"蚀刻"，文本对齐为"居中"，如图4.34所示。

图4.34　标签属性设置

⑤ 调整标签控件的大小到能完全显示标题的内容，移动标签到适当的位置。切换到窗体视图，另存为"学生（标签控件）"窗体，结果如图4.35所示。

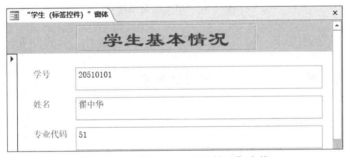

图4.35　"学生（标签控件）"窗体

3. 文本框控件的使用

文本框可以用来显示、输入或编辑窗体及报表的数据源中的数据，或显示计算结果。

文本框可以设定为绑定型、未绑定型或计算型，文本框最重要的属性是"控件来源"属性，用户可通过"控件来源"属性对其进行设置。如果文本框的"控件来源"属性为已经存在的内存变量或"记录源"中指定的字段，则该文本框为绑定型；如果文本框的"控件来源"属性为空白，则该文本框为未绑定型；如果文本框的"控件来源"属性为以等号开头的计算表达式，则该文本框为计算型。若设置文本框控件的"控件来源"属性为已有的内存变量名，或由窗体的"记录源"属性指定的数据表中的字段名，则在窗体视图下对文本框内容的编辑不仅会回送给内存变量或字段，还会保存在文本框的"默认值"属性中。

文本框的常用属性及说明见表4.3。

表4.3　文本框的常用属性及说明

属　　性	说　　明
控件来源	设定文本框的数据来源
文本对齐	指定文本框的内容是采用左对齐、右对齐、居中还是分散对齐
输入掩码	规定数据输入的格式
默认值	规定文本框中默认显示的值
验证规则	规定输入数据的值域，违反的话不允许录入
验证文本	输入的数据违反规则时，屏幕上弹出的提示性文字

【例4.12】在"学生(空白窗体)"窗体中,添加一个文本框控件,显示"专业代码"和"出生日期"。

操作步骤如下:

① 在导航窗格的"窗体"对象下,右键单击"学生(空白窗体)"窗体对象,在弹出的快捷菜单中选择"设计视图"命令,进入窗体的设计视图。

② 单击"设计"选项卡下"工具"选项组中的"添加现有字段"按钮,打开字段列表,单击"显示所有表"命令,如图4.36所示。

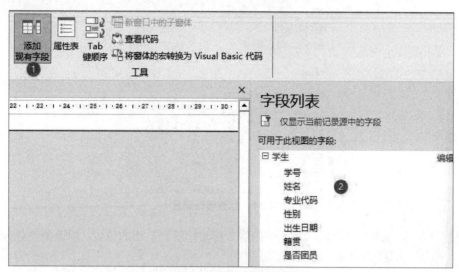

图 4.36 显示所有字段

③ 从字段列表中拖动"专业代码"和"出生日期"字段到窗体上适合的位置,系统会自动创建一个带标签的文本框控件。

④ 调整窗体布局,保存该窗体,显示结果如图4.37所示。

图 4.37 修改后的"学生(空白窗体)"

【例4.13】创建一个"登录"窗体,要求用户输入账号和密码。

操作步骤如下:

① 在屏幕左侧"导航窗格"的"窗体"对象下,打开"模式对话框"窗体,切换到窗体设计视图。

② 在窗体上创建一个文本框作为用户输入账号的控件。修改其关联标签的"标题"属性为"账号",字号设置为12号。

③ 在窗体上创建第二个文本框作为用户输入密码的控件。修改其关联标签的标题属性为"密码",字号设置为12号。因密码具有保密性,所以设定该文本框的"输入掩码"属性为密码,如图4.38所示。

第 4 章 窗体设计

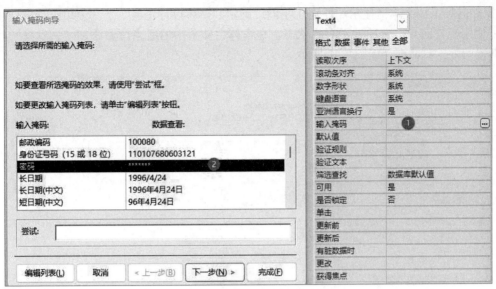

图 4.38 设置"输入掩码"属性

④ 适当调整标签和文本框的位置，以整齐大方为主，单击"文件"选项卡，单击"对象另存为"按钮，将该窗体另存为"登录"，切换至窗体视图，显示结果如图 4.39 所示。

图 4.39 "登录"窗体

【例 4.14】在数据库中创建"学生（年龄）"窗体，在窗体中添加学生的"学号"和"姓名"字段，使用控件向导添加文本框显示学生的"性别"，使用控件按钮添加文本框显示学生的年龄。

操作步骤如下：

① 打开窗体设计视图。单击"创建"选项卡"窗体"选项组中的"窗体设计"按钮。

② 为窗体指定记录源。

单击窗体设计工具"设计"选项卡"工具"选项组中的"属性表"按钮，打开"属性表"窗格。在"属性表"窗格的对象组合框选择"窗体"对象，选择"全部"选项卡，单击"记录源"属性右侧的下拉按钮，选择"学生"为窗体的记录源，如图 4.40 所示。

③ 使用字段列表添加"学号"和"姓名"字段。单击"窗体设计工具"下"表单设计"选项卡"工具"选项组中的"添加现有字段"按钮，显示来自记录源的"字段列表"窗格，将"学号"和"姓名"拖动到窗体主体节中的适当位置。在窗体中会产生两组绑定型文本框和相关联的标签，这两组绑定型文本框分别与学生表中的"学号"和"姓名"字段相关联，如图 4.41 所示。

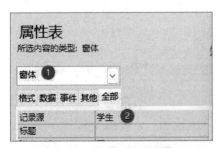

图 4.40 设置"记录源"

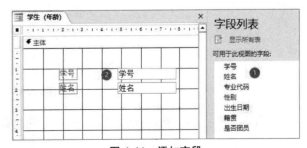

图 4.41 添加字段

141

④ 使用控件向导添加文本框显示"性别"字段。确定"窗体设计工具"下"表单设计"选项卡"控件"选项组中的"使用控件向导"选项处于有效状态,在窗体主体节中的适当位置添加"文本框"控件,系统同时打开"文本框向导"对话框,如图 4.42 所示。

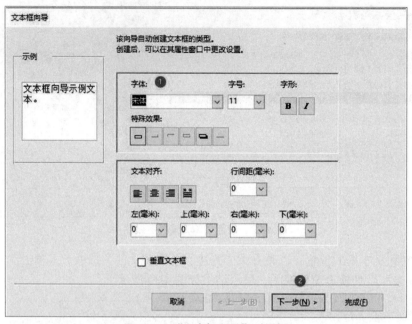

图 4.42 "文本框向导"对话框

使用该对话框可以设置文本框的"字体""字号""字形""文本对齐""行间距"等,单击"下一步"按钮。

⑤ 为文本框设置输入法模式。输入法模式有三种,分别是随意、输入法开启和输入法关闭,本例使用默认值"随意",如图 4.43 所示。单击"下一步"按钮。

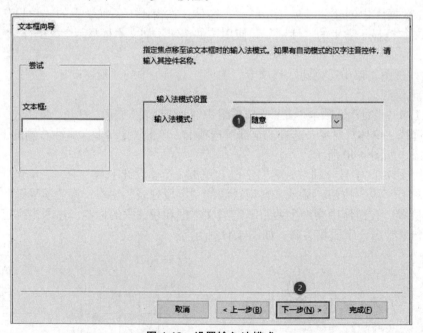

图 4.43 设置输入法模式

⑥ 指定文本框的名称。在"请输入文本框的名称"文本框中输入"性别",如图 4.44 所示。

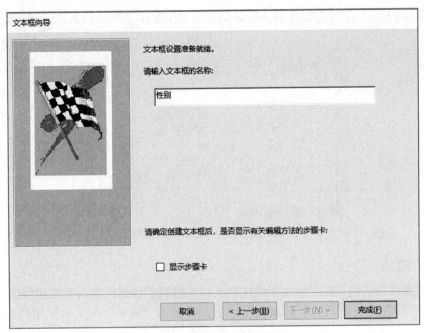

图 4.44 指定文本框的名称

单击"完成"按钮,返回窗体设计视图。这时创建的文本框是未绑定型文本框。

⑦ 将未绑定型文本框绑定到"性别"字段。选中刚添加的文本框,打开"属性表"窗格,选择"全部"选项卡,将该文本框的"控件来源"属性设置为"性别"字段,如图 4.45 所示。

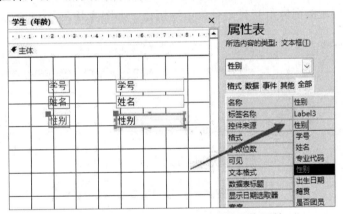

图 4.45 为"性别"设置"控件来源"属性

⑧ 使用控件按钮添加文本框显示"年龄"。确定"窗体设计工具"下"表单设计"选项卡"控件"选项组中的"使用控件向导"选项处于无效状态,在窗体主体节的适当位置添加一个文本框控件,使用这种方式创建的文本框是未绑定型文本框。在该文本框的关联标签中直接输入"年龄",在该文本框控件"属性表"窗格的"控件来源"属性栏中输入计算年龄的表达式"=Year(Date())-Year([出生日期])",如图 4.46 所示,设置"文本对齐"属性为"左"。

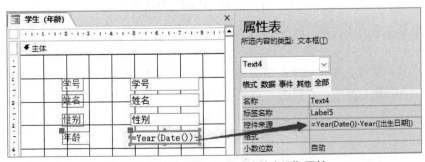

图 4.46 为"年龄"设置"控件来源"属性

⑨ 调整各个控件的大小、位置并将其对齐后，保存为"学生（年龄）"窗体，切换到窗体视图，最终效果如图 4.47 所示。

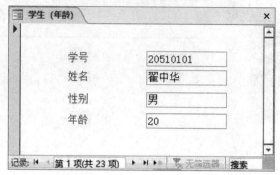

图 4.47 "学生（年龄）"窗体

4. 列表框控件的使用

列表框能够将数据以列表的形式显示出来供用户选择，提高了数据的输入速度和准确率。

【例 4.15】在"学生（纵栏式）"的窗体基础上，将显示"学号"的文本框用列表框替代，并要求能根据在列表框中选择的"学号"查询出姓名、性别、籍贯等信息。

操作步骤如下：

① 打开"学生（纵栏式）"窗体，切换到设计视图，按【Delete】键删除绑定"学号"字段的文本框及其关联的标签控件。

② 使用控件向导在窗体主体节中的适当位置添加列表框控件，在打开的"列表框向导"对话框中选中"在基于列表框中选定的值而创建的窗体上查找记录"单选按钮，如图 4.48 所示，单击"下一步"按钮。

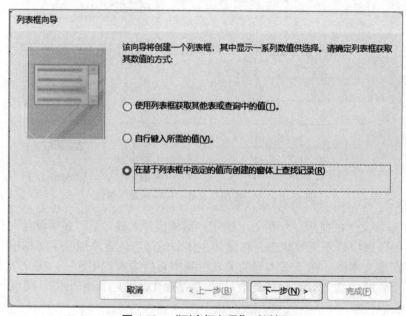

图 4.48 "列表框向导"对话框

③ 确定列表框中要显示的字段列。将"学号"字段添加到"选定字段"列表框中，如图 4.49 所示，单击"下一步"按钮。

④ 调整列宽至合适的宽度，单击"下一步"按钮。指定列表框标签，在"请为列表框指定标签"文本框中输入"选择学号"，如图 4.50 所示。单击"完成"按钮。

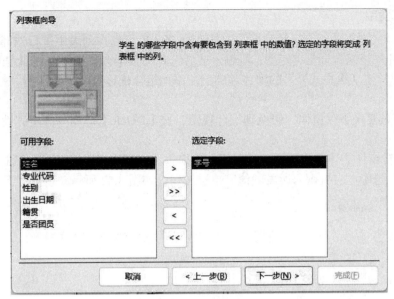

图 4.49　选定字段

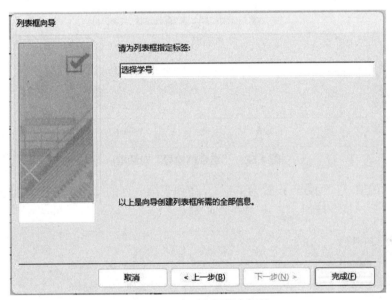

图 4.50　为列表框指定标签

⑤ 适当调整列表框控件的位置和布局，对象另存为"学生（列表框）"窗体。切换到窗体视图，在"选择学号"列表框中选择学号，则在"姓名""性别""出生日期"等文本框中显示相应学生的信息，效果如图 4.51 所示。

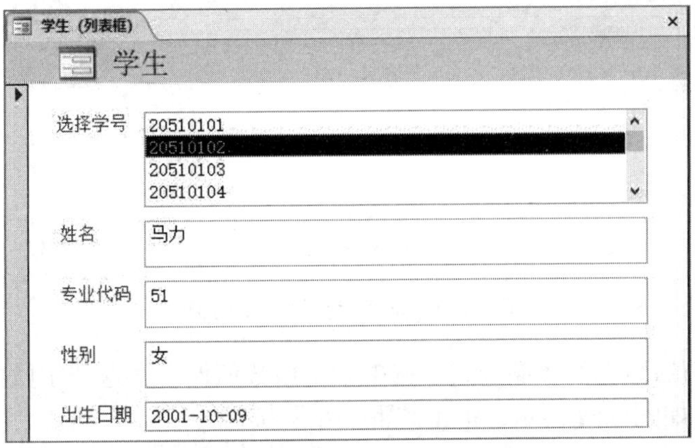

图 4.51　"学生（列表框）"窗体

5. 组合框控件的使用

组合框是列表框和文本框的组合,用户既可以输入数据,也可以在列表中进行选择,在组合框中输入数据或者选择数据时,如果该组合框是绑定型,则输入或者选择的数据会直接保存到绑定的字段。

【例 4.16】在"学生(纵栏式)"的窗体基础上,添加组合框显示学生的性别。

操作步骤如下:

① 打开"学生(纵栏式)"窗体,切换到设计视图,按【Delete】键删除绑定"性别"字段的文本框及其关联的标签控件。

② 使用控件向导在窗体主体节中的同一位置添加组合框,系统自动打开"组合框向导"对话框,确定组合框获取数值的方式,选中"自行键入所需的值"单选按钮,如图 4.52 所示,单击"下一步"按钮。

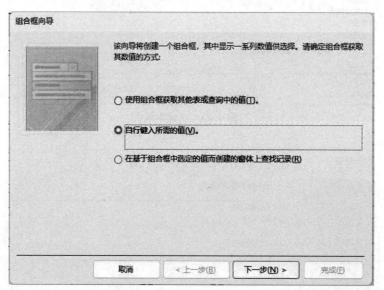

图 4.52 "组合框向导"对话框

③ 确定组合框显示的值。"列数"设置为"1",在列表第一列的第一、二行分别输入"男"和"女",如图 4.53 所示,单击"下一步"按钮。

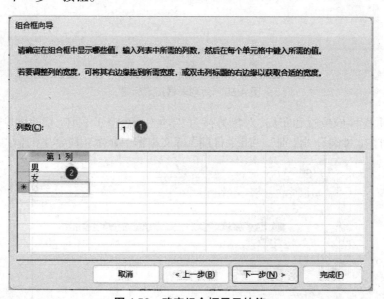

图 4.53 确定组合框显示的值

④ 确定组合框选择数值后数据的存储方式。选中"将该数值保存在这个字段中"单选按钮,并在其右侧下拉列表中选择"性别",如图 4.54 所示,单击"下一步"按钮。

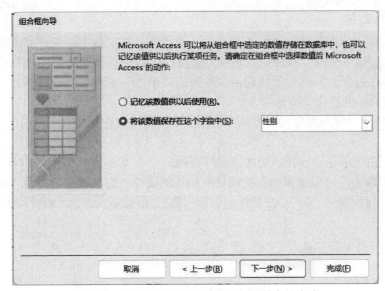

图 4.54　确定组合框选择数值后数据的存储方式

⑤ 为组合框指定标签。在"请为组合框指定标签"中输入"性别",如图 4.55 所示,单击"完成"按钮,返回窗体设计视图。

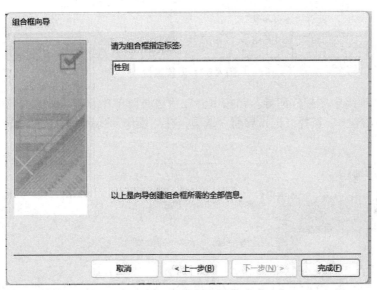

图 4.55　为组合框指定标签

⑥ 对象另存为"学生(组合框)"窗体,切换到窗体视图,效果如图 4.56 所示。

图 4.56　"学生(组合框)"窗体

6. 命令按钮控件的使用

命令按钮主要用来控制应用程序的流程或者执行某个操作，在窗体中，用户可以用命令按钮来执行特定操作。例如，用户可以创建一个命令按钮完成记录导航操作。如果要使命令按钮执行某些较复杂的操作，还可以编写相应的宏或事件过程，并将它添加到命令按钮的"单击"事件中，这些将在后续章节中介绍。这里主要介绍使用命令按钮向导创建命令按钮的方法。

【例 4.17】在"学生（空白窗体）"窗体中，用命令按钮实现记录导航条的功能。

操作步骤如下：

① 打开"学生（空白窗体）"窗体，切换到设计视图。

② 打开窗体的"属性表"，设置窗体与记录导航相关的属性，边框样式设置为"可调边框"，记录选择器设置为"否"，导航按钮设置为"否"，分割线设置为"是"，滚动条设置为"两者均无"，设置结果如图 4.57 所示。

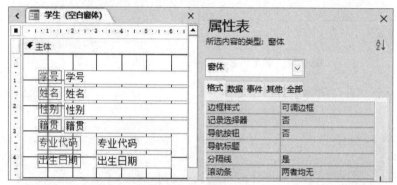

图 4.57 设置属性

③ 确认"控件"选项组中"控件向导"已按下。在窗体页脚节中创建一个命令按钮，在弹出的"命令按钮向导"的"类别"列表框中，选择"记录导航"选项，在"操作"列表框中选择"转至第一项记录"选项，选择结果如图 4.58 所示。

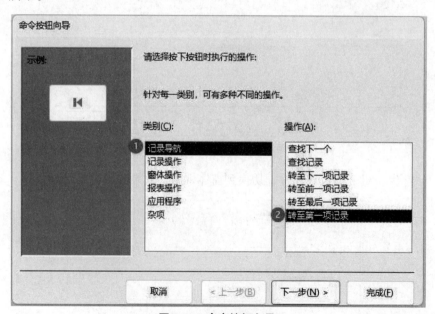

图 4.58 命令按钮向导

④ 单击"下一步"按钮。在弹出的对话框中指定命令按钮上显示的内容，这里选择"图片"中的"移至第一项"，对话框左侧是命令按钮的预览，如图 4.59 所示。

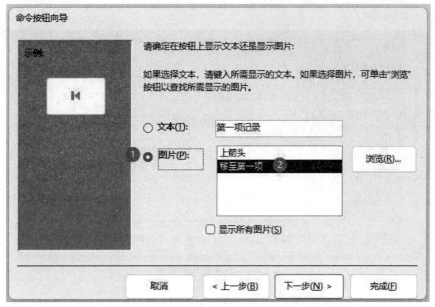

图 4.59　指定命令按钮上显示的内容

⑤ 单击"下一步"按钮，在弹出的对话框中指定命令按钮的名称，这里使用默认值。

⑥ 单击"完成"按钮。使用相同方法创建"转至前一项记录""转至下一项记录""转至最后一项记录"三个命令按钮。

⑦ 调整四个命令按钮的布局，对象另存为"学生（命令按钮）"窗体，切换到窗体视图。添加命令按钮后的窗体运行效果如图 4.60 所示。

7. 复选框、选项按钮、切换按钮和按钮组控件的使用

复选框、选项按钮、切换按钮三个控件的功能相似但形式不同，都可以用于多选操作。当这三个控件和选项组结合起来使用时，可实现单选操作。

图 4.60　"学生（命令按钮）"窗体

【例 4.18】创建"学生信息查询（选项按钮）"窗体，该窗体中有一个选项组，其中包含了四个选项："按学号查询"、"按姓名查询"、"按专业代码查询"和"按性别查询"。用户选中某个选项后，单击"查询"按钮就可以打开相应的查询界面完成查询。窗体为弹出式窗体，不设导航按钮、滚动条和记录选择器。

操作步骤如下：

① 创建空白窗体并打开窗体的设计视图。将窗体的属性"弹出方式"设置为"是"，"记录选择器"设置为"否"，"导航按钮"设置为"否"，"滚动条"设置为"两者均无"。

② 显示窗体页眉/页脚节，在窗体页眉节适当位置添加标签控件，并在标签控件中直接输入"学生信息查询"，"字体名称"设置为"黑体"，"字号"设置为"22"，并将标签调整为合适的大小。

③ 使用控件向导在窗体主体节创建一个"图像"控件，在弹出的"插入图片"对话框中选择要插入的素材图片文件"Logo.jpg"，单击"确定"按钮插入。然后调整图片的高度和宽度均为"3 cm"，上边距"1.2 cm"，左边距"1 cm"。

④ 使用控件向导在窗体主体节创建一个"选项组"控件，在弹出的"选项组向导"对话框中为每个选项指定标签，分别设置为"按学号查询""按姓名查询""按专业代码查询""按性别查询"，如图 4.61 所示，单击"下一步"按钮。

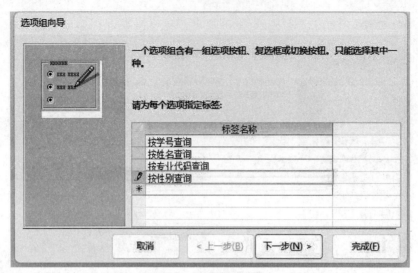

图 4.61 为选项指定标签

⑤ 确定默认选项,如图 4.62 所示,单击"下一步"按钮。

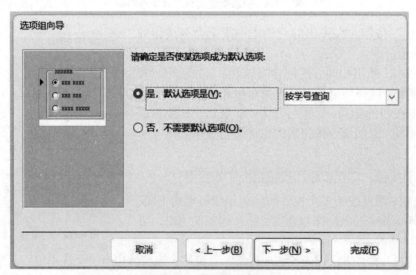

图 4.62 设置默认选项

⑥ 为每个选项赋值,如图 4.63 所示。单击"下一步"按钮。

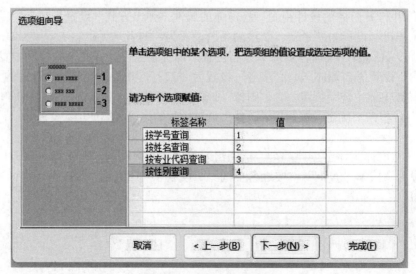

图 4.63 为每个选项赋值

⑦ 确定选项组控件类型及样式。在"请确定在选项组中使用何种类型的控件"下选中"选项按钮"单选按钮，在"请确定所用样式"下选中"平面"单选按钮，如图 4.64 所示，单击"下一步"按钮。

图 4.64　确定选项组控件类型及样式

⑧ 指定选项组标题。在"请为选项组指定标题"文本框中输入"学生信息查询"，如图 4.65 所示，单击"完成"按钮，将选项组调整至合适的大小和位置。

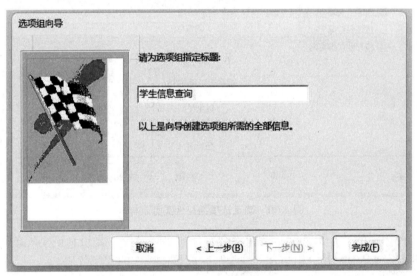

图 4.65　指定选项组标题

⑨ 使用控件按钮在窗体主体节创建一个"命令按钮"控件。确定窗体设计工具"设计"选项卡"控件"选项组中的"使用控件向导"选项处于无效状态，再创建命令按钮，命令按钮上显示的文本内容为"查询"，字体大小为 12。

⑩ 保存窗体，适当调整窗体的大小，将其命名为"学生信息查询（选项按钮）"，如图 4.66 所示，完成窗体创建。

使用相同的方式创建"学生信息查询（复选框）"窗体和"学生信息查询（切换按钮）"窗体，如图 4.67 和图 4.68 所示。

只需在确定选项组控件类型及样式中，在"请确定在选项组中使用何种类型的控件"下选中"复选框"或"切换按钮"即可，如图 4.69 所示。

图 4.66　"学生信息查询（选项按钮）"窗体

图 4.67 "学生信息查询(复选框)"窗体

图 4.68 "学生信息查询(切换按钮)"窗体

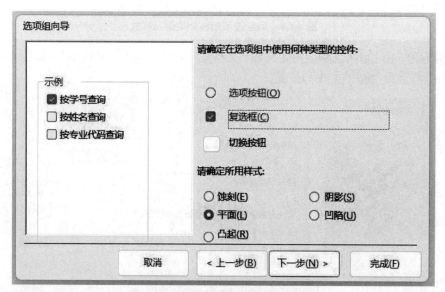
图 4.69 确定选项组控件类型及样式

在本例中,单击窗体中的"开始查询"按钮不会有任何实际操作。要想真正实现单击按钮时打开相应的查询界面,必须将其与宏或 VBA 模块相结合,并编写完成具体操作的程序代码。

8. 设置控件格式属性

Access 在创建用户界面上为用户提供了很大的方便,可以将各种效果添加到特定的控件上,以达到美化的目的。例如,可以使用"开始"选项卡上"文本格式"选项组中的按钮,完成对控件中文本的字体、颜色、对齐方式等的设置。

控件的格式属性包括标题、字体名称、字体大小、字体粗细、前景颜色、背景颜色等。

① 使用属性表设置控件的"格式"属性。

以标签控件为例。在控件的属性表中,单击"格式"选项卡,可进行控件外观、显示格式、事件的设置,如图 4.70 所示。

② 使用"格式"选项卡命令设置控件的"格式"属性。

在窗体设计视图下,单击"窗体设计工具"下的"格式"选项卡,可弹出相关的"格式"设置命令功能区,如图 4.71 所示。该功能区除了包含字体、对齐方式、颜色等的设置外,还可以设置数字的样式、日期时间的样式等。

第 4 章　窗体设计

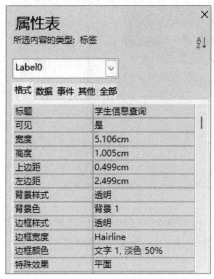

图 4.70　"格式"属性

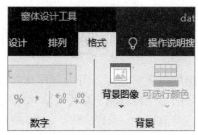

图 4.71　"格式"选项卡

9. 调整控件布局

在窗体的最后布局阶段，需要调整控件的大小，排列或对齐控件，以使界面有序、美观。Access 2016 在"布局视图"下可以设置控件布局。"布局视图"中包含行、列和单元格，允许灵活放置控件。

（1）将控件分组

在窗体的"布局视图"下，按住【Ctrl】键或【Shift】键，选择要组合的多个控件，然后单击"窗体设计工具"中的"排列"选项卡，单击"表"选项组中的"堆积"按钮，则选定的多个控件就被组合成一组。用户可将分组的控件作为一个单元对待，可以同时移动控件或改变其大小。

（2）调整行或列的大小

在窗体的"布局视图"下，在要调整大小的行或列中选择一个单元格，如果要重新调整多个行或列，则选择控件后，在每个要调整的行或列中选择一个单元格。将指针放在某选定单元格的边缘上，然后单击并拖动该边缘直到该单元格的大小符合需要，如图 4.72 所示。

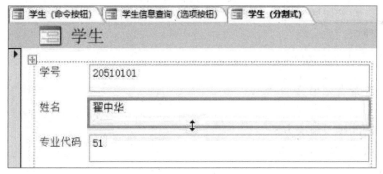

图 4.72　调整行高

（3）在布局中删除控件

选择要删除的控件，然后按【Delete】键，Access 将删除该控件。如果存在与该控件关联的标签，Access 将同时删除该标签。

（4）在布局中删除行或列

右键单击要删除的行或列中的任一单元格，在弹出的快捷菜单中选择"删除行"或"删除列"，系统将删除该行或该列中包含的所有控件。

（5）在布局中插入行或列

当控件被选中，单击"窗体布局工具"中的"排列"选项卡，找到"行和列"选项组下的按钮，如图 4.73 所示，可以轻松插入行和列。

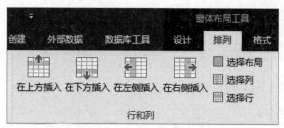

图 4.73　在布局中插入行或列

（6）在布局中移动控件

若要移动控件，只需将它拖动到布局中的新位置即可，系统将自动添加新列或新行。

（7）合并

如果想腾出更多空间，可以将连续的空单元格合并到一起，也可以将空单元格和包含控件的单元格合并。选中要合并的多个单元格，单击"窗体布局工具"中的"排列"选项卡，在"合并/拆分"选项组中，单击"合并"按钮。

（8）拆分

可以将"布局视图"中的任何单元格垂直或水平拆分为两个更小的单元格。选中要拆分的单个单元格，单击"窗体布局工具"中的"排列"选项卡，在"合并/拆分"选项组中，单击"垂直拆分"或"水平拆分"按钮，一次只能拆分一个单元格。

实 验 4

一、实验目的

① 熟悉 Access 窗体设计的操作环境。
② 了解窗体的基本概念和种类。
③ 学会自动创建窗体和用向导创建窗体的方法。
④ 学会在设计视图下创建窗体，熟悉窗体设计视图的使用。
⑤ 建立属性的概念，熟悉属性窗口。
⑥ 掌握常用控件的使用。

二、实验要求

① 建立窗体，运行并查看结果。
② 保存上机操作结果。
③ 记录上机中出现的问题及解决方法。
④ 编写上机报告，报告内容包括如下：
a．实验内容：实验题目与要求。
b．分析与思考：包括实验过程、实验中遇到的问题及解决办法，实验的心得与体会。

三、实验内容

党的二十大报告指出，要加快建设网络强国、数字中国。习近平同志在致首届数字中国建设峰会的贺信中强调：加快数字中国建设，就是要适应我国发展新的历史方位，全面贯彻新发展理念，以信息化培育新动能，用新动能推动新发展，以新发展创造新辉煌。现某图书销售公司进行数字化转型，建立了"图书销售系统"，请以"图书销售系统"数据库中相关表和查询为数据源，按题目要求完成以下操作：

① 基于"订单表"表创建窗体，保存为"Form 1"。
② 基于"订单明细"表创建窗体，保存为"Form 2"。
③ 基于"客户信息"表创建窗体，并在窗体设计视图中删除子窗体，保存为"Form 3"。

④ 以"书籍信息"表为数据源，创建表格式窗体（"多个项目"），保存为"Form 4"。

⑤ 以"员工信息"表为数据源，创建分割窗体，并在窗体中创建四个命令按钮，用作记录导航，命令按钮上显示图片，保存为"Form 5"。

⑥ 创建登录窗体，窗体名为"Form 6"。其中，"进入系统"和"退出系统"两个命令按钮暂无任何功能。

四、实验过程

1. 基于"订单表"创建窗体，保存为"Form 1"

① 打开"图书销售系统"数据库，在"数据库工具"选项卡下打开"关系"选项组中的"关系"按钮，首先检查数据表之间的关系是否如图 4.74 所示，检查无误后，关闭"关系"窗口，在导航窗格的"表"对象下，选定"订单"表。

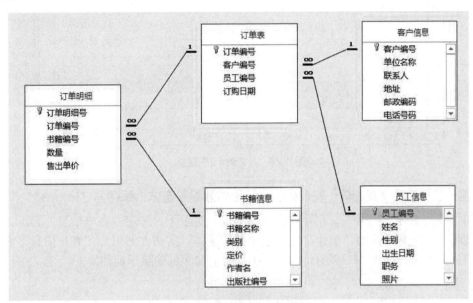

图 4.74 数据表"关系"

② 单击"创建"选项卡下面的"窗体"选项组中的"窗体"按钮，即可为"订单表"表创建窗体。

③ 保存窗体。单击"文件"选项卡下的"保存"命令，在弹出的"另存为"对话框的"窗体名称"框中输入"Form 1"，然后单击"确定"按钮，结果如图 4.75 所示。

图 4.75 "Form 1"窗体

2. 基于"订单明细"表创建窗体，保存为"Form 2"

① 打开"图书销售系统"数据库，在导航窗格的"表"对象下，选定"订单明细"表。
② 单击"创建"选项卡下面的"窗体"选项组中的"窗体"按钮，即可为"订单"表创建窗体。
③ 保存窗体。单击"文件"选项卡下的"保存"命令，在弹出的"另存为"对话框的"窗体名称"框中输入"Form 2"，然后单击"确定"按钮，结果如图 4.76 所示。

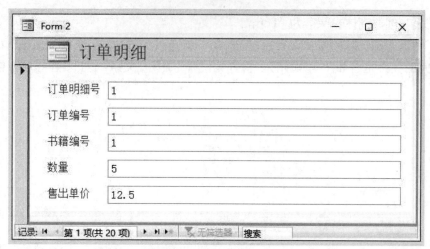

图 4.76 "Form 2"窗体

3. 基于"客户信息"表创建窗体，在窗体设计视图中删除子窗体，保存为"Form 3"

① 打开"图书销售系统"数据库，在导航窗格的"表"对象下，选定"客户信息"表。
② 单击"创建"选项卡下面的"窗体"选项组中的"窗体"按钮，即可为"客户信息"表创建窗体。
③ 单击子窗体的框架，如图 4.77 所示，按下【Delete】键即可删除子窗体。

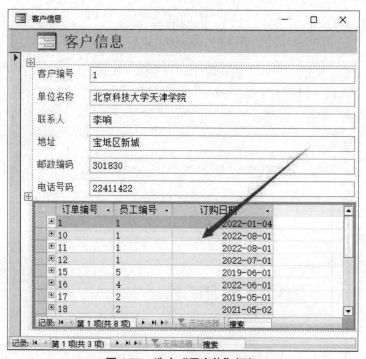

图 4.77 选中"子窗体"框架

④ 保存窗体。单击"文件"选项卡下的"保存"命令，在弹出的"另存为"对话框的"窗体名称"框中输入"Form 3"，然后单击"确定"按钮，结果如图 4.78 所示。

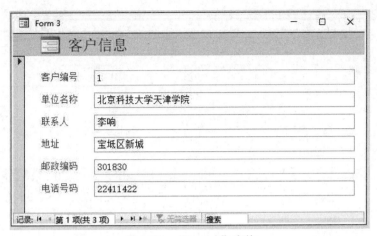

图 4.78 "Form 3"窗体

4. 以"书籍信息"表为数据源，创建表格式窗体（"多个项目"），保存为"Form 4"

① 打开"图书销售系统"数据库，在导航窗格的"表"对象下，选定"书籍信息"表。

② 单击"创建"选项卡下面的"窗体"选项组中的"其他窗体"中的"多个项目"按钮，即可为"书籍信息"表创建表格式窗体。

③ 保存窗体。单击"文件"选项卡下的"保存"命令，在弹出的"另存为"对话框的"窗体名称"框中输入"Form 4"，然后单击"确定"按钮，结果如图 4.79 所示。

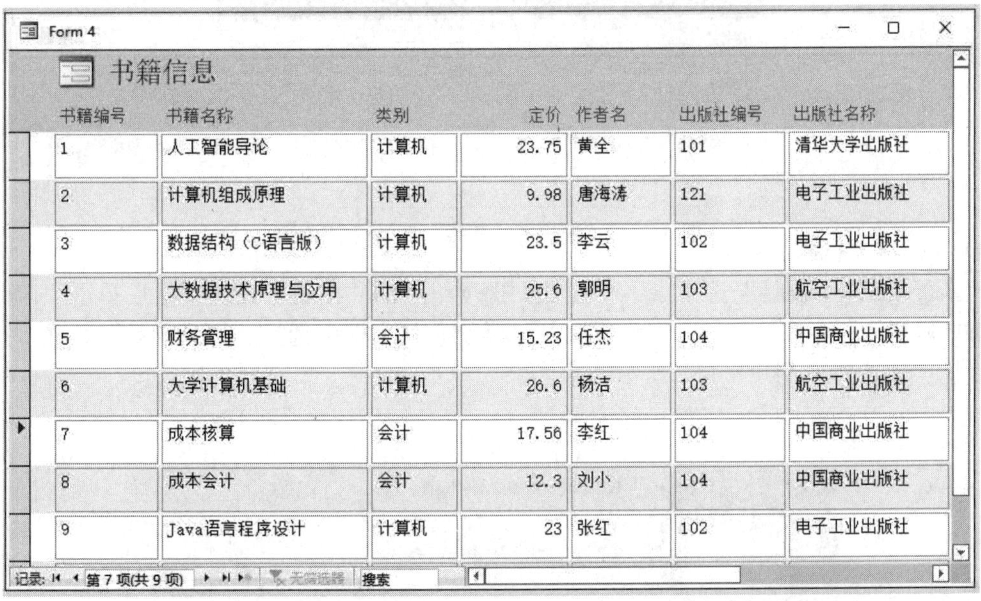

图 4.79 "Form 4"窗体

5. 以"员工信息"表为数据源，创建分割窗体，并在窗体中创建四个命令按钮，用作记录导航，命令按钮上显示图片，保存为"Form 5"

① 打开"图书销售系统"数据库，在导航窗格的"表"对象下，选定"员工信息"表。

② 单击"创建"选项卡下面的"窗体"选项组中的"其他窗体"中的"分割窗体"按钮，即可为"客户信息"表创建分割窗体。

③ 保存窗体。单击"文件"选项卡下的"保存"命令，在弹出的"另存为"对话框的"窗体名称"框中输入"Form 5"，然后单击"确定"按钮，结果如图 4.80 所示。

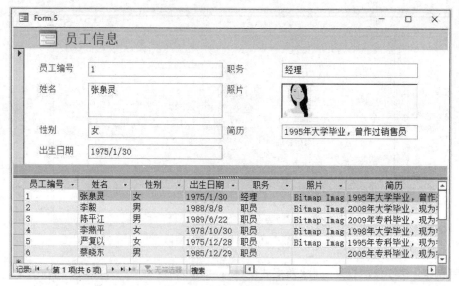

图 4.80 "Form 5"窗体

④ 修改"Form 5"窗体,创建"浏览下一条记录"命令按钮。首先打开"Form 5"窗体,切换到"设计视图",选中"窗体布局工具/表单设计"选项卡的"控件"组中"使用控件向导"按钮,如图 4.81 所示。

图 4.81 "使用控件向导"处于选中状态

单击"窗体布局工具/设计"选项卡下"控件"选项组中的"按钮"控件,然后单击"窗体页脚"中的适当位置,此时弹出"命令按钮向导"对话框,在"类别"列表框中选择"记录导航",在"操作"列表框中选择"转至下一项记录",如图 4.82 所示。

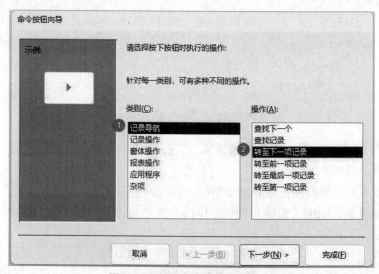

图 4.82 设置"命令按钮向导"

单击"下一步"按钮,单击对话框中的"图片"单选按钮,并在右侧的列表框中选择"移至下一项",如图 4.83 所示。

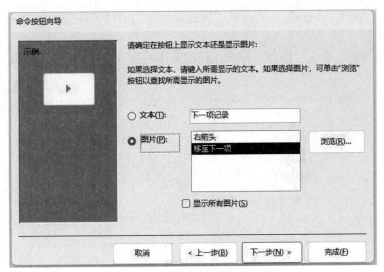

图 4.83 设置"命令按钮向导"

单击"下一步"按钮，为命令按钮命名，这里使用默认值。设置完成后，单击"完成"按钮。并使用上述相同方法创建"转至前一项纪录""转至最后一项记录""转至第一项记录"三个命令按钮，并适当调整命令按钮的位置。

⑤ 保存修改后的窗体。单击"文件"选项卡下的"另存为"命令，选择"对象另存为"中的"另存为"按钮，在弹出来的"另存为"对话框的中输入"Form 5（命令按钮）"，保存类型为"窗体"，然后单击"确定"按钮，修改后的结果如图 4.84 所示。

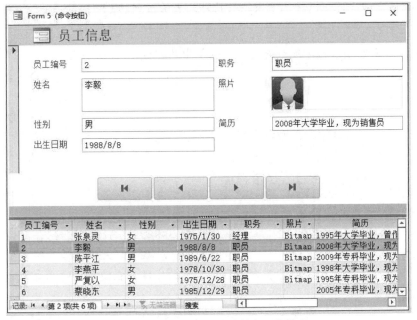

图 4.84 "Form 5（命令按钮）"窗体

6. 创建登录窗体，窗体名为"Form 6"。其中，"进入系统"和"退出系统"两个命令按钮暂无任何功能

① 单击"创建"选项卡下"窗体"选项组中的"其他窗体"按钮，在弹出的下拉列表中选择"模式对话框"选项。

② 切换到窗体设计视图，在窗体上创建一个文本框作为用户输入账号的控件。修改其关联标签的"标题"属性为"用户名"。在窗体上创建第二个文本框作为用户输入密码的控件。修改其关联标签的标题属性为"密码"，设定该文本框的"输入掩码"属性为密码。

③ 适当调整标签和文本框的位置，在"用户名"和"密码"标签左侧留出空白位置，插入"logo"图片，

设置图片高度"2 cm",宽度"2 cm"。并设置"模式对话框"中两个按钮的标题,一个为"进入系统",一个为"退出系统"。

④ 单击"文件"选项卡,单击"保存"按钮,将该窗体另存为"Form 6",切换至窗体视图,显示结果如图 4.85 所示。

图 4.85 "Form 6"窗体

习 题 4

一、简答题

1. 简述窗体的作用及组成。
2. 在创建主/子窗体、基于多表创建窗体时应注意哪些问题?
3. 简述复选框控件、切换按钮控件、选项按钮控件三者的区别。

二、选择题

1. 在 Access 中,窗体上显示的字段为表或(　　)中的字段。
   A. 报表　　　　　B. 标签　　　　　C. 记录　　　　　D. 查询
2. 下列不是窗体控件的是(　　)。
   A. 表　　　　　　B. 标签　　　　　C. 文本框　　　　D. 组合框
3. 在 Access 中,可用于设计输入界面的对象是(　　)。
   A. 窗体　　　　　B. 报表　　　　　C. 查询　　　　　D. 表
4. 窗体没有(　　)功能。
   A. 显示记录　　　B. 添加记录　　　C. 分类汇总记录　D. 删除记录
5. 在窗体中,控件的类型可以分为(　　)。
   A. 计算型、未绑定型和绑定型　　　B. 对象型、计算型和结合型
   C. 计算型、未绑定型和非结合型　　D. 对象型、未绑定型和绑定型
6. 在 Access 中已建立了"学生"表,其中有存放照片的字段,在使用向导为该表创建窗体时,"照片"字段所使用的默认控件是(　　)。
   A. 绑定对象框　　B. 附件　　　　　C. 标签　　　　　D. 图像
7. 为窗体中的命令按钮设置单击鼠标时发生的动作,应选择设置其属性对话框的(　　)。
   A. 格式选项卡　　B. 事件选项卡　　C. 方法选项卡　　D. 数据选项卡
8. 计算文本框中的表达式以(　　)开头。
   A. +　　　　　　B. -　　　　　　C. :　　　　　　D. =
9. 要改变窗体中文本框控件的数据源,应设置的属性是(　　)。
   A. 记录源　　　　B. 控件来源　　　C. 默认值　　　　D. 格式
10. 在 Access 窗体中,能够显示在窗体视图底部的信息,它是(　　)。
    A. 页面页眉　　　B. 页面页脚　　　C. 窗体页眉　　　D. 窗体页脚

11. 主/子窗体通常用来显示具有（　　）关系的多张表或查询的数据。
    A. 一对一　　　　B. 一对多　　　　C. 多对一　　　　D. 多对多
12. 若要求在文本框中输入文本时满足密码"*"的显示效果，则应该设置的属性是（　　）。
    A. 默认值　　　　B. 验证文本　　　C. 输入掩码　　　D. 密码
13. 当需要将一些切换按钮、选项按钮或复选框组合起来共同工作实现单选时，需要使用的控件是（　　）。
    A. 选项组　　　　B. 列表框　　　　C. 复选框　　　　D. 组合框
14. 在窗体中可以接受数值数据输入的控件是（　　）。
    A. 标签　　　　　B. 文本框　　　　C. 命令按钮　　　D. 列表框
15. 在创建主/子窗体之前，必须设置（　　）之间的一对多关系。
    A. 标签　　　　　B. 表　　　　　　C. 查询　　　　　D. 报表

三、填空题

1. 窗体中的数据源可以是_____或_____。
2. 窗体由多个部分组成，每个部分称为一个_____。
3. 能够唯一标识某一控件的属性是_____。
4. 分割窗体可同时显示_____和_____两种视图。
5. 窗体上的控件包含三种类型：绑定控件、未绑定控件和_____。

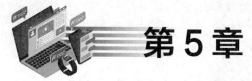

第 5 章
报表设计

报表和窗体类似，其数据来源于数据表或查询。窗体的特点是便于浏览和输入数据，报表的特点是便于打印和输出数据。报表能够按照所希望的详细程度概括和显示数据，并且几乎可以用任何格式来查看和打印数据。用户可以在报表中添加多级汇总、图片和图形。本章介绍报表的特性，如何创建报表，用多种功能美化报表。

5.1 报 表 简 介

报表是 Access 数据库的对象，创建报表就是为了显示和打印数据。报表的功能包括呈现格式化的数据，分组组织数据，进行数据汇总。报表之中包含子报表及图表、打印输出标签、订单和信封等多种样式，可以进行计数、求平均、求和等统计计算，在报表中嵌入图像或图片来丰富数据显示的内容等。

5.1.1 报表的视图

报表有四种视图，分别是报表视图、设计视图、打印预览视图和布局视图。

当从导航窗格双击一个报表对象打开报表时，进入的是报表的打印预览视图。单击“打印预览”选项卡中的“关闭预览”选项组中的“关闭打印预览”按钮，可以切换到报表的设计视图。单击设计视图下“设计”选项卡中“设计”选项组的“视图”按钮上的下三角，或是在其他视图的右键菜单上，都可以选择相应的菜单项实现不同视图间的切换，如图 5.1 所示。

在报表视图下可以观察打印效果，还可以检查打印输出的全部数据，如图 5.2 所示。

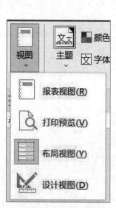

图 5.1 视图切换

学号	课程号	平时成绩	考试成绩	最终成绩
20510101	101	87	95	92.6
20510101	102	74	70	71.2
20510101	103	90	82	84.4
20510101	111	72	86	81.8
20510102	102	81	88	85.9
20510102	103	86	85	85.3
20510102	104	81	81	81
20510103	105	94	85	87.7
20510103	112	96	89	91.1
20510104	101	86	90	88.8
20510104	106	79	88	85.3
20510105	105	91	82	84.7

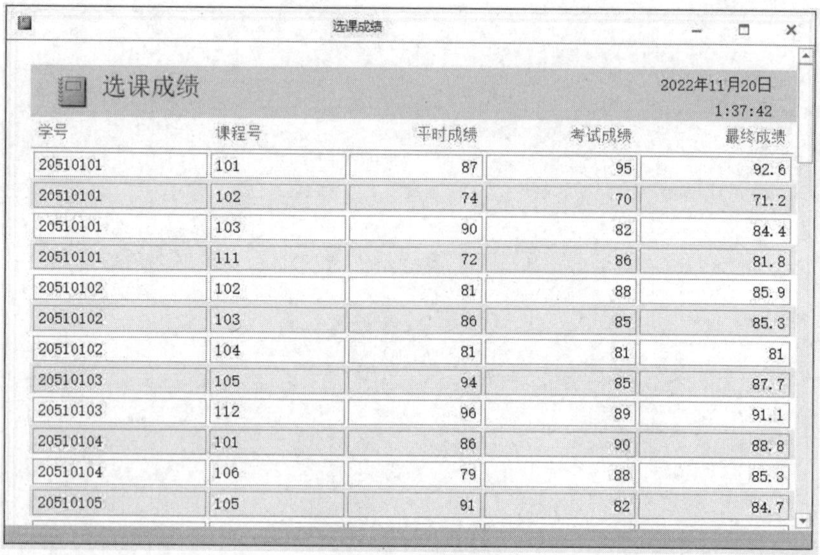

图 5.2 报表视图

在打印预览视图下可以查看报表版面的设置及打印的效果，还可以用放大镜来放大或缩小版面，如图 5.3 所示。

第 5 章 报表设计

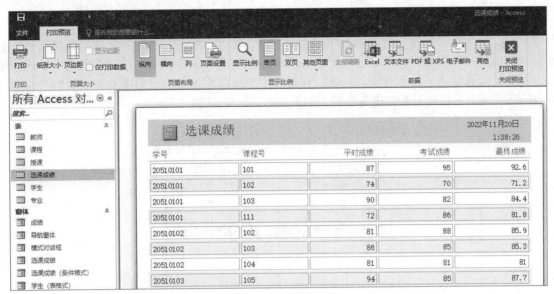

图 5.3 打印预览视图

布局视图的界面和报表几乎一样，但该视图下可以调整控件的布局，可以删除控件，如图 5.4 所示。

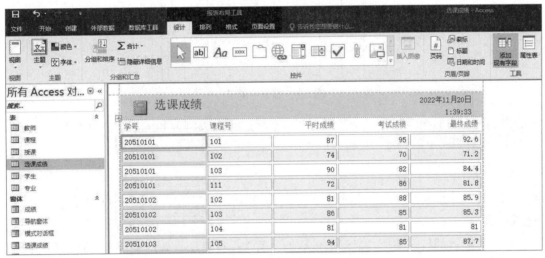

图 5.4 布局视图

设计视图是报表的工作视图，在设计视图下可以创建和编辑报表的内容和结构，如图 5.5 所示。

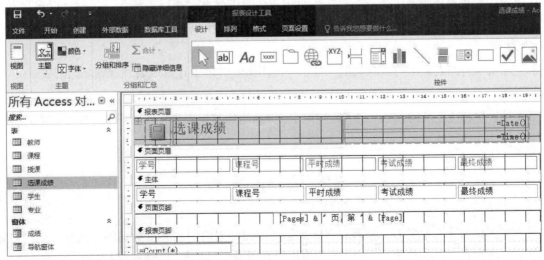

图 5.5 设计视图

5.1.2 报表的组成

同窗体类似,每个报表包含一个主体节用来显示数据,还可以增加其他的节来放置其他信息。页面页眉节和页面页脚节出现在打印的每页报表上。页面页眉中一般放置标签控件显示描述性的文字,或用图像控件显示图像,页面页脚通常用于显示日期和页数。在报表中也可以添加报表页眉节和报表页脚节,报表页眉只出现在报表的第一页上,报表页脚只出现在报表的最后一页,如图5.6所示。

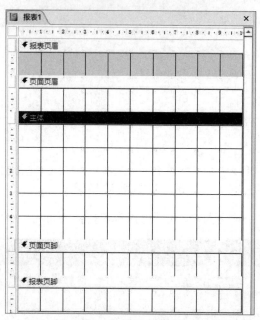

图 5.6 报表中的节

创建新的报表时,空的报表包含三个节:页面页眉节、页面页脚节和主体节。页面页眉/页脚和报表页眉/页脚可以通过设计视图下的右键菜单打开或关闭。

5.1.3 报表的类型

报表的形式多样,除了常见的表格式报表外,还有纵栏式报表、图表报表和标签报表。

1. 表格式报表

表格式报表是以整齐的行、列形式显示记录数据,通常一行显示一条记录,一页显示多行记录。这种报表数据的字段标题不是在每页的主体节中显示,而是在页面页眉节显示。

2. 纵栏式报表

纵栏式报表(也称窗体报表),一般是在一页中主体节内显示一条或多条记录,而且以垂直方式显示。纵栏式报表数据的字段标题与字段数据一起在每页的主体节区内显示。

3. 图表报表

图表报表是指包含图表显示的报表类型。报表中使用图表可以更直观地表现数据之间的关系。

4. 标签报表

标签报表是一种特殊类型的报表。在实际应用中,可以用标签报表做标签、名片和各种各样的通知、传单、信封等。

5.2 创 建 报 表

创建报表与创建窗体非常类似。报表和窗体都是使用控件来组织和显示数据的,因此,创建窗体的许多技巧也适用于创建报表。一旦创建了一个报表,就能够在报表中添加控件、修改报表的样式等。

创建报表的几种方法如图 5.7 所示。

报表：利用当前打开的数据表或查询自动创建一个报表。

报表设计：在报表设计视图下，通过添加各种控件，创建报表。

空报表：创建一个空白报表，通过从"字段列表"中向报表上添加字段来创建报表。

图 5.7 创建报表的方法

报表向导：启动报表向导，可以循着向导既定的步骤、按照向导的提示创建报表。

标签：也是一种报表向导，只不过创建的是标签形式的报表，适合打印输出标签、名片和各种各样的通知、传单、信封等。

5.2.1 创建报表

1. 使用"报表"创建报表

如果要创建的报表来自单一表或查询，且没有分组统计之类的要求，就可以用"报表"工具来创建。

【例 5.1】使用"报表"工具快速创建一个基于"学生"表的报表。

操作步骤如下：

① 选定导航窗格下的一个数据源（表或者查询）。这里选择"学生"表。

② 单击"创建"选项卡下"报表"选项组中的"报表"按钮，Access 会自动创建包含"选课成绩"表中所有数据项的报表，保存为"学生"报表，如图 5.8 所示。

图 5.8 使用"报表"工具创建报表

2. 使用"报表设计"创建报表

使用"报表设计"按钮创建报表，系统会先显示一个新报表的设计视图窗口，在这个设计视图窗口中用户可以根据自己的意愿对报表进行设计。

【例 5.2】在数据库中，使用"报表设计"按钮创建一个基于"学生"表的报表，要求在报表中画出水平和垂直框线，显示学生的"学号""姓名""性别""专业代码""籍贯"，报表保存为"学生基本信息（报表设计）"。

操作步骤如下：

① 打开数据库，单击"创建"选项卡"报表"选项组中的"报表设计"。显示报表设计视图窗口，默认显示出"页面页眉""主体""页面页脚"三个节。

② 在报表的设计窗口中单击鼠标右键，在弹出的快捷菜单中选择"报表页眉/页脚"，添加"报表页眉"节和"报表页脚"节。

③ 单击"报表设计工具"下"设计"选项卡"工具"选项组中的"属性表"按钮，显示出报表的"属性表"，在"属性表"的"数据"选项卡中"记录源"右边的下拉组合框中，选定"学生"表为记录源，如图 5.9 所示。

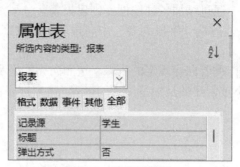

图 5.9 选定记录源

④ 单击"报表设计工具"下"设计"选项卡"控件"选项组中的"标签"按钮，再单击"报表页眉"节中的某一位置，则在"报表页眉"中添加了一个标签控件，输入标签的标题为"学生基本信息（报表设计）"，在"属性表"中设置该标签控件的字体为"新宋体"，字号为"22"，前景色为"黑色文本"，文本对齐方式为"居中"，字体粗细为"正常"，如图 5.10 所示。

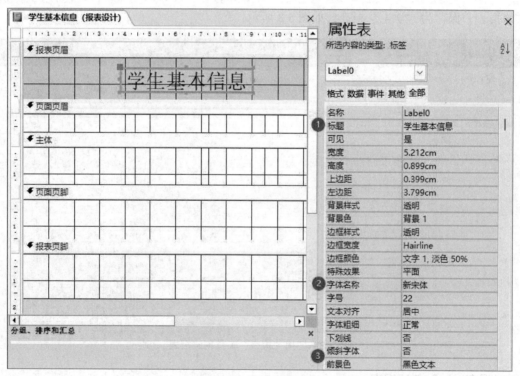

图 5.10 设置标签控件

⑤ 单击"设计"选项卡"工具"选项组中的"添加现有字段"按钮，打开"字段列表"。从"字段列表"中双击"学号""姓名""性别""专业代码""籍贯"字段到"主体"节中，在"主体"节中就添加了这五个字段对应的五个绑定文本框控件和五个关联的标签控件。

⑥ 选中五个绑定文本框控件和五个关联的标签控件，单击"排列"选项卡上"表"选项组中的"表格"按钮，"主体"节中的所有"标签"控件便出现在了报表的"页面页眉"节中，将各个"标签"控件的位置调整到合适的位置。

⑦ 在"主体"节中，将各个文本框的位置调整到合适的位置，然后单击"设计"选项卡"工具"选项组中的"属性表"按钮，分别设置这五个文本框的属性，设置文本框"边框样式"为"透明"，并适当调整"主体"节、"页面页眉"节的高度，效果如图 5.11 所示。

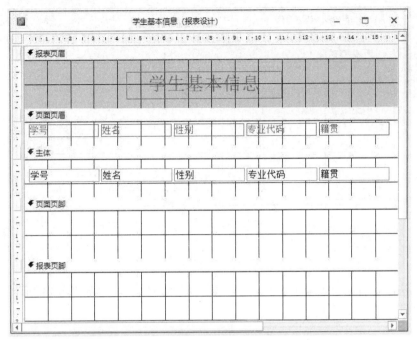

图 5.11　设置"页面页眉"节和"主体"节的内容

⑧ 绘制水平框线。为使设计报表结构更清晰，单击鼠标右键，在弹出的快捷菜单中选择"网格"命令，隐藏网格。单击"设计"选项卡"控件"选项组中的"直线"按钮，单击"页面页眉"节中的各标签上方的位置，沿水平方向拖动鼠标创建一个长度和报表页面等宽的水平"直线"控件。复制该"直线"控件，分别在"页面页眉"节各标签的下方，以及"主体"节中各文本框的下方放置一条直线并将它们左边距设置为"0 cm"。

⑨ 绘制垂直框线。单击"设计"选项卡"控件"选项组中的"直线"按钮，沿垂直方向拖动鼠标创建一个"直线"控件，"直线"控件的长度以能连接页面页眉上的两个水平的"直线"控件为准，然后复制两次该垂直的"直线"控件，把"直线"控件移到每两个标签之间。用同样的方法在"主体"节中各个文本框控件之间绘制三个"直线"控件，并调整"页面页眉"节和"主体"节的高度，设计效果如图 5.12 所示。

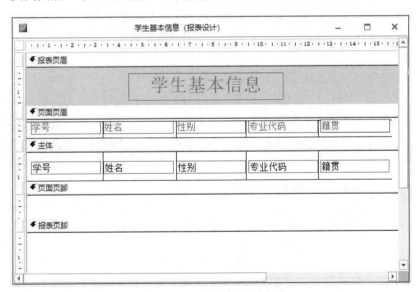

图 5.12　绘制水平和垂直框线

⑩ 单击"设计"选项卡上"控件"选项组中的"文本框"按钮，再单击"页面页脚"节的某一位置，添加一个"文本框"控件，删除"文本框"控件关联的"标签"控件，在"文本框"控件内输入"=" 第 " & [Page] &" 页 "&" 共 "& [Pages] &" 页 ""（注意：标点符号使用英文半角字符），用以在报表页脚显示页码，如图 5.13 所示。

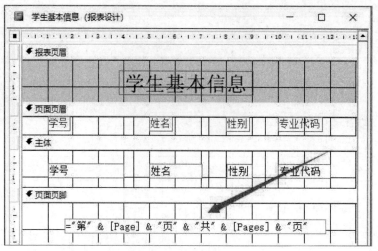

图 5.13 设置页码

用拖动鼠标的方法调整各个节的高度,然后切换到打印预览图,效果如图 5.14 所示,保存该报表,将其命名为"学生基本信息(报表设计)"。

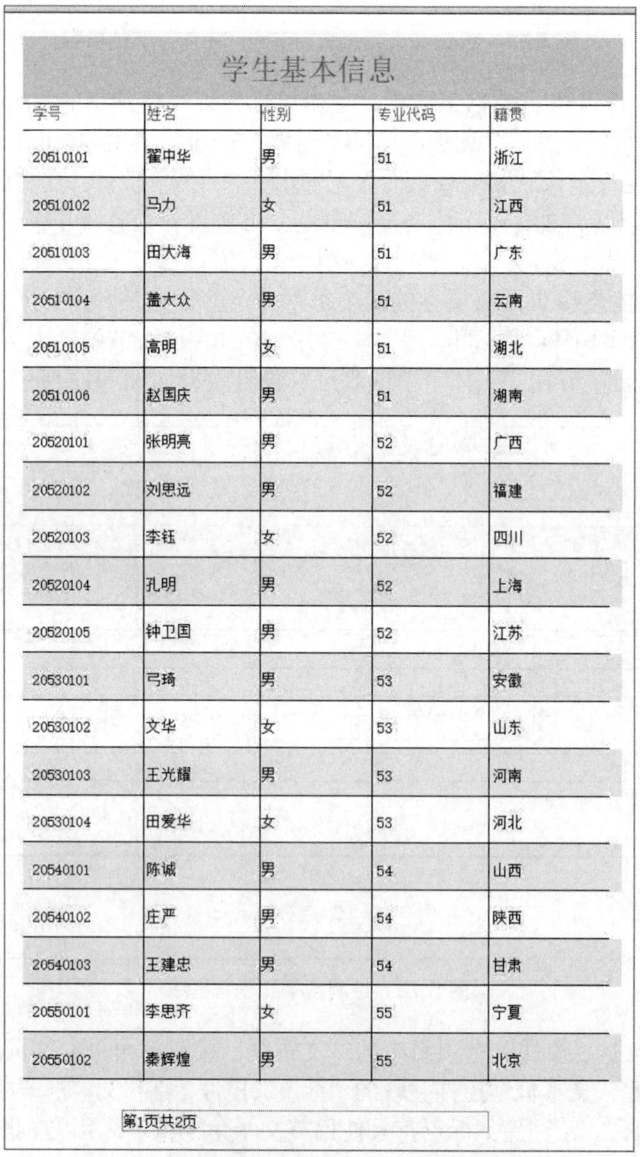

学号	姓名	性别	专业代码	籍贯
20510101	翟中华	男	51	浙江
20510102	马力	女	51	江西
20510103	田大海	男	51	广东
20510104	盖大众	男	51	云南
20510105	高明	女	51	湖北
20510106	赵国庆	男	51	湖南
20520101	张明亮	男	52	广西
20520102	刘思远	男	52	福建
20520103	李钰	女	52	四川
20520104	孔明	男	52	上海
20520105	钟卫国	男	52	江苏
20530101	弓琦	男	53	安徽
20530102	文华	女	53	山东
20530103	王光耀	男	53	河南
20530104	田爱华	女	53	河北
20540101	陈诚	男	54	山西
20540102	庄严	男	54	陕西
20540103	王建忠	男	54	甘肃
20550101	李思齐	女	55	宁夏
20550102	秦辉煌	男	55	北京

第1页共2页

图 5.14 "学生基本信息(报表设计)"报表

3. 使用“空报表”创建报表

使用“空报表”按钮创建报表类似于使用“空白窗体”创建窗体，单击“空报表”按钮，系统会先创建一个空报表，然后自动打开一个“字段列表”窗口，用户可以通过在“字段列表”窗口中双击字段或拖动字段，在设计界面上添加绑定型控件显示字段内容。

【例 5.3】 使用“空报表”按钮创建一个报表，要求在该报表中能打印输出所有学生的学号、姓名、课程名称、成绩和学分，并使输出的记录按学号升序排列，报表名称为“学生成绩报表（空报表）”。

操作步骤如下：

① 打开数据库，单击“创建”选项卡下“报表”选项组中的“空报表”按钮，弹出一个空报表的布局视图，并在右侧自动打开“字段列表”窗格，如图 5.15 所示。

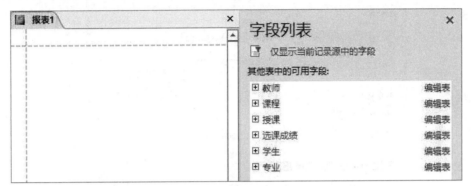

图 5.15　空报表的布局视图

② 在“字段列表”窗格中，单击“学生”表前的“+”展开按钮，展开“学生”表的所有字段，双击其中的“学号”和“姓名”字段，报表中将自动添加这两个字段。

③ 采用相同的操作，将“选课成绩”表中的“最终成绩”和“课程”表中的“课程名”“学时”“是否必修”字段添加到报表中，并调整各个控件的宽度使其能完整地显示。

④ 在“学号”控件的任意位置单击鼠标右键，在弹出的快捷菜单中选择“升序”命令。

⑤ 保存该报表，将该报表的名称设置为“学生成绩（空报表）”，该报表的打印预览结果如图 5.16 所示。

学生成绩（空报表）

学号	姓名	最终成绩	课程名	学时	是否必修
20510101	翟中华	92.6	高等数学	96	☑
20510101	翟中华	81.8	数据库应用	32	☐
20510101	翟中华	84.4	军事理论	32	☐
20510101	翟中华	71.2	基础外语	64	☑
20510102	马力	85.3	军事理论	32	☐
20510102	马力	81	中国近现代史纲要	48	☐
20510102	马力	85.9	基础外语	64	☑
20510103	田大海	91.1	工程项目实践	128	☐
20510103	田大海	87.7	程序设计基础	64	☑
20510104	盖大众	88.8	高等数学	96	☑
20510104	盖大众	85.3	计算机基础	48	☐
20510105	高明	84.7	程序设计基础	64	☑
20510105	高明	86	计算机基础	48	☐
20510105	高明	83.4	计算机组成原理	48	☑
20510106	赵国庆	79.8	程序设计基础	64	☑

页: 1 无筛选器

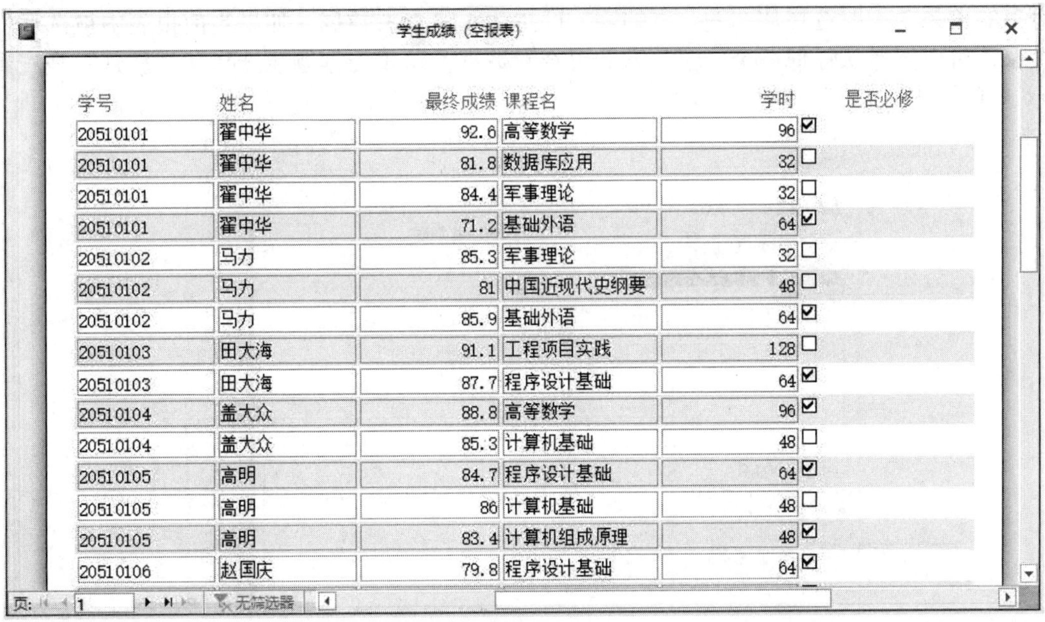

图 5.16　学生成绩（空报表）

4. 使用“报表向导”创建报表

使用“报表向导”创建报表时，向导会提示用户选择数据源、字段、版面及所需的格式，根据用户的选择来创建报表。在向导提示的步骤中,用户可以从多个数据源中选择字段(被选择的多个数据源之间须先建立了关联),可以设置数据的排序和分组,产生各种汇总数据,还可以生成带子报表的报表。

【例 5.4】使用"报表向导"创建报表,打印输出所有教师所授的课程信息,包括教师的"姓名""工号""性别""职称""课程名"等字段,报表保存为"授课教师安排"。

操作步骤如下:

① 单击"创建"选项卡"报表"选项组中的"报表向导"按钮,进入"报表向导"对话框。

② 选择数据源。在"表/查询"下拉列表中,选择"教师"表,将"可用字段"中的"姓名""工号""性别""职称"添加到"选定字段"列表中,将"课程"表中的"课程名"字段添加到"选定字段"列表中,如图 5.17 所示,单击"下一步"按钮。

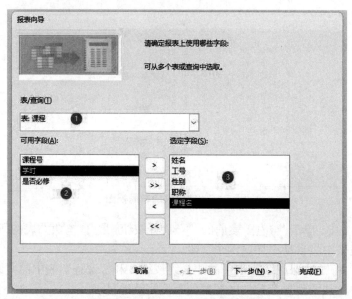

图 5.17　从多个"表"中选定字段

③ 确定查看数据的方式。当选定的字段来自多个数据源时,"报表向导"才会有这个按钮。如果数据源之间是一对多的关系,一般选择从"一"方的表(即主表)来查看数据,如果当前报表中被选择的两个表是多对多的关系,可以选择从任何一个"多"方的表查看数据。这里根据题意选择从"教师"表查看数据,如图 5.18 所示,单击"下一步"按钮。

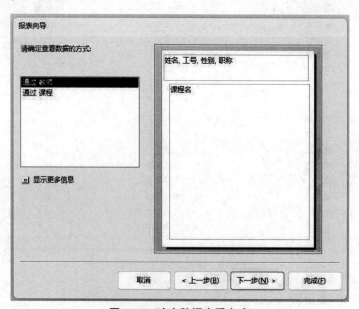

图 5.18　确定数据查看方式

④ 确定是否添加分组字段。是否需要分组是由用户根据数据源中的记录结构及报表的具体要求决定的。如果数据来自单一的数据源，如"授课"表，由于每个教师讲授课程的门数不一样，若不对报表数据进行处理，就难以保证同一个教师编号的记录相邻，这时需要使用"教师工号"建立分组，才能在报表输出中方便查阅每个教师的授课内容。在该报表中，由于输出数据来自多个数据源，已经选择了查看数据的方式，实际是确立了一种分组形式，即按"教师"表中"姓名"+"工号"+"性别"+"职称"的组合字段分组，所以不需再做选择，如图5.19所示，直接单击"下一步"按钮。

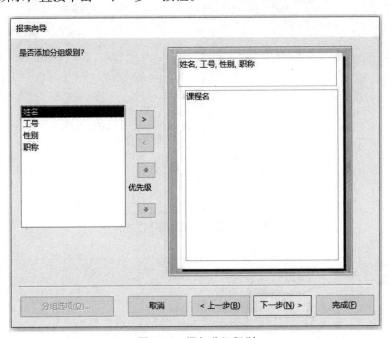

图 5.19　添加分组级别

⑤ 确定数据的排序方式。最多可以选择四个字段对记录进行排序。注意，此排序是在分组前提下的排序，因此可选的字段只有"课程名"，如图5.20所示，单击"下一步"按钮。

图 5.20　确定数据的排序方式

⑥ 确定报表的布局方式。这里布局选择"块"方式，方向选择"纵向"，如图5.21所示，左边的预览框中可看到布局的效果，单击"下一步"按钮。

⑦ 为报表指定标题。这里指定报表的标题为"教师授课安排"，并选择"预览报表"，单击"完成"按钮，

新建报表的打印预览效果如图 5.22 所示。

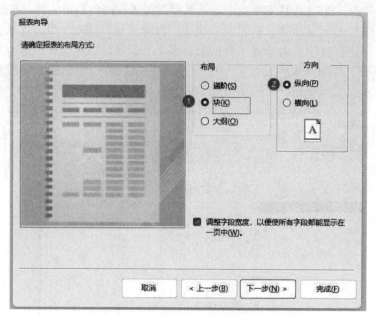

图 5.21　确定报表的布局方式

教师授课安排

姓名	工号	性别	职称	课程名
蔡晓东	1401	男	副教授	军事理论
李响	1402	女	讲师	中国近现代史
祝泰安	2101	男		高等数学
袁和平	4303			基础外语
郭新城	5301		助教	程序设计基础
赵小平	5302	女	副教授	计算机基础
李毅	5303	男	讲师	数据结构
于凡	5304	女		计算机组成原
郑书	5305	男		软件工程
张昭	5306		副教授	Linux操作系统
邵梅	5307	女		数据库应用
李燕平	5308		讲师	工程项目实践

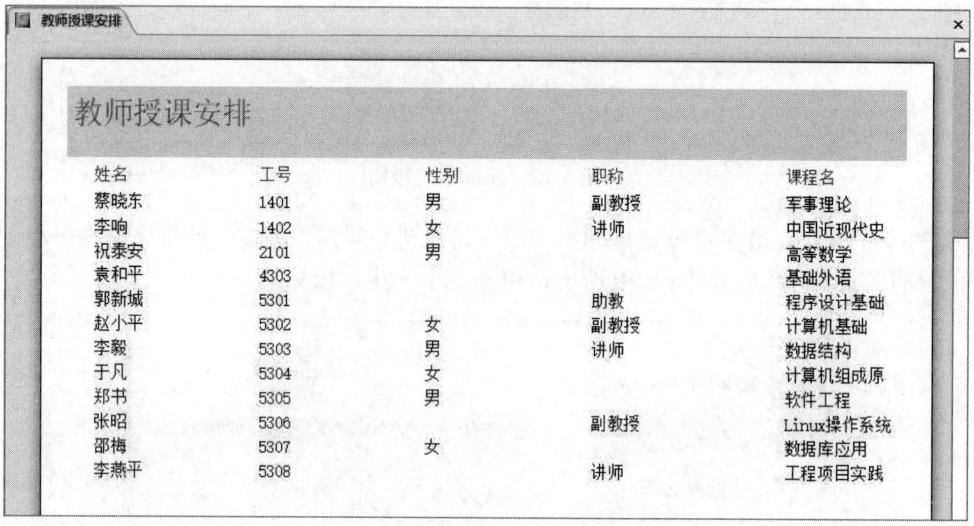

图 5.22　教师授课安排

5. 使用“标签”创建报表

“标签”是 Access 2016 提供的一个非常实用的功能，利用“标签”，用户可将数据库中的数据按照定义好的标签格式打印标签。用户可使用“标签”按钮创建标签。标签向导的功能十分强大，它不但支持创建标准型号的标签，也支持用户自定义尺寸制作标签。

【例 5.5】使用“标签”创建一个基于“学生”表的标签报表，包括“学号”“姓名”“性别”字段，将该报表保存为“学生（标签报表）”。

操作步骤如下：

① 打开数据库，选择“学生”表作为数据源。

② 选中“学生”表，单击“创建”选项卡下“报表”选项组中的“标签”按钮，打开如图 5.23 所示的“标签向导”对话框。

③ 在“请指定标签尺寸”下方的列表框中指定标签尺寸，这里选择默认尺寸。

④ 单击“下一步”按钮，设置文本的字体为“黑体”，字号为“14”，字体粗细为“正常”，文本颜色为“黑色”，如图 5.24 所示。

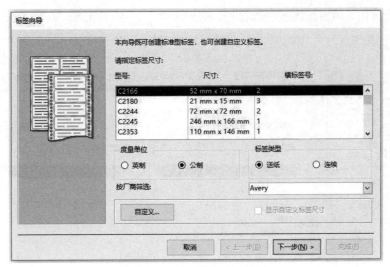

图 5.23 "标签向导"对话框

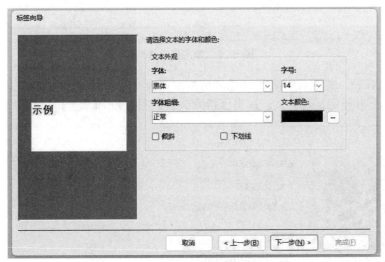

图 5.24 设置字体格式

⑤ 单击"下一步"按钮,确定邮件标签的显示内容。在"可用字段"列表框中依次将"学号""姓名""性别"字段添加到"原型标签"列表框中,注意,这里添加到"原型标签"列表框中的三个字段必须放在不同行上,如图 5.25 所示。

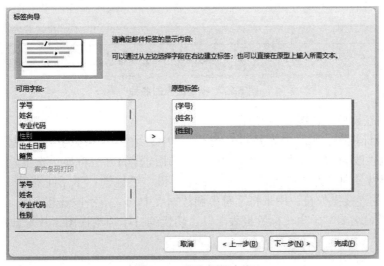

图 5.25 确定标签内容

⑥ 单击"下一步"按钮,确定按哪些字段排序,这里选择"学号"字段作为"排序依据",如图 5.26 所示。

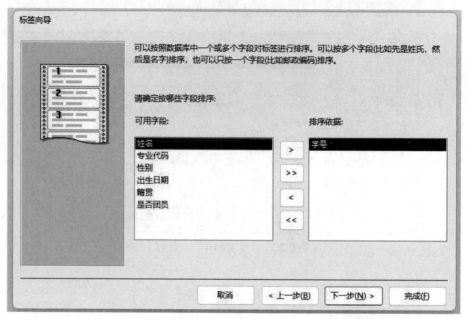

图 5.26　确定排序依据

⑦ 单击"下一步"按钮,指定报表名称,在"请指定报表的名称"下方的文本框中输入"学生(标签报表)",在"请选择"下方选定打开方式,这里保持默认,如图 5.27 所示。

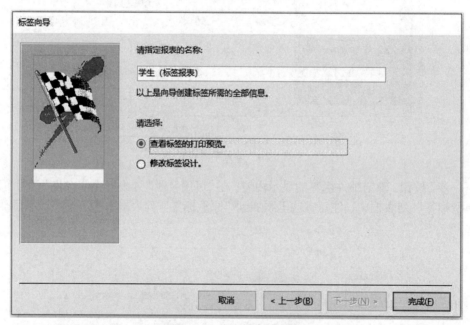

图 5.27　指定报表的名称

⑧ 单击"完成"按钮,效果如图 5.28 所示。

⑨ 切换到报表的设计视图,编辑内容并调整格式。选中显示学生学号的"文本框"控件,在"属性表"中将其"控件来源"属性改为"="学号:" & [学号]",用同样的方法将显示学生姓名和班级的"文本框"控件的"控件来源"属性分别改为"=" 姓名:"& [姓名]" 和 "=" 性别:"& [性别]",如图 5.29 所示。这里用到"&"是字符串中的连接操作符,用来将字符串和数据表中的文本字段连接起来。

⑩ 保存报表,将其命名为"学生(标签报表)",切换到打印预览视图,效果如图 5.30 所示。

第 5 章 报表设计

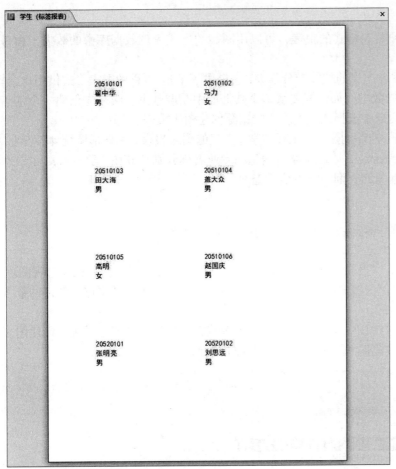

图 5.28 学生（标签报表）效果图

图 5.29 修改属性

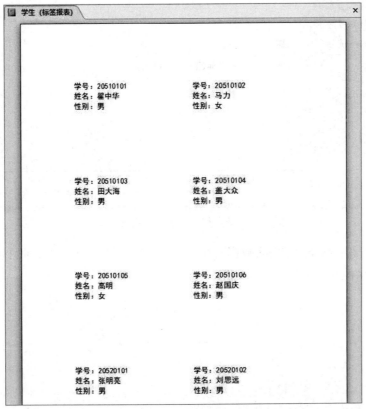

图 5.30 "学生（标签报表）"报表

6. 创建图表报表

图表报表是 Access 2016 特有的一种图表格式的报表，可以用图表的形式表现数据库中的数据，相对普通报表来说数据的表现形式更直观。

使用图表向导可以创建图表报表。图表向导的功能十分强大，它提供了多达 20 种的图表形式供用户选择。但是应用图表向导只能处理单一数据源的数据，如果需要从多个数据源中获取数据，必须先创建一个基于多个数据源的查询，再在"图表向导"对话框中选择此查询作为数据源创建图表报表。

【例 5.6】 在数据库中，使用"图表"控件创建一个基于"学生"表的图表报表，用柱形图统计各专业男、女生的人数，将报表保存为"学生（图表报表）"。由于学生信息和专业名称分别存放在"学生"表和"专业"表中，因此需要先创建一个基于多个数据源的查询"学生信息查询"。

该查询的 SQL 语句如下：

SELECT 学生.性别，专业.专业名称
FROM 专业 INNER JOIN 学生 ON 专业.专业代码 = 学生.专业代码；

操作步骤如下：

① 打开数据库，单击"创建"选项卡"报表"选项组中的"报表设计"按钮，进入报表的设计视图。

② 在"设计"选项卡中，单击"控件"选项组中的"图表"按钮，然后单击报表"主体"节中的某一个位置来显示图表，弹出"图表向导"对话框。

③ 在"图表向导"对话框中，单击"视图"下方的"查询"单选按钮，然后在"请选择用于创建图表的表或查询"下方的列表框中选择"查询：学生信息查询"，如图 5.31 所示。

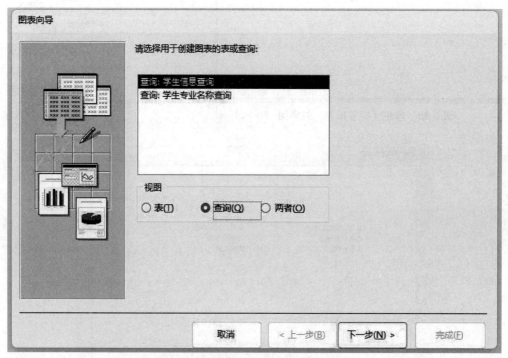

图 5.31 选择用于创建图表的表或查询

④ 单击"下一步"按钮，选择用于图表数据所在的字段。在"可用字段"列表框中选择"性别"字段和"专业名称"字段，如图 5.32 所示。

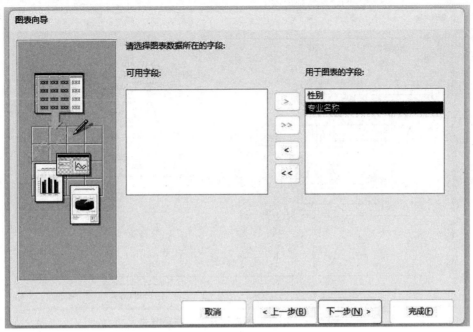

图 5.32 选择字段

⑤ 单击"下一步"按钮，选择图表的类型，这里选择"柱形图"，如图 5.33 所示。

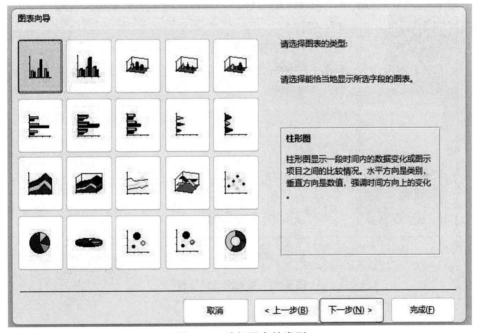

图 5.33 选择图表的类型

⑥ 单击"下一步"按钮，指定数据在图表中的布局方式。如图 5.34 所示，将右侧的"性别"和"专业名称"字段按钮拖动到左侧的图表示例中相应的位置。单击左上角的"预览图表"按钮可以预览图表效果。

⑦ 单击"下一步"按钮，指定图表的标题。在"请指定图表的标题"下方的文本框中输入"学生（图表报表）"，如图 5.35 所示。

⑧ 单击"完成"按钮，返回设计视图，调整图表的大小，完成图表的创建。注意，在报表的设计视图下，图表中的数据不会正常显示，只有退出设计视图，如切换到布局视图或打印预览视图，图表中的数据才会显示，打印预览视图效果如图 5.36 所示。将该报表保存为"学生（图表报表）"。

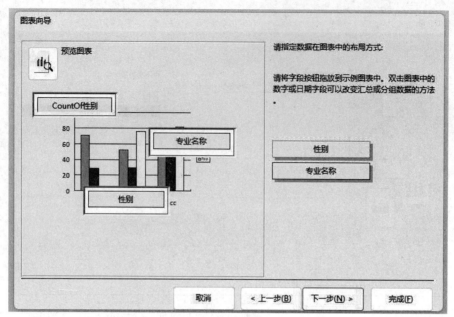

图 5.34 指定数据在图表中的布局方式

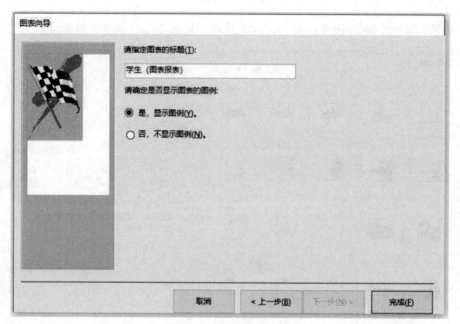

图 5.35 指定图表的标题

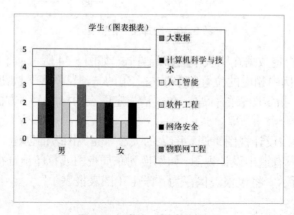

图 5.36 学生（图表报表）

5.2.2 美化报表

美化报表是报表设计的善后工作。大方、美观的报表更具表现力,美化报表的手段有应用系统提供的"主题"功能、应用背景图片、更改文本的字体字号、应用分页符、应用日期和时间等。

1. 应用"主题"

【例 5.7】使用"主题"来改变报表的格式。

操作步骤如下:

① 打开要应用主题的报表(在布局视图或设计视图下均可)。

② 单击"设计"选项卡下"主题"选项组中的"主题"按钮,展开所有的主题样式。

③ 当光标位于某个主题之上时。能看到应用到报表上的效果。如图 5.37 所示。

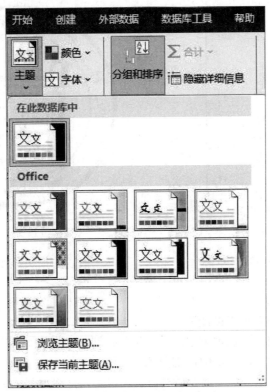

图 5.37 应用"主题"美化报表

2. 应用背景图案

有时为了使报表打印效果更活泼、有趣,可以考虑给报表添加背景图案来增强效果,还可以在报表页眉节添加图像控件来显示图标。

【例 5.8】为"教师授课安排"报表添加背景图片,修改后保存为"教师授课安排(背景图片)"报表。

操作步骤如下:

① 打开"教师授课安排"报表,切换到报表设计视图。

② 单击"设计"选项卡上"工具"选项组中的"属性表"按钮,或者双击报表左上角的"报表选择器"按钮,打开报表的"属性表"。

③ 在"属性表"对话框中选择"全部"选项卡,设置报表对象的属性如图 5.38 所示。

④ 切换到报表的打印预览视图显示报表,显示效果如图 5.39 所示,对象另存为"教师授课安排(背景图片)"报表。

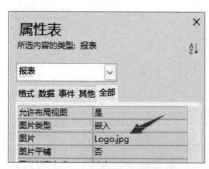

图 5.38 设置报表的图片属性　　　　图 5.39 "教师授课安排(背景图片)"报表

【例 5.9】修改"教师授课安排(背景图片)"报表,使其在报表的抬头显示学校的徽标,修改后保存为"教师授课安排(徽标)"。

操作步骤如下:

① 打开要修改的报表,切换到报表设计视图。

② 单击"设计"选项卡"控件"选项组中的"图像"按钮,在报表页眉节的左部创建图像控件。

③ 在随后弹出的"插入图片"对话框中选定要插入的图像文件。

④ 调整图像控件和标题(标签控件)到合适的位置。切换到打印预览视图,查看修改后的报表打印效果,如图 5.40 所示。

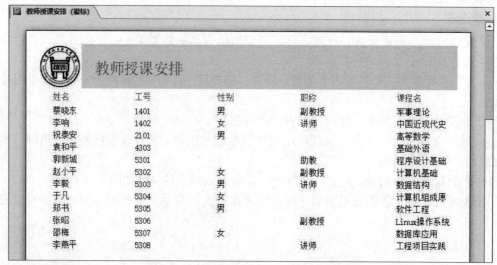

图 5.40 "教师授课安排(徽标)"报表

3. 应用分页符

报表打印时的换页是由"页面设置"的参数和报表的版面布局决定的,内容满一页后才会换页打印。实际上在报表设计中,可以在某一节中使用分页控制符来标识需要另起页的位置,即强制换页。

添加分页符的操作如下:

① 在报表设计视图下,单击"报表设计工具"下"设计"选项卡中"控件"选项组中的"插入分页符"按钮,如图 5.41 所示。

② 在报表中需要设置分页符的水平位置单击鼠标左键。注意,将分页符设置在某个控件之上或之下,以免拆分了控件中的数据。Access 将分页符以短虚线标志在报表的左边界上,如图 5.42 所示。

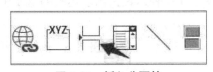

图 5.41　插入分页符

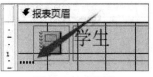

图 5.42　分页符

如果要将报表中的每个记录或分组记录均另起一页,可以通过设置主体节(或)组页眉、组页脚的强制分页属性实现。

4. 添加日期和时间

在报表中添加日期和时间的操作步骤如下:

① 在报表的设计视图下,单击"设计"选项卡中"页眉/页脚"选项组中的"日期和时间"按钮,弹出"日期和时间"对话框,如图 5.43 所示。

② 在对话框中,选择是否显示"日期"或"时间"及其显示的格式,单击"确定"按钮。新生成的显示"日期"和"时间"的两个文本框位置在报表页眉节的右上角,可以调整它们的位置到需要的地方。

除了通过从上述的对话框中添加日期和时间,还可以在报表中添加一个文本框,将其控件来源属性设置为"=Date()"或"=Time()"。

5. 应用页码

在报表中添加页码的操作步骤如下:

① 在报表的设计视图下,单击"设计"选项卡中"页眉/页脚"选项组中的"页码"按钮,弹出"页码"对话框,如图 5.44 所示。

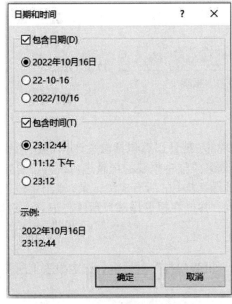

图 5.43　"日期和时间"对话框

图 5.44　"页码"对话框

② 在"页码"对话框中选择页码格式、位置和对齐方式。

5.3 报表中的计算

在报表的实际应用中，除了显示和打印原始数据，还经常要对报表中包含的数据进行计数、求平均值、排序或分组等统计分析操作，以得出一些统计汇总数据用于决策分析。

5.3.1 使用计算控件

在报表设计过程中，除在版面上布置绑定控件直接显示字段值之外，还经常需要进行各种计算并将结果显示出来。例如，报表中页码的输出、分组统计结果的输出等均是通过设置控件的控件来源为计算表达式形式实现的，这些控件称为“计算控件”。计算控件的控件来源是计算表达式，当表达式的值发生变化时，会重新计算结果并输出，文本框是最常用的计算控件。

【例 5.10】修改“学生”报表，使其在报表中显示学生的年龄，修改后保存为“学生（计算年龄）”。

操作步骤如下：

① 打开要修改的报表，切换到报表设计视图。

② 单击“设计”选项卡下“控件”选项组中的“文本框”按钮，在主体节的最右侧创建“文本框”控件，并设置布局为“表格”，此时，文本框绑定的标签出现在页面页眉节中，文本框仍在主体节中。

③ 设定标签标题为“年龄”，文本框的控件来源为“=Year(Date())-Year([出生日期])”。

④ 调整标签和文本框控件到合适的位置，保存为“学生（计算年龄）”报表，切换到打印预览视图，查看修改后的报表打印效果，如图 5.45 所示。

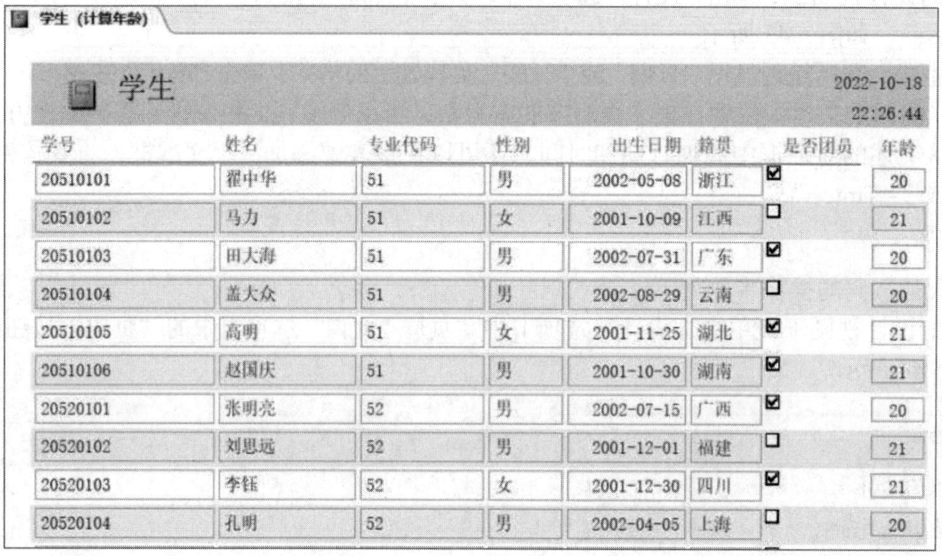

学号	姓名	专业代码	性别	出生日期	籍贯	是否团员	年龄
20510101	翟中华	51	男	2002-05-08	浙江	☑	20
20510102	马力	51	女	2001-10-09	江西	☐	21
20510103	田大海	51	男	2002-07-31	广东	☑	20
20510104	盖大众	51	男	2002-08-29	云南	☐	20
20510105	高明	51	女	2001-11-25	湖北	☑	21
20510106	赵国庆	51	男	2001-10-30	湖南	☑	21
20520101	张明亮	52	男	2002-07-15	广西	☑	20
20520102	刘思远	52	男	2001-12-01	福建	☐	21
20520103	李钰	52	女	2001-12-30	四川	☑	21
20520104	孔明	52	男	2002-04-05	上海	☐	20

图 5.45 “学生（计算年龄）”报表

5.3.2 统计计算

在报表中应用统计计算是通过在报表中添加计算型控件实现的。统计运算包括求总计、计数、求平均值等。一般把这种计算型控件放在组页脚或报表页脚节，以便对每个分组或整个报表的记录进行统计汇总。

【例 5.11】创建一个表格式报表，使其能打印输出“选课成绩”表中的所有成绩记录，输出字段包括学号、姓名、专业代码、课程名、学时和最终成绩，按学号的升序排列，并能在报表尾部显示所有记录的平均成绩、总人数、及格人数、不及格人数和及格比率。

操作步骤如下：

① 单击“创建”选项卡下“报表”选项组中的按钮，进入“报表向导”对话框，选定报表上所需的字段，如图 5.46 所示，单击“下一步”按钮。

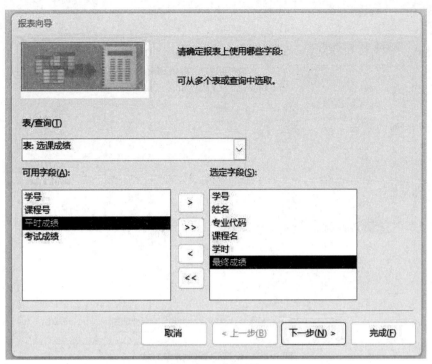

图 5.46 选定字段

② 确定查看数据的方式。这里选择"通过 选课成绩"选项，如图 5.47 所示，单击"下一步"按钮。

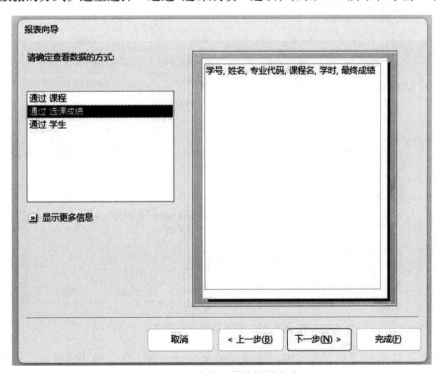

图 5.47 选择查看数据的方式

③ 确定是否添加分组级别。这里不进行进一步的分组，直接单击"下一步"按钮。
④ 确定记录所用的排序次序，按"学号"升序排序，如图 5.48 所示，单击"下一步"按钮。
⑤ 确定报表的布局方式。这里选择"表格"，方向设为"纵向"，如图 5.49 所示，单击"下一步"按钮。

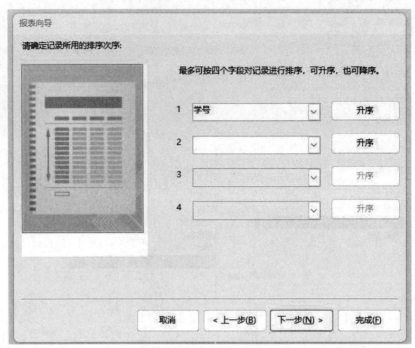

图 5.48 设置记录的排序方式

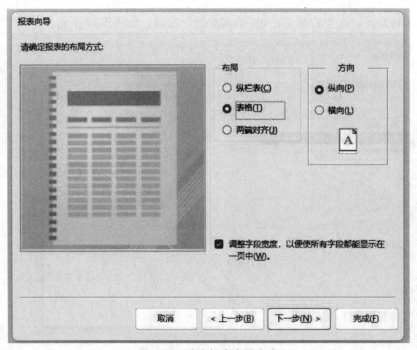

图 5.49 确定报表布局方式

⑥ 指定报表名称。这里指定报表名称为"选课成绩（统计运算）"。单击"完成"按钮，打印预览效果如图 5.50 所示。

⑦ 展开报表页脚节。该节在默认状态下是隐藏的。切换到报表设计视图，用鼠标对准报表页脚栏的底边，当鼠标光标变成十字箭头时，按住鼠标左键向下拉，直到所需的报表页脚节的高度时松开鼠标左键。

⑧ 在报表页脚节添加计算型控件。共添加五个文本框控件作为报表的计算型控件，使每个控件分别计算和显示平均成绩、总人数、不及格人数、及格人数和及格率。五个计算型控件的属性设置及说明见表 5.1。其中控件的名称是由系统顺序指定的，也可以被用户修改，这里可以把计算型控件的名称理解为变量名称。

第 5 章 报表设计

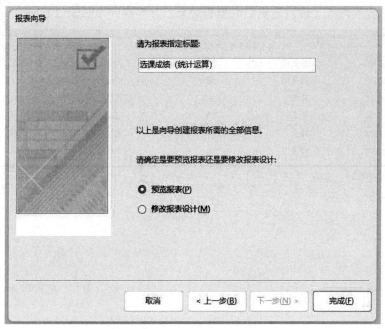

图 5.50 指定报表名称

表 5.1 控件属性设置及说明

控件类型	标签标题	属性设置	
		控件来源	格式
文本框	平均成绩	=Avg([最终成绩])	标准
文本框	总人数	=Count(*)	
文本框	不及格人数	=Sum(IIF([最终成绩]<60,1,0))	
文本框	及格人数	=Sum(IIf([最终成绩]>=60,1,0))	
文本框	及格率	=Sum(IIf([最终成绩]>=60,1,0))/Count(*)	百分比

⑨ 选中标签和文本框控件,单击右键,设置"布局"为"堆积",并适当调整位置。

⑩ 添加报表页脚节的分隔线。为使报表正文区域和报表数据统计区域有一个界线,用"控件"选项组中的"直线"控件在报表页脚节的顶部添加一条直线作为分隔,并设置边框宽度为"2 pt",修改后的报表设计视图如图 5.51 所示。

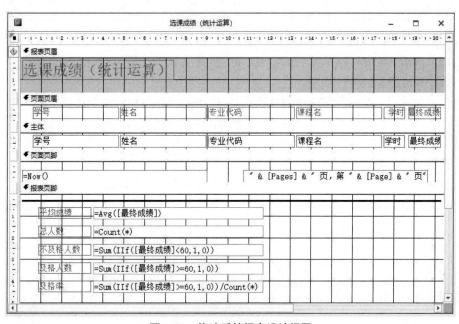

图 5.51 修改后的报表设计视图

切换到报表视图，查看增加了统计运算后的报表效果，并保存，如图 5.52 所示。

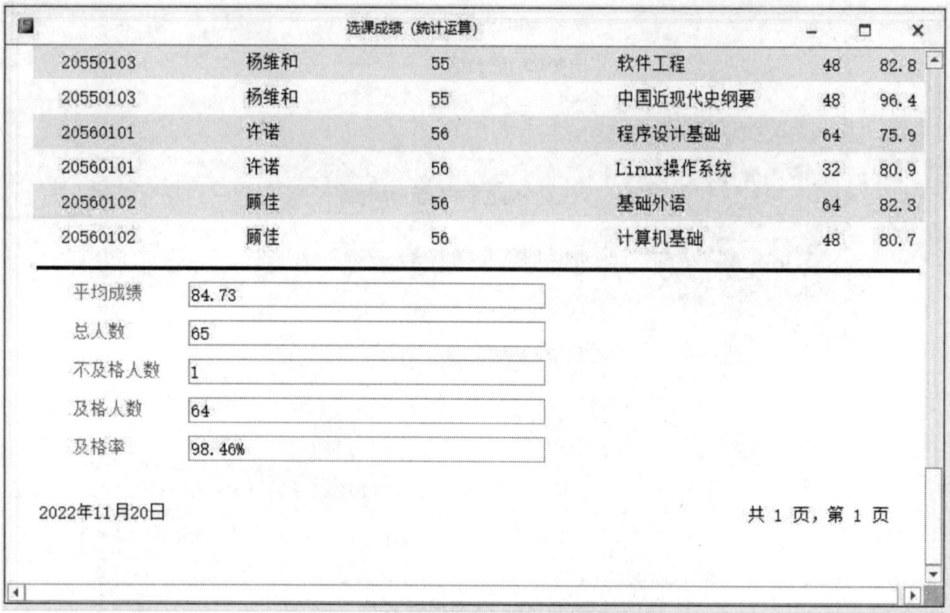

图 5.52　增加了统计运算后的报表效果

5.3.3　排序与分组

在使用"报表向导"按钮创建报表时，最多可以按四个字段进行分组，在报表的设计视图下，可以设置超过四个字段或表达式对记录进行排序。

在报表的"设计视图"中，设置报表记录排序的操作步骤如下：

① 打开报表的"设计视图"。

② 单击"设计"选项卡"分组和汇总"选项组中的"分组和排序"按钮，在设计视图的下方显示出"分组、排序和汇总"窗格。该窗格内显示"添加组"按钮和"添加排序"按钮。

③ 单击"添加排序"按钮，在"字段列"表中选择排序所依据的字段。默认情况下按"升序"排序，如果要改变排序次序，可在"升序"按钮的下拉列表中选择"降序"。其中第一行表达式具有最高排序优先级，第二行则具有次高的排序优先级，依次类推。

【例 5.12】创建"选课成绩"报表，对报表中的数据进行排序，要求按"成绩"升序排列记录，并将其命名为"选课成绩（排序）"。

操作步骤如下：

① 打开数据库，选中"选课成绩"表，单击"创建"选项卡下"报表"选项组中的"报表"按钮，创建"选课成绩"报表，并打开该报表的设计视图。

② 在"设计"选项卡中，单击"分组和汇总"选项组中的"分组和排序"按钮，在底部打开"分组、排序和汇总"窗格，该窗格中显示"添加组"按钮和"添加排序"按钮，如图 5.53 所示。

③ 单击"添加排序"按钮，打开"字段列表"，选择"成绩"字段。在"分组、排序和汇总"窗格中添加了一个"排序依据"栏，如图 5.54 所示，默认按"升序"排序。

④ 单击"报表页眉"节中的"选课成绩"标签，将其名称改为"选课成绩（排序）"。

⑤ 单击"保存"按钮，保存为"选课成绩（排序）"报表，切换到"报表视图"，效果如图 5.55 所示。

第 5 章 报表设计

图 5.53 "分组、排序和汇总"窗格

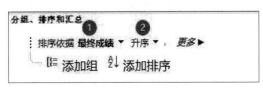

图 5.54 选择按"成绩""升序"排序

学号	课程号	平时成绩	考试成绩	最终成绩
20520104	105	93	0	27.9
20510101	102	74	70	71.2
20560101	105	92	69	75.9
20540101	107	95	70	77.5
20520105	108	85	75	78
20530101	111	79	80	79.7
20510106	105	91	75	79.8
20520103	106	89	76	79.9
20510106	103	86	78	80.4
20560102	106	87	78	80.7
20560101	110	97	74	80.9
20510102	104	81	81	81

图 5.55 "选课成绩（排序）"报表

实 验 5

一、实验目的

① 熟悉 Access 报表设计的操作环境。
② 了解报表的基本概念和种类。
③ 学会用"报表"和报表向导建立报表。

④ 掌握在设计视图下建立报表。

⑤ 掌握报表中记录的排序与分组的方法，熟练运用报表设计中的各种统计汇总的技巧。

二、实验要求

① 创建报表，查看打印预览效果。

② 记录创建过程中出现的问题及解决方法。

③ 编写上机报告，报告内容包括如下：

a．实验内容：实验题目与要求。

b．分析与思考：包括实验中遇到的问题及解决办法，实验的心得与体会。

三、实验内容

党的二十大报告指出，加快发展数字经济，促进数字经济和实体经济深度融合，打造具有国际竞争力的数字产业集群。某图书销售公司积极响应，将数字经济和实体经济深度融合发展，以数字技术赋能企业，拟利用数据库对公司销售等数据进行汇总、整理及输出，现请按题目要求完成以下操作：

① 使用“报表设计工具”，以相应表为数据源，创建“订单”报表、“订单明细”报表和“员工信息”报表。报表名分别为“Report 1”、“Report 2”和“Report 3”。

② 打印输出“订单明细”表中的所有书目，包括书籍名称、类别、出版社名称、售出单价、数量、订单编号和订购日期，并按订单编号升序排序，保存为“Report 4”。

③ 在“Report 4”报表页脚处打印输出总的购书金额，保存为“Report 5”。

④ 修改“Report 5”报表，以出版社名称分组，打印输出各出版社的购书金额，保存为“Report 6”。

⑤ 打印输出“计算机”类和“会计”类书籍的平均定价，并按平均定价升序排列，保存为“Report 7”。

⑥ 打印输出各类书籍的订购数量排行，按升序排序，保存为“Report 8”。

⑦ 用图表向导创建一个图书报表，统计显示所购各出版社书籍册数，保存为“Report 9”。

⑧ 使用向导创建一个客户标签报表，并在每个标签的右侧添加公司的标志，保存为“Report 10”。

四、实验过程

（1）使用“报表设计工具”，以相应表为数据源，创建“订单”报表、“订单明细”报表和“员工编号”报表。报表名分别为“Report 1”、“Report 2”和“Report 3”。

① 打开“图书销售系统”数据库，在导航窗格的“表”对象下，选择“订单表”。

② 单击“创建”选项卡“报表”选项组中的“报表”按钮，Access 自动创建显示“订单表”表中的所有字段报表。

③ 保存报表。单击“文件”选项卡下的“保存”命令，在弹出的“另存为”对话框的“报表名称”框中输入“Report 1”，单击“确定”按钮，结果如图 5.56 所示。

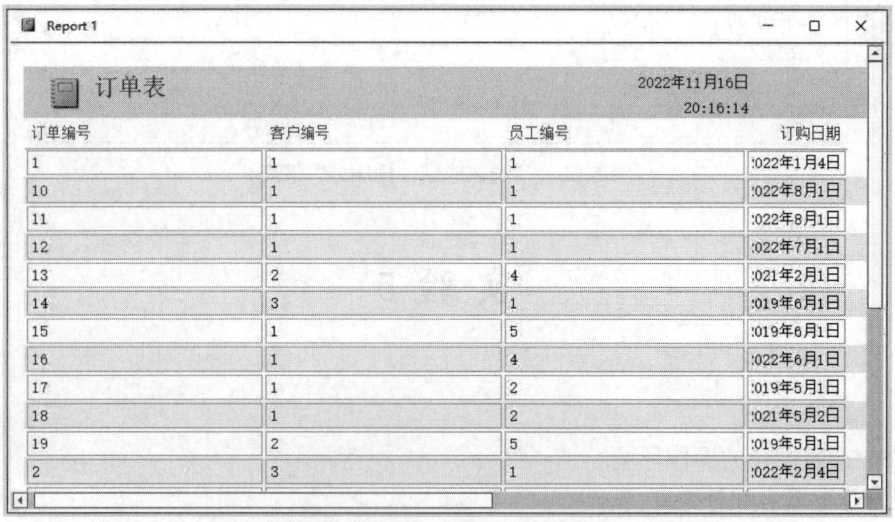

Report 1

订单表　2022年11月16日 20:16:14

订单编号	客户编号	员工编号	订购日期
1	1	1	022年1月4日
10	1	1	022年8月1日
11	1	1	022年8月1日
12	1	1	022年7月1日
13	2	4	021年2月1日
14	3	1	019年6月1日
15	1	5	019年6月1日
16	1	4	022年6月1日
17	1	2	019年5月1日
18	1	2	021年5月2日
19	2	5	019年5月1日
2	3	1	022年2月4日

图 5.56　“Report 1”报表

④重复以上步骤，用相同的方法为“订单明细”表和“员工信息”表创建报表，并保存为“Report 2”和“Report 3”，如图 5.57 和图 5.58 所示。

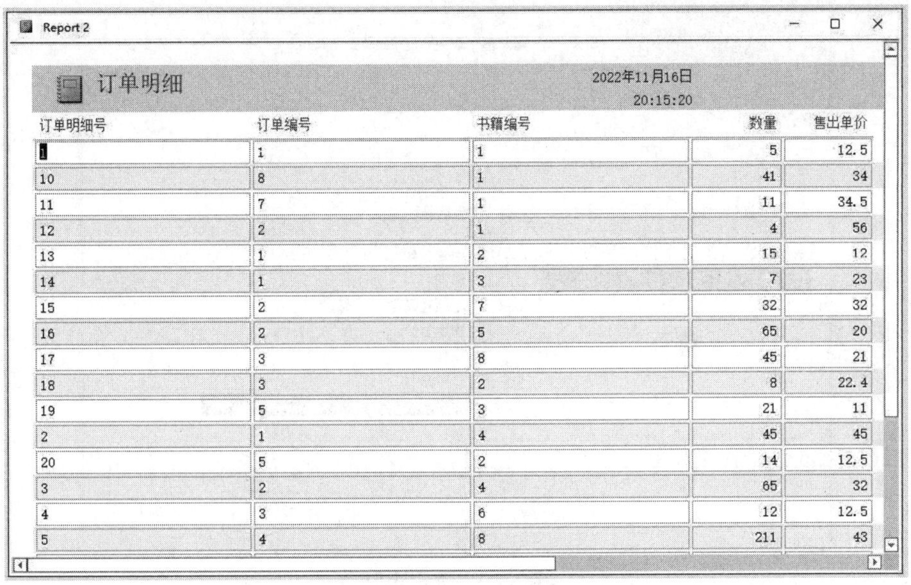

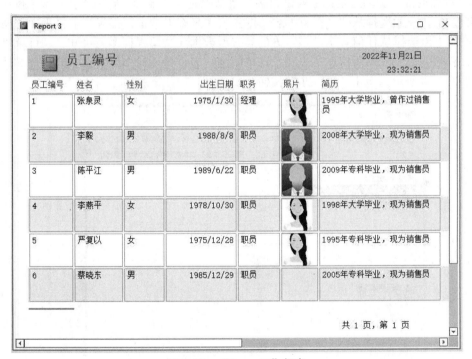

订单明细号	订单编号	书籍编号	数量	售出单价
1	1	1	5	12.5
10	8	1	41	34
11	7	1	11	34.5
12	2	1	4	56
13	1	2	15	12
14	1	3	7	23
15	2	7	32	32
16	2	5	65	20
17	3	8	45	21
18	3	2	8	22.4
19	5	3	21	11
2	1	4	45	45
20	5	2	14	12.5
3	2	4	65	32
4	3	6	12	12.5
5	4	8	211	43

图 5.57　“Report 2”报表

员工编号	姓名	性别	出生日期	职务	照片	简历
1	张泉灵	女	1975/1/30	经理		1995年大学毕业，曾作过销售员
2	李毅	男	1988/8/8	职员		2008年大学毕业，现为销售员
3	陈平江	男	1989/6/22	职员		2009年专科毕业，现为销售员
4	李燕平	女	1978/10/30	职员		1998年大学毕业，现为销售员
5	严复以	女	1975/12/28	职员		1995年专科毕业，现为销售员
6	蔡晓东	男	1985/12/29	职员		2005年专科毕业，现为销售员

图 5.58　“Report 3”报表

（2）打印输出“订单明细”表中的所有书目，包括书籍名称、类别、出版社名称、售出单价、数量、订单编号和订购日期，并按订单编号升序排序，保存为“Report 4”

① 打开“图书销售系统”数据库，单击“创建”选项卡“报表”选项组中的“报表向导”按钮，进入“报表向导”对话框。

② 选择数据源。在“表 / 查询”下拉列表中，选择“书籍信息”表，将“可用字段”中的“书籍名称”“类别”“出版社名称”添加到“选定字段”列表中，将“订单明细”表中的“售出单价”“数量”字段添加到“选定字段”列表中，将“订单表”表中的“订单编号”“订购日期”字段添加到“选定字段”列表中，如图 5.59 所示，单击“下一步”。

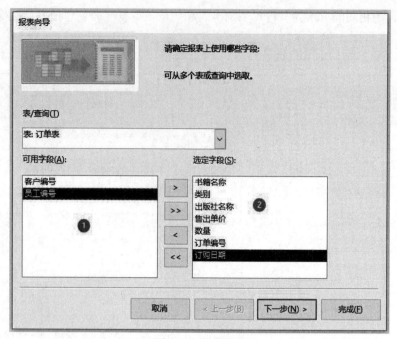

图 5.59　选定字段

③ 确定查看数据的方式。当选定的字段来自多个数据源时，"报表向导"才会有这个按钮。如果数据源之间是一对多的关系，一般选择从"一"方的表（即主表）来查看数据，如果当前报表中的两个被选择的表是多对多的关系，可以选择从任何一个"多"方的表查看数据。这里根据题意可知，"订单表"表和"订单明细"表是一对多的关系，"书籍信息"表和"订单明细"表也是一对多的关系，因此选择从"订单明细"表查看数据，如图 5.60 所示，单击"下一步"按钮。

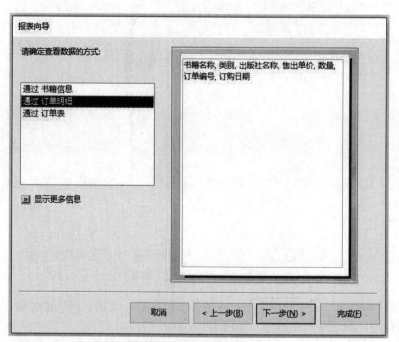

图 5.60　确定数据查看方式

④ 确定是否添加分组字段。是否需要分组是由用户根据数据源中的记录结构及报表的具体要求决定的。本报表只要求明细形式的数据，因此不需再做选择，直接单击"下一步"。

⑤ 确定数据的排序方式。最多可以选择四个字段对记录进行排序，本报表中是依据"订单编号"升序排序，如图 5.61 所示，单击"下一步"按钮。

⑥ 确定报表的布局方式。这里布局选择"表格"方式。方向选择是"纵向",如图 5.62 所示,单击"下一步"按钮。

图 5.61　确定数据的排序方式

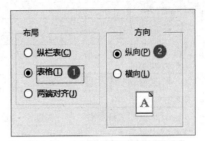

图 5.62　确定报表的布局方式

⑦ 为报表指定标题,这里指定报表的标题为"订单明细",选择"预览报表",单击"完成"按钮,新建报表的打印预览效果如图 5.63 所示。

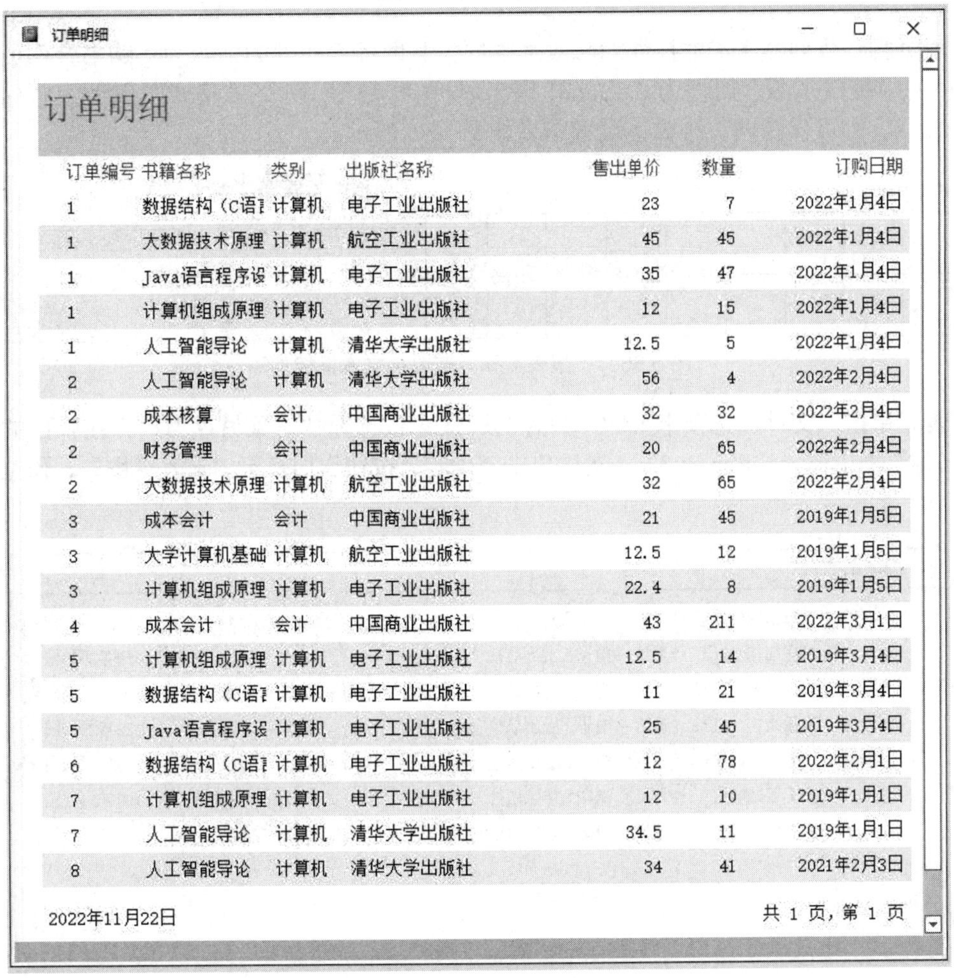

图 5.63　订单明细

⑧ 保存报表。单击"文件"选项卡下的"另存为"命令,选择"对象另存为",在弹出的对话框中输入"Report 4",单击"确定"按钮。

(3)在"Report 4"报表页脚处打印输出总的购书金额,保存为"Report 5"

① 打开"图书销售系统"数据库,在导航窗格的"报表"对象下,打开"Report 4",并切换至"设计视图"。

② 将鼠标指针移动到"报表页脚"节分隔栏的底边分界处,当鼠标指针变成"上下双向箭头"时,拖动鼠标,展开"报表页脚"节,并调整到适合的高度,如图 5.64 所示。

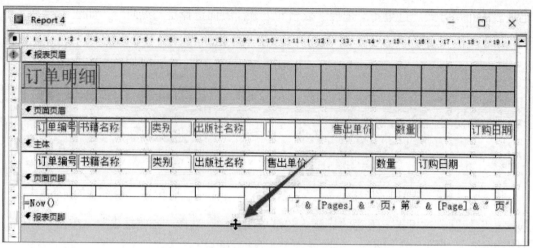

图 5.64 展开"报表页脚"节

③ 在"报表页脚"节创建文本框控件,修改文本框关联的标签控件的标题为:购书金额,设置文本框控件"属性表"中的"控件来源"属性为"=Sum([售出单价]*[数量])","格式"属性为"标准","小数位数"属性为"2",即可保留两位小数,设置结果如图 5.65 所示。

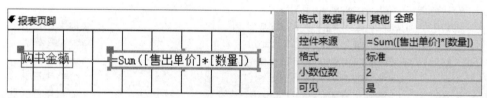

图 5.65 "报表页脚"节添加文本框控件

④ 保存报表。单击"文件"选项卡下的"另存为"命令,选择"对象另存为",在弹出的"另存为"对话框的"报表名称"框中输入"Report 5",然后单击"确定"按钮,切换至"报表视图",预览结果如图 5.66 所示。

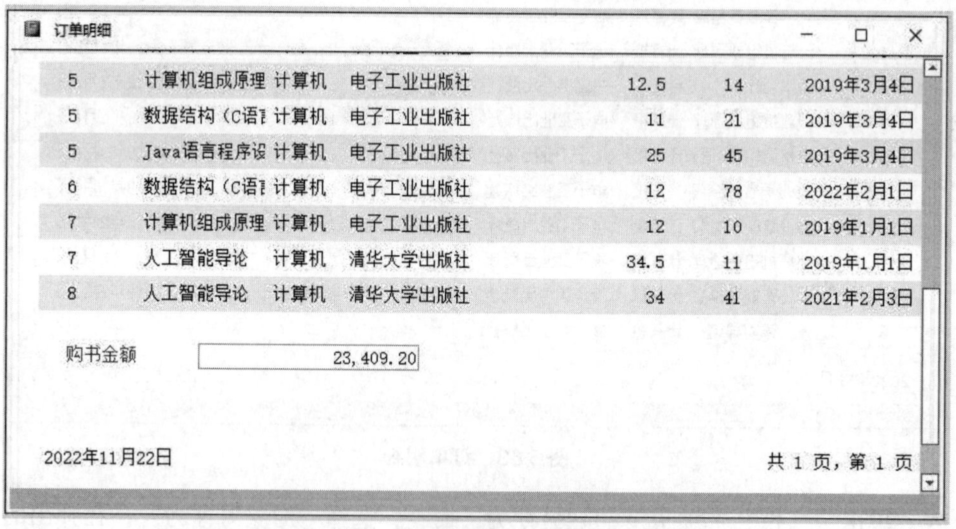

订单明细					
5	计算机组成原理	计算机	电子工业出版社	12.5	14	2019年3月4日
5	数据结构(C语言)	计算机	电子工业出版社	11	21	2019年3月4日
5	Java语言程序设计	计算机	电子工业出版社	25	45	2019年3月4日
6	数据结构(C语言)	计算机	电子工业出版社	12	78	2022年2月1日
7	计算机组成原理	计算机	电子工业出版社	12	10	2019年1月1日
7	人工智能导论	计算机	清华大学出版社	34.5	11	2019年1月1日
8	人工智能导论	计算机	清华大学出版社	34	41	2021年2月3日

购书金额 23,409.20

2022年11月22日   共1页,第1页

图 5.66 "报表页脚"节添加汇总项

(4) 修改"Report 5"报表,以出版社名称分组,打印输出各出版社的购书金额,保存为"Report 6"

① 打开"图书销售系统"数据库,打开"Report 5"报表的设计视图,单击"设计"选项卡下的"分组和排序"按钮,在设计视图的底部出现了"分组、排序和汇总"窗格,如图 5.67 所示。

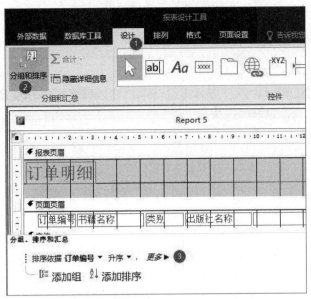

图 5.67 打开"分组、排序和汇总"窗格

② 首先取消原报表中的关于"订单编号"的排序。单击"分组、排序和汇总"窗格最右端的"删除",取消原报表中对"订单编号"的排序,此时"分组、排序和汇总"窗格如图 5.68 所示。

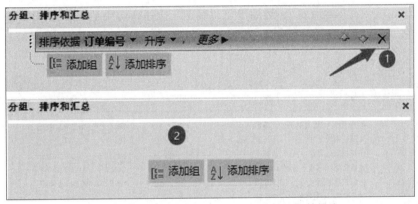

图 5.68 取消原报表中的关于"订单编号"的排序

③ 单击"分组、排序和汇总"窗格中"添加组"按钮,在弹出的"分组形式"下"选择字段"列表中选择"出版社名称",可以看见设计视图下新增加"出版社名称页眉"。接着单击"更多"按钮,在展开的选项中选择"有页眉节""有页脚节",结果如图 5.69 所示。

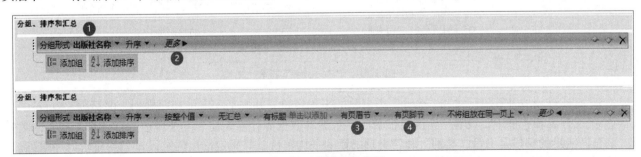

图 5.69 设置新的分组

④ 在"出版社名称页脚"节创建文本框控件,在"属性表"中设置文本框控件来源属性为"=Sum([售出单价]*[数量])",设置"格式"属性为"标准",设置"小数位数"为"2",并删除该文本框关联的标签控件。将"主体"节中绑定到"出版社名称"字段的文本框控件移动到"出版社名称页脚"中,并放置在计算型文本框控件的左侧,同时删除"页面页眉"节中的"出版社名称"的标签控件,并适当调整各标签控件的位置,最后修改"报

表页眉”中的标签控件的“标题”为“各出版社购书金额汇总”，同时为了美观，可以在“出版社名称页眉”节中添加一个直线控件作为分隔线，结果如图 5.70 所示。

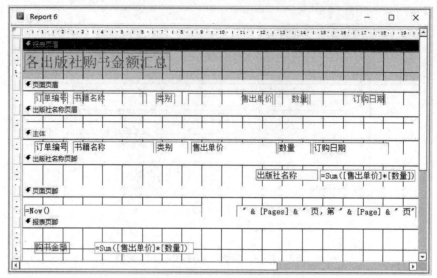

图 5.70 “Report 6”的设计视图

⑤ 保存报表。单击“文件”选项卡下的“另存为”命令，选择“对象另存为”，在弹出的“另存为”对话框的“报表名称”框中输入“Report 6”，然后单击“确定”按钮，切换至“报表视图”，预览结果如图 5.71 所示。

各出版社购书金额汇总

订单编号	书籍名称	类别	售出单价	数量	订购日期
6	数据结构（C语言版）	计算机	12	78	2022年2月1日
1	计算机组成原理	计算机	12	15	2022年1月4日
3	计算机组成原理	计算机	22.4	8	2019年1月5日
5	计算机组成原理	计算机	12.5	14	2019年3月4日
7	计算机组成原理	计算机	12	10	2019年1月1日
5	数据结构（C语言版）	计算机	11	21	2019年3月4日
1	Java语言程序设计	计算机	35	47	2022年1月4日
5	Java语言程序设计	计算机	25	45	2019年3月4日
1	数据结构（C语言版）	计算机	23	7	2022年1月4日
				电子工业出版社	4,752.20
2	大数据技术原理与应用	计算机	32	65	2022年2月4日
1	大数据技术原理与应用	计算机	45	45	2022年1月4日
3	大学计算机基础	计算机	12.5	12	2019年1月5日
				航空工业出版社	4,255.00

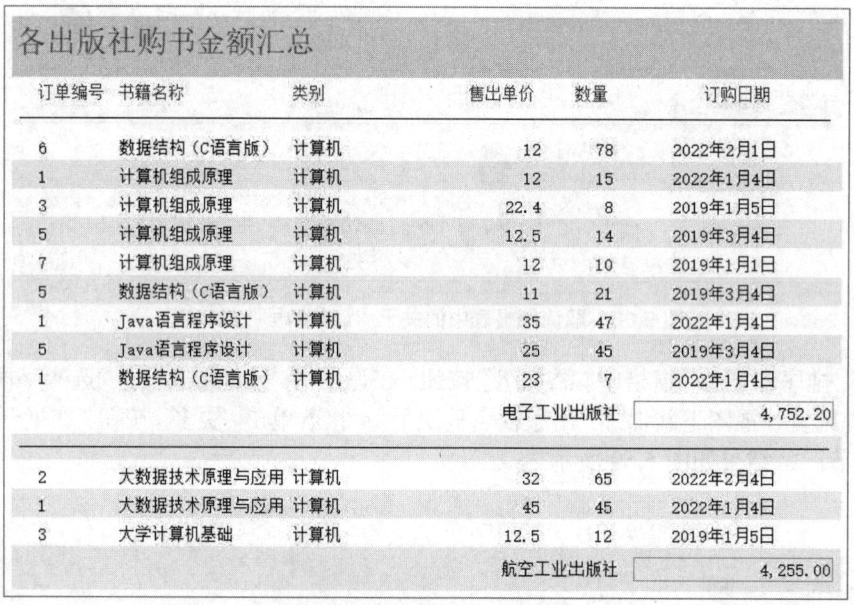

图 5.71 “Report 6”报表

（5）打印输出“计算机”类和“会计”类书籍的平均定价，并按平均定价升序排列，保存为“Report 7”

① 在现有表和查询中，没有完全满足报表所需数据的数据源，需先建立一个合适的查询作为报表的数据源。该查询输出的字段是书籍“类别”和各类别书籍的平均单价，并指定输出的字段按平均单价升序排列。

按照题目要求创建查询，保存为“不同类别书籍的平均单价”作为所建报表的数据源。该查询的 SQL 语句如下：

```
SELECT 书籍信息.类别, Avg(书籍信息.定价) AS 平均单价
FROM 书籍信息
GROUP BY 书籍信息.类别
ORDER BY Avg(书籍信息.定价);
```

"不同类别书籍的平均单价"查询设计视图如图 5.72 所示。

图 5.72 创建"不同类别书籍的平均单价"查询作为数据源

② 单击"创建"选项卡"报表"选项组中的"报表向导"按钮，创建报表。在"表/查询"中选择"查询：不同类别书籍的平均单价"，将可用字段中的"类别"和"平均单价"加入到"选定字段"中，单击"完成"按钮，即可创建"不同类别书籍的平均单价"报表。

③ 切换到"设计视图"，将"报表页眉"中的标题设置为水平居中显示；将"主体"节中的"平均单价"文本框控件的"小数位数"属性为"2"，"格式"属性为"标准"。

④ 保存报表。将"不同类别书籍的平均单价"报表重命名为"Report 7"，结果如图 5.73 所示。

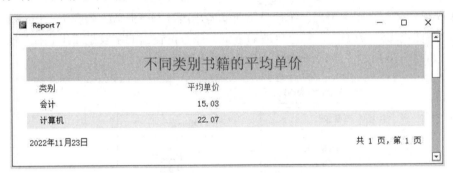

图 5.73 "Report 7"报表

（6）打印输出各类书籍的订购数量排行，按升序排序，保存为"Report 8"

① 打开"图书销售系统"数据库，创建合适的查询，该查询输出的字段是书籍"类别"和每类书籍的"订购数量"，并指定订购数量升序排列，新建查询如图 5.74 所示，查询保存为"订购数量排行"。

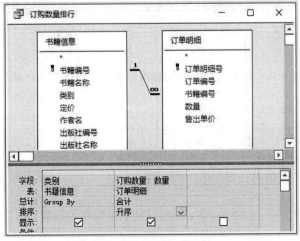

图 5.74 创建"订购数量排行"查询作为数据源

该查询的 SQL 语句如下：
```
SELECT 书籍信息.类别, Sum(订单明细.数量) AS 订购数量
FROM 书籍信息 INNER JOIN 订单明细 ON 书籍信息.书籍编号 = 订单明细.书籍编号
GROUP BY 书籍信息.类别
ORDER BY Sum(订单明细.数量);
```

② 单击"创建"选项卡下"报表"选项组中的"报表向导"按钮，创建报表。在"表/查询"中选择"查询：不同类别书籍的平均单价"，将可用字段中的"类别"和"订购数量"加入到"选定字段"中，单击"完成"按钮，即可创建"订购数量排行"报表。

③ 切换到"设计视图"，将"报表页眉"中的标题设置为水平居中显示，在"页面页脚"节中插入一条"直线"作为分隔。

④ 保存报表。将"订购数量排行"报表重命名为"Report 8"，结果如图 5.75 所示。

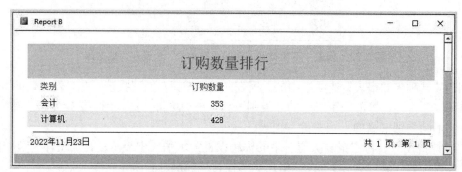

图 5.75　"Report 8"报表

（7）用图表向导创建一个图书报表，统计显示所购各出版社书籍册数，保存为"Report 9"

① 打开"图书销售系统"数据库，创建合适的查询，该查询输出的字段是"出版社名称"和"购买总册数"，新建查询，如图 5.76 所示，查询保存为"各出版社书籍购买总册数"。

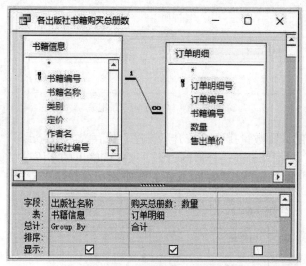

图 5.76　创建"各出版社书籍购买总册数"查询作为数据源

该查询的 SQL 语句如下：
```
SELECT 书籍信息.出版社名称, Sum(订单明细.数量) AS 购买总册数
FROM 书籍信息 INNER JOIN 订单明细 ON 书籍信息.书籍编号 = 订单明细.书籍编号
GROUP BY 书籍信息.出版社名称;
```

② 单击"创建"选项卡下"报表"选项组中的"报表设计"按钮，进入报表设计视图，在主体节中创建图表控件，启动图表向导。

③ 在弹出的图表向导对话框中，选择"查询:各出版社书籍购买总册数"查询作为报表的数据源，如图 5.77 所示。

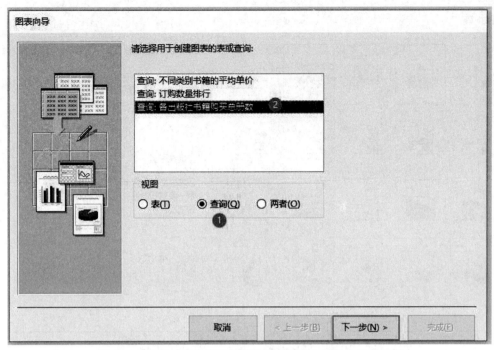

图 5.77　选择"各出版社书籍购买总册数"查询作为数据源

单击"下一步"按钮，在弹出的对话框中，将可用字段中的"出版社名称"和"购买总册数"加入到"用于图表的字段"中，如图 5.78 所示。

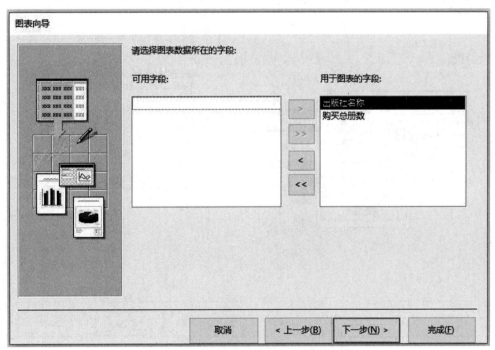

图 5.78　选择输出的数据

单击"下一步"按钮，在弹出的对话框中，选择"三维柱形图"，如图 5.79 所示。
单击"下一步"按钮，在弹出的对话框中，设定数据在图表中的布局方式，将"购买总册数合计"显示在纵轴上，将"出版社名称"显示在横轴上，如图 5.80 所示。

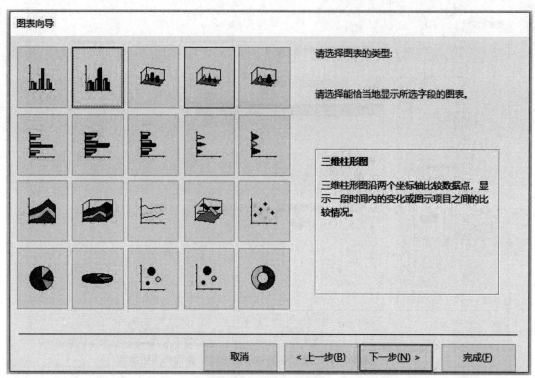

图 5.79 选择图表类型

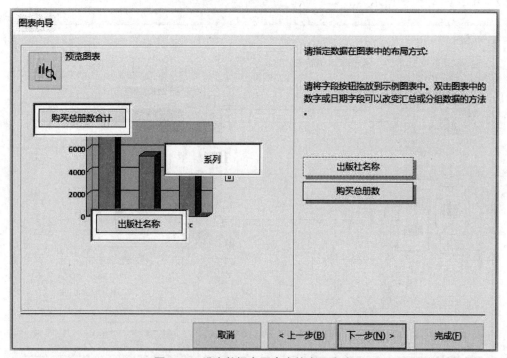

图 5.80 设定数据在图表中的布局方式

单击"下一步"按钮,在弹出的对话框中,指定图表的标题为"各出版社书籍购买总册数图表",如图 5.81 所示。

④ 保存报表。调整图表控件的大小,显示全部数据后,单击"文件"选项卡下的"保存"命令,在弹出的"另存为"对话框的"报表名称"框中输入"Report 9",然后单击"确定"按钮,结果如图 5.82 所示。

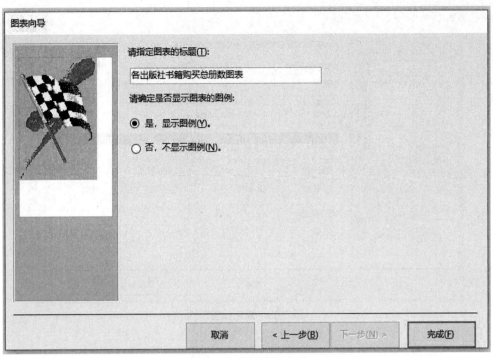

图 5.81 设定图表标题

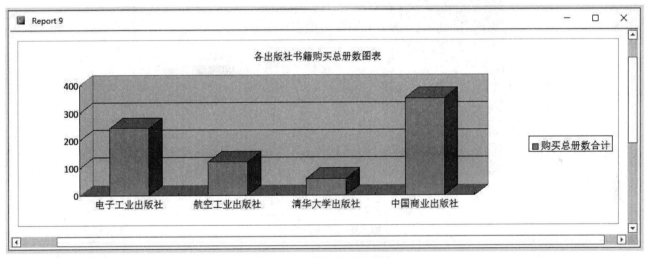

图 5.82 "Report 9"报表

(8) 使用向导创建一个客户信息标签报表,并在每个标签的右侧添加公司的标志,保存为"Report 10"

① 打开"图书销售系统"数据库,在导航窗格的"表"对象下,打开"客户信息"表。

② 单击"创建"选项卡下"报表"选项组中的"标签"按钮,打开"标签向导"对话框,在"请指定标签尺寸"下方的列表框中指定标签尺寸,这里选择"C2353","度量单位"选择"公制",如图 5.83 所示。

④ 单击"下一步"按钮,设置文本的字体为"宋体",字号为"16",字体粗细为"加粗",文本颜色为"黑色",如图 5.84 所示。

⑤ 单击"下一步"按钮,确定邮件标签的显示内容。在"可用字段"列表框中依次将"客户编号"、"邮政编码"、"单位名称"、"地址"、"联系人"和"电话号码"字段添加到"原型标签"列表框中,如图 5.85 所示。

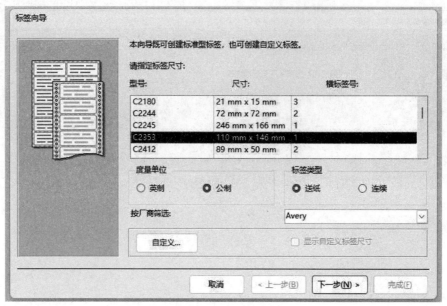

图 5.83　指定标签尺寸

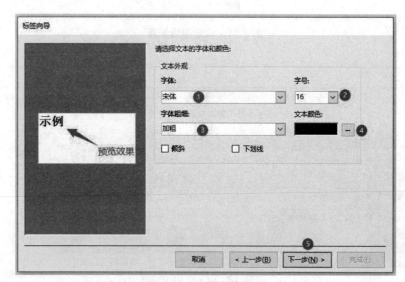

图 5.84　设置字体格式

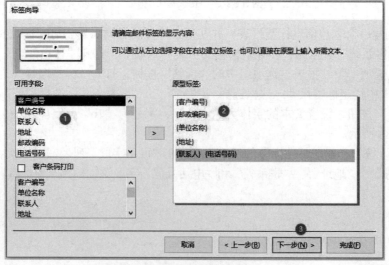

图 5.85　确定标签内容

⑥ 单击"下一步"按钮,确定按哪些字段排序,这里选择"客户编号"字段作为"排序依据",如图 5.86 所示。

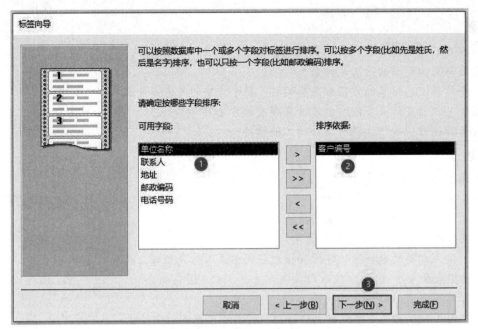

图 5.86　确定排序依据

⑦ 单击"下一步"按钮,指定报表名称,在"请指定报表的名称"下方的文本框中输入"Report 10",在"请选择"下方选定打开方式,这里保持默认,单击"完成"按钮。

⑧ 切换至"设计视图",在标签右侧插入一个图像控件,用来显示发件单位的"logo",如图 5.87 所示。

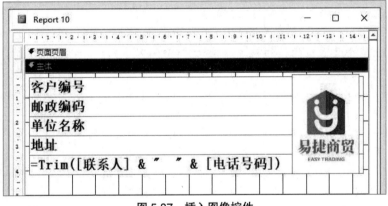

图 5.87　插入图像控件

保存报表,切换至"打印预览"视图,效果如图 5.88 所示。

图 5.88　"Report 10"报表

习题 5

一、简答题

1. Access 报表的结构是什么？都由哪几部分组成？
2. 报表页眉与页面页眉的区别是什么？
3. 在报表中计算汇总信息的常用方法有哪些？每个方法的特点是什么？
4. 哪些控件可以创建计算字段？创建计算字段的方法有哪些？
5. 报表设计的过程中如何体现所倡导的工匠精神？

二、选择题

1. 报表显示数据的主要区域是（　　）。
    A. 报表页眉　　　　B. 主体　　　　C. 页面页眉　　　　D. 报表页脚
2. 将报表与数据表或查询绑定起来的报表属性是（　　）。
    A. 记录来源　　　　B. 打印版式　　　　C. 打开　　　　D. 帮助
3. 提示用户输入相关的数据源、字段和报表版面格式等信息来建立报表的工具是（　　）。
    A. 自动报表向导　　　B. 报表向导　　　C. 图表向导　　　D. 标签向导
4. 以下关于报表定义，叙述正确的是（　　）。
    A. 主要用于对数据库中的数据进行分组、计算、汇总和打印输出
    B. 主要用于对数据库中的数据进行输入、分组、汇总和打印输出
    C. 主要用于对数据库中的数据进行输入、计算、汇总和打印输出
    D. 主要用于对数据库中的数据进行输入、计算、分组和打印输出
5. 若要一次性更改报表中所有文本的字体、字号及线条粗细等外观属性，应使用的是（　　）。
    A. 自动套用　　　　B. 自定义　　　　C. 主题　　　　D. 图表
6. 可以更直观地表示出数据之间关系的报表是（　　）。
    A. 图表报表　　　　B. 表格式报表　　　　C. 纵栏式报表　　　　D. 标签报表
7. 如果设置报表上某个文本框的控件来源属性为"=3*5+2"，则打开报表视图时，该文本框显示信息是（　　）。
    A. 3*5+2　　　　B. 17　　　　C. 出错　　　　D. 未绑定
8. 报表输出不可缺少的是（　　）。
    A. 页面页眉内容　　B. 主体内容　　C. 页面页脚内容　　D. 没有不可缺少的部分
9. 要在报表每一页顶部都输出信息，需要设置（　　）。
    A. 报表页眉　　　　B. 报表页脚　　　　C. 页面页眉　　　　D. 页面页脚
10. 以下叙述中，错误的是（　　）。
    A. 报表页眉中的任何内容都只能在报表的开始处打印一次
    B. 如果想在每一页上都打印出标题，可以将标题移动到页面页眉中
    C. 在设计报表时，页面页眉和页面页脚只能同时添加
    D. 使用报表可以打印各种标签、发票、订单和信封等

三、填空题

1. 在创建报表的过程中，可以控制数据输出的内容、输出对象的显示或打印格式，还可以在报表制作过程中，进行数据的_____。
2. 报表标题一般放在_____中。
3. 报表页眉的内容只在报表的_____打印输出。
4. 计算型控件的"控件来源"属性一般设置为以_____开头的计算表达式。
5. 在报表的视图中，能够预览显示结果，并且又能对控件进行调整的视图是_____。

第 6 章 宏的建立

前面的章节已经介绍了 Access 的表、查询、窗体和报表等对象,使用这些对象可以实现数据的组织、使用和输入/输出等操作。本章主要讨论 Access 数据库的自动处理问题。

本章主要介绍如何使用宏,实现自动处理功能。在下面章节中将先介绍 Access 中创建宏的工具——宏设计器,然后介绍独立宏的创建方法,以及在窗体和报表中创建嵌入宏的方法,最后介绍在数据表上创建数据宏的方法。

6.1 宏的基本概念

宏是 Access 的对象之一。使用宏的目的是为了实现自动操作。在使用 Access 数据库的过程中,一些需要重复执行的复杂操作可以被定义成宏,以后只要直接执行宏就可以了。

6.1.1 宏命令

1. 宏的定义

宏是能被自动执行的某种操作或操作的集合。在数据库和其应用程序中,如果需要计算机自动执行某些操作,一般的方法是编程。但是这个方法对普通用户来说有些难度,因为需要花费大量的时间学习程序设计才可以完成。

在 Access 中,提供了另外的解决方案,这就是宏。Access 系统将一些数据库使用过程中经常需要进行的操作预先定义成了宏操作。例如,打开和关闭表、查询、窗体和报表等对象,以及显示消息框、振铃、在记录集中筛选、定位等。用户在使用时只需将这些宏操作单独使用或按照要实现的功能进行组合,就可以实现指定功能的宏。在 Access 中可以在窗体、报表和表上创建宏,也可以创建不属于任何对象的独立的宏。

创建宏的过程十分简单。只要在宏设计器窗口中按照执行的逻辑顺序依次选定所需的宏操作,设置好相关的参数就可以了。整个设计过程不需编程,不需记住各种复杂的语法,即可实现某些特定的自动处理功能。

图 6.1 给出了一个宏的示例。该宏用到了三个宏操作:注释(Comment)、显示消息框(MessageBox)和打开窗体(OpenForm)。执行这个宏时会先出现一个有指定信息和图标的消息框,如图 6.2(a)所示,同时扬声器会发出嘟嘟声。然后打开预先已有的窗体"教学管理系统"主控界面,如图 6.2(b)所示。

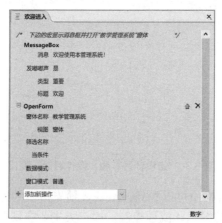

图 6.1 "欢迎进入"宏

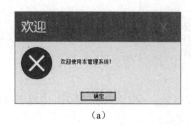
(a)

(b)

图 6.2 "欢迎"消息框和"教学管理系统"窗体

6.1.2 宏的分类

在 Access 中按照宏所处的位置可以创建以下三种宏：

① 独立宏。即宏对象，独立于其他对象，被显示在导航窗格的宏对象下。

② 嵌入宏。指在窗体、报表或其中的控件上创建的宏，这类宏通常被嵌入所在的窗体或报表中，由这些对象或控件的有关事件触发，如按钮的 Click 事件。这类宏不会显示在导航窗格的宏对象下。

③ 数据宏。指在表上创建的宏，当向表中插入、删除和更新数据时将触发这类宏。这类宏不会显示在导航窗格的宏对象下。

6.1.3 宏设计视图

宏中的基本操作叫宏操作，它们是由 Access 预先提供的。可以通过"操作目录"窗口了解 Access 的这些宏操作。下面介绍如何显示和使用"操作目录"窗口。

① 单击"创建"选项卡上"宏与代码"选项组中的"宏"按钮，创建一个新宏。这时将自动打开宏设计器窗口，如图 6.3 所示。

② 如果没有显示"操作目录"，请单击"宏工具/宏设计"选项卡上"显示/隐藏"选项组中的"操作目录"按钮，屏幕右侧将显示"操作目录"窗格，如图 6.3 所示。

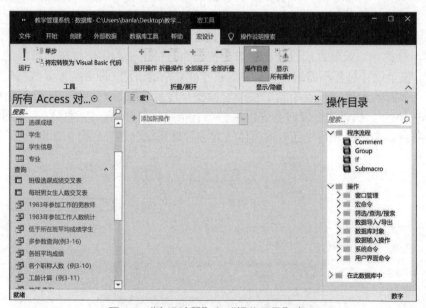

图 6.3 "宏设计器"和"操作目录"窗口

从图 6.3 所示的"操作目录"窗格中可以看到，Access 预先提供的宏操作分为两大类，即程序流程类和操作类。程序流程类主要完成程序的组织和流程控制。操作类主要实现对数据库的各种具体操作，进一步又可分为八小类：①窗口管理类；②宏命令类；③筛选/查询/搜索类；④数据导入/导出类；⑤数据库对象类；

⑥数据输入操作类；⑦系统命令类；⑧用户界面命令类。

宏操作是创建宏的资源。学习创建宏的过程就是了解这些宏操作的具体用法，并将这些宏操作按照要实现的功能进行排列组合的过程。在创建宏的过程中，用户可以很方便地通过"操作目录"窗口搜索和添加所需的宏操作。

向宏设计器添加宏操作可以采用下面的方法：

方法1：在"添加新操作"组合框的下拉列表中选择。

方法2：在"操作目录"窗口双击要添加的宏操作。

方法3：从"操作目录"窗口将要添加的宏操作拖动到"宏设计器"窗口。

6.2 创建与运行独立宏

独立宏就是数据库中的宏对象，其独立于数据库的表、窗体、报表等其他对象，通常被显示在导航窗格的"宏"选项组下。如果在 Access 数据库的多个位置需要重复使用宏，可以创建独立宏，这样可以避免在多个位置重复相同的宏代码。

在 Access 中使用宏设计器创建宏。

1. 宏设计器操作介绍

宏设计器具有智能感知功能，通常下拉列表和操作目录只显示当前情况下可以使用的宏操作列表。创建宏时主要进行选择宏操作、设置宏操作的参数等操作。实际操作时可以单击"添加新操作"组合框的下拉箭头按钮，在弹出的下拉列表中选择宏操作，也可以将宏操作从"操作目录"拖到宏设计器的组合框中。

2. 创建独立宏

【例6.1】创建图6.1所示的宏，宏名为"欢迎进入"。要求执行时先出现有指定信息和图标的消息框（见图6.2），同时扬声器发出嘟嘟声，然后打开已有的窗体"教学管理系统"。

操作步骤如下：

① 单击"创建"选项卡上"宏与代码"选项组中的"宏"按钮，这时将自动打开宏设计器窗口。

② 添加宏操作及设置操作参数。单击"添加新操作"组合框右侧的下拉箭头按钮，在下列表中选择 Comment 宏操作，或者从操作目录窗口将 Comment 宏操作拖动到组合框中，在其后出现的矩形框中输入"下面的宏显示欢迎消息框并打开"教学管理系统"窗体"。接下来方法同上，依次添加 MessageBox 和 OpenForm 两个宏操作，并设置参数，见表6.1。

表6.1 宏"欢迎进入"的宏操作及操作参数

宏 操 作	操 作 参 数	
Comment	下面的宏显示欢迎消息框并打开"教学管理系统"窗体。	
MessageBox	消息：欢迎使用本管理系统！	
	发嘟嘟声：是	
	类型：重要	
	标题：欢迎	
OpenForm	窗体名称：教学管理系统主控界面	
	视图：窗体	
	窗口模式：普通	

这里用到了三个基本宏操作：Comment、MessageBox 和 OpenForm。

Comment：可用于在宏中提供说明性注释，以方便阅读者更好地理解宏。规定长度不能超过1 000个字符，运行时计算机将跳过注释。

MessageBox：作用是显示含有警告或提示信息的消息框。其中，参数"消息"用来指定消息框中显示的信息，参数"类型"用来指定信息前显示的图标的类型，参数"标题"用来指定消息框标题栏中显示的标题。

OpenForm：作用是按指定的窗口模式和视图方式打开一个指定窗体。视图方式可以是"窗体"、"设计"和"打印预览"等。窗口模式可以是"普通"、"隐藏"、"图标"和"对话框"。

③ 单击"文件"选项卡的"保存"命令,将该宏命名为"欢迎进入"。

为宏添加注释是一个较好的选择,这样可以使阅读者更快地理解宏,也方便对宏的管理。

3. 运行独立宏

有多种方法可以运行独立宏。

方法 1:从导航窗格运行独立宏。双击导航窗格上宏列表中的宏名。

方法 2:在其他宏中使用 RunMacro 宏操作调用已命名的独立宏。

方法 3:设置在打开数据库时自动运行。如果要设置使得打开数据库时自动运行宏,只要在导航窗格的宏列表上右击要自动运行的宏,将宏名改为"autoexec"。在 Access 中,宏名为"autoexec"的宏是一个特殊的宏,该宏在打开数据库时被自动运行。

方法 4:在功能区的选项卡上添加按钮运行宏。具体操作如下:

① 单击"文件"选项卡,单击"选项"命令,打开"Access 选项"对话框。在对话框左侧窗格中单击"自定义功能区"命令,显示结果如图 6.4 所示。

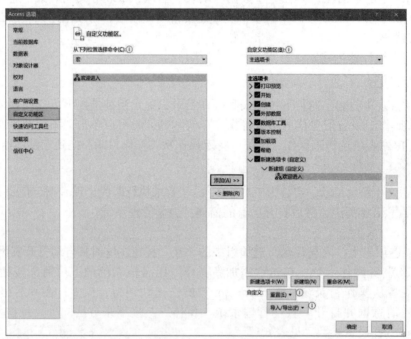

图 6.4 显示结果

② 单击右窗格右下方的"新建选项卡"按钮,新建一个自定义选项卡,同时创建了一个新建组。也可以选中某一个已存在的选项卡,单击"新建组"按钮创建一个新组。

③ 在右窗格左侧的"从下列位置选择命令"组合框的下拉列表中选择"宏",此时其下方列表框中显示出当前数据库所有的独立宏。选中宏"欢迎进入",并添加到右侧的新建组中。

另外,右击新建的选项卡或新建的组,在弹出的快捷菜单中选择"重命名"命令,可以重新设置选项卡上按钮的图标和名称。

4. 单步执行宏

已经创建的宏难免存在错误,因此快速而准确地定位发生错误的宏操作就是调试宏的关键。可以设置单步执行宏,方法如下:

① 打开已有宏的设计器窗口,单击"宏工具/设计"选项卡上"工具"选项组的"单步"按钮。

② 单击"宏工具/设计"选项卡"工具"选项组的"运行"按钮运行宏。

运行开始后,在每个宏操作运行前系统都先中断并显示对话框"单步执行宏",如图 6.5 所示,单击"单步执行"按钮执行宏操作。执行时如果出错,则先给出错误信息,然后重新显示有关出错宏操作的对话框"单步执行宏",并在其中给出错误号。否则,则进入下个宏操作。

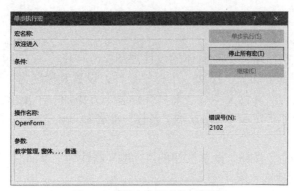

图 6.5 "单步执行宏"对话框

例如,在图 6.5 中如果 OpenForm 宏操作引用了一个不存在的窗体"教学管理",则系统先提示"拼写有误或引用了一个不存在的窗体",然后在"单步执行宏"对话框给出错误号 2102。

6.3 创建与调用嵌入宏

在创建窗体和报表时,经常需要设置使计算机能自动完成某些动作。例如,打开窗体和报表的一些初始化操作,单击窗体中按钮等控件后完成的一系列动作等。在 Access 中要实现这类操作就要创建嵌入宏。

在 Access 中,附加到用户界面(UI)对象(如命令按钮、文本框、窗体和报表)的宏称为嵌入宏。这类宏被嵌入到所在的窗体、报表对象中,成为这些对象的一部分。因此在导航窗格的"宏"列表下不会显示嵌入宏。运行时通过触发窗体、报表和按钮等对象的事件(如加载 On Load 或单击 On Click)运行。

6.3.1 创建一般嵌入宏

创建嵌入宏的方法如下:

①在导航窗格中,右击包含宏的窗体或报表,打开窗体或报表的"设计视图"。这时如果"属性表"对话框未显示,请按【Alt+Enter】组合键以显示它。

②在"属性表"对话框最顶端"所选内容的类型"列表框中选择要设置嵌入宏的控件或节。单击下方的"事件"选项卡,选择要嵌入宏的事件,单击该事件右侧的"生成器"按钮 ,在出现的"选择生成器"对话框中选择"宏生成器",如图 6.6 所示。单击"确定"按钮之后,Access 将打开宏设计器。

③使用前面所述方法,向宏中添加宏操作。

④关闭"宏设计器",并保存宏。

一旦为该事件嵌入了宏,相应的属性栏会显示"[嵌入的宏]"。

【例 6.2】修改第 4 章例 4.17 所建的"学生(空白窗体)",为其添加查询功能。

这个窗体原来具有的功能是浏览学生信息,运行窗体时通过窗体下方的几个浏览按钮,可以逐个浏览相关信息。现在为其添加查询功能,使得可以按窗体上方输入的学号进行查询,如图 6.7 所示。

图 6.6 选择生成器

图 6.7 例 4.17 学生信息窗体添加查询功能

操作步骤如下：

（1）修改窗体

① 打开要修改的"学生（空白窗体）"窗体的设计视图。

② 将窗体的"窗体页眉"部分加大，添加一个标签控件，设置其标题为"学生信息查询"，字体为"华文新魏"，字号为24，前景色为"深色文本"。然后在标签下方添加一个矩形控件。

③ 在矩形控件上添加一个非绑定文本框，修改"名称"属性为"txt学号"，相关标签的"标题"属性为"请输入要查询学生的编号："。

④ 在矩形控件上添加一个命令按钮，设置按钮的"标题"属性为"查询"，"名称"属性为"cmd查询"。

（2）在"查询"按钮上创建嵌入宏

① 在"属性表"对话框顶端的下拉列表中选择按钮"cmd查询"，在"属性"选项卡上选择"单击"事件，单击右侧的"生成器"按钮，在出现的"选择生成器"对话框中选择"宏生成器"打开宏设计器。

② 向宏中添加宏操作"GoToControl"，设置其"控件名称"参数为：学号。

③ 向宏中添加宏操作"FindRecord"，设置其"查找内容"参数为：=[txt学号]，见表6.2。

表 6.2 "查询"按钮单击事件上的宏操作及操作参数

宏　操　作	操　作　参　数
GoToControl	控件名称：学号
FindRecord	查找内容：=[txt学号]

这里可以使用表达式生成器输入参数"查找内容"。方法是先输入等号"="，这时行的右方就会显示"表达式生成器"按钮，单击按钮就可以输入表达式了，如图6.8所示。

图 6.8 "查询"按钮单击事件上嵌入的宏

这里用到了两个基本宏命令：GoToControl 和 FindRecord。

GoToControl：作用是将焦点移到窗体上指定的字段"学号"上，为执行下面 FindRecord 宏命令做准备。

FindRecord：作用是在当前窗体的数据集中查找符合条件的记录。参数"查找内容"为：=[txt学号]，前提是已经将焦点移到了"学号"字段，所以通常 FindRecord 前都会使用 GoToControl 做铺垫。

二者合起来的意思就是在"学号"字段上查找 [txt学号] 文本框中输入的学号。

④ 关闭宏设计器并保存宏。

（3）运行嵌入宏

单击"开始"选项卡上的"视图"按钮转到"窗体视图"，输入学号后单击"查询"按钮运行宏。

使用 FindRecord 只能找到符合条件的一条记录。如果要筛选出多个符合条件的记录，可以使用 ApplyFilter。

【例6.3】修改第4章例4.8所建窗体"选课成绩"，使其能够根据所选的课程号筛选该门课程的所有成绩，如图6.9所示。

操作步骤如下：

（1）修改窗体"选课成绩"

用设计视图打开例4.8窗体"选课成绩"，在窗体页眉添加一个课程号组合框和一个筛选按钮然后按表6.3

设置各个控件的属性。

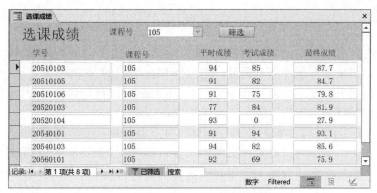

图 6.9 修改后的"选课成绩"窗体

表 6.3 "选课成绩"窗体中的控件及操作参数

控 件	操 作 参 数
组合框	名称：cbo 课程号
	行来源类型：表/查询
	行来源：SELECT DISTINCT 选课成绩.课程号 FROM 选课成绩
组合框的标签	标题：课程号
按钮	名称：cmd 筛选
	标题：筛选

因为每门课都有多人选修，为了去掉列表中重复的课程号，组合框的"行来源"属性中"SELECT"后添加了"DISTINCT"。

（2）在"查询"按钮上创建嵌入宏

① 在"属性表"对话框中，选择按钮"cmd 筛选"，单击"属性"选项卡上"单击"事件右侧的"生成器"按钮，打开宏设计器。

② 向宏中添加宏操作"ApplyFilter"，并按照表 6.4 设置参数。

表 6.4 "筛选"按钮单击事件上的宏操作及操作参数

宏 操 作	操 作 参 数
ApplyFilter	当条件：[课程号]=[Forms]![选课成绩].[cbo 课程号]

这里用到了宏操作 ApplyFilter。

ApplyFilter：作用是在窗体、报表或表上进行筛选。"当条件"参数为筛选的条件，相当于 SQL 中 SELECT 语句的 WHERE 条件；"筛选名称"参数可以是一个已经预先建好的查询。

③ 关闭宏设计器并保存宏。

（3）运行嵌入宏

单击"开始"选项卡上的"视图"按钮转到"窗体视图"，在组合框的下拉列表中选择要筛选的课程编号，单击"筛选"按钮，这时窗体下方的表格中显示该课程的所有成绩。

6.3.2 创建条件嵌入宏

前面示例中的宏，在每次执行时，都是按照排列顺序依次无条件地执行每个宏操作，但在实际处理问题时，控制并不总是这样简单，往往需要对宏中的宏操作的执行流程进行控制，根据逻辑判断的结果决定执行哪些宏操作，不执行哪些宏操作。在 Access 中可以使用 If 宏操作控制程序流程。If 宏操作的基本框架如下：

```
If 条件 1 Then
    这里插入宏操作…
Else If 条件 2 Then
    这里插入宏操作…
…
Else If 条件 n Then
```

```
        这里插入宏操作…
    Else
        这里插入宏操作…
    End If
```
　　If 后的条件是一个表达式,其值为真 True 或假 False。运行时先自上向下寻找第一个满足(为 True)的条件,然后执行其后的宏操作。如果所有条件都不满足,则执行 Else 后面的宏操作。

　　可根据条件的多少使用 Else If,如果只有一个条件,则 Else If 可以省略。另外 If 操作是一个块操作,这意味可以在每个可插入宏操作的地方插入多个宏操作构成操作块。

　　【例 6.4】 修改例 6.2 中的"学生信息查询"窗体,使其具备错误处理能力。

　　在图 6.7 所示的窗体中,操作时需要先在文本框中输入要查询的学号,然后单击按钮进行查询。实际操作时,如果没有输入学号直接单击"查询"按钮,则系统就会进入异常而导致中断。

　　解决的思路是,在原来的基础上增加判断功能。具体实现就是单击按钮后先判断文本框中是否为空,如果为空,提示"请输入查询信息!";否则,进行正常查询。判断逻辑如下:

```
    If 文本框为空 Then
        提示: 请输入查询信息!
    Else
        查询
    End If
```

操作步骤如下:

（1）修改"查询"按钮单击事件上的宏

① 在导航窗格中,右击例 6.2 的"学生(空白窗体)",进入设计视图。

② 在"属性表"对话框中,选择按钮"cmd 查询",单击"单击"事件右侧的"生成器"按钮,打开宏设计器。

③ 向宏中增加一个宏操作 If,在 If 后的"条件表达式"中输入"IsNull([txt 学号])"。这里函数 IsNull()的作用是判断括号内表达式的值是否为空值。如果是,则返回 True;否则返回 False。

④ 在 Then 后添加 MessageBox 宏操作,消息为"请输入查询信息!",类型为"信息"。

⑤ 单击"添加 Else"增加 Else 块。按住【Ctrl】键,依次选中原有的两个宏操作 GoToControl 和 FindRecord,将操作块通过"下移"按钮⬇移到 Else 和 End If 之间。

⑥ 关闭宏设计器并保存宏。

修改后的宏,其宏操作及操作参数见表 6.5。

表 6.5　"查询"按钮单击事件上的宏操作及操作参数

块 操 作		宏 操 作	操 作 参 数
If IsNull([txt 学号])	Then	MessageBox	消息:请输入查询信息! 类型:信息
	Else	GoToControl	控件名称:学号
		FindRecord	查找内容:=[txt 学号]

（2）运行嵌入宏

重新运行窗体,不要向文本框中输入任何信息而直接单击"查询"按钮,这时出现消息框提示"请输入查询信息!",如图 6.10 所示。向文本框中输入查询信息后结果正常。

　　【例 6.5】 修改例 4.13 所建的"登录"窗体,为其添加密码验证功能,如图 6.11 所示。

第 4 章已经为这个窗体添加了各种控件,现在为其中的"确定"按钮添加密码验证功能。具体逻辑如下:

```
    If 用户名和密码正确 Then
        关闭"系统登录"窗体
        显示"欢迎"消息框
    Else
        显示"用户名或密码错误!"消息框
        清空用户名文本框和密码文本框
        焦点移回"用户名"文本框
    EndIf
```

图 6.10 为"查询"按钮增加异常处理功能

图 6.11 修改后的"登录"窗体

假设这里的用户名为"cueb",密码为"1234"。操作步骤如下:

(1)为"确定"按钮的"单击"事件设置嵌入宏

①用设计视图打开"登录"窗体。

②将"用户名"文本框的"名称"属性设置为"txt用户名",将密码文本框的"名称"属性设置为"txt密码"。

③在"属性表"对话框中,选择"确定"按钮的"单击"事件,进入宏设计器。

④按照表6.6添加宏操作。

表 6.6 "确定"按钮单击事件上的宏操作及操作参数

块 操 作		宏 操 作	操 作 参 数
If [txt 用户名]="cube" And [txt 密码]="1234"	Then	Close Window	不填,默认当前窗体
		MessageBox	消息:欢迎使用本教学管理系统
			发嘟嘟声:是
			类型:重要
			标题:欢迎
	Else	MessageBox	消息:用户名或密码错误
			发嘟嘟声:是
			类型:警告
			标题:检验密码
		SetProperty	控件名称:txt 用户名
		SetProperty	属性:值
			值:不填
	Else	SetProperty	控件名称:txt 密码
			属性:值
			值:不填
		GoToControl	控件名称:txt 用户名

在本宏中,用到了下列宏操作:

SetProperty:作用是设置窗体或报表上控件的属性。这里用来设置文本框的属性"值",不填即为空值,即将文本框清空。

CloseWindow:作用是关闭指定的数据库对象。本例为默认值,即当前窗口。

⑤关闭宏设计器并保存宏。

(2)运行嵌入宏

保存窗体后运行窗体,分别输入错误的和正确的用户名和密码进行测试,观察窗体的运行结果。

从上面的介绍可以看出,使用 If 可以为宏操作设置执行的条件,对宏的执行进行控制,从而创建功能更强的宏。

6.4 创建与运行数据宏

数据宏类似于 Microsoft SQL Server 中的触发器，当对表中的数据进行当前记录，可以调用数据宏进行相关的操作。例如，在"学生"表中删除某个学生的记录，则该学生的信息被自动写入到另一个表"取消学籍学生"中。或者也可以使用数据宏实施更复杂的数据完整性控制。有两种主要的数据宏类型：一种是由表事件触发的数据宏（也称"事件驱动的"数据宏），一种是为响应按名称调用而运行的数据宏（也称"已命名的"数据宏）。这里只介绍前一种数据宏的用法。

因为数据宏是建立在表对象上的，所以不会显示在导航窗格的"宏"列表下。必须使用表的数据表视图或表设计视图中的功能区命令才能创建、编辑、重命名和删除数据宏。

6.4.1 创建与编辑数据宏

1. 创建数据宏

① 在导航窗格中，双击要创建或编辑数据宏的表，进入表的数据表视图。

② 在"表格工具/表"选项卡上，单击"前期事件"选项组或"后期事件"选项组中的相关按钮，在有关事件上创建数据宏。例如，在"更新后"事件中创建数据宏。

③ 向宏设计器中添加宏操作，方法同前。

④ 保存并关闭宏，回到数据表视图。

2. 删除数据宏

① 在导航窗格中，双击要删除数据宏的表，打开数据表。

② 单击"表格工具/表"选项卡的"已命名的宏"选项组上的"已命名的宏"，从弹出的下拉菜单中选择"重命名/删除宏"命令，打开"数据宏管理器"对话框，如图 6.12 所示。单击要删除的数据宏右方的"删除"命令。

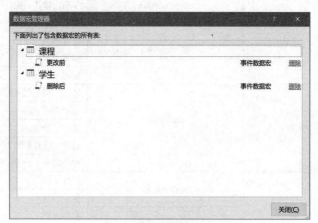

图 6.12 "数据宏管理器"对话框

这里的"数据宏管理器"是管理数据宏的工具，其中列出了当前数据库表中所有的数据宏。

6.4.2 创建数据删除时的数据宏

在实际操作中，如果删除了数据表中的某些记录，往往需要同时进行另外一些操作，这时可以在表的"删除前"或"删除后"事件中创建数据宏。如果在数据宏中要使用已删除字段的值，可以使用下列引用方式。

[old].[字段名]

例如，当删除了"学生"表中的某个学生的记录时，需要将该学生的信息同时写入另一个表"取消学籍学生"中。下面的示例演示这一过程。

第 6 章　宏的建立

【例 6.6】在"学生"表的"删除后"事件中创建数据宏，将被删除的学生信息写入"取消学籍学生"表中。具体步骤如下：

（1）创建一个新表"取消学籍学生"

可以从"学生"表复制，复制时选择"仅结构"。为了简化操作将其他字段删除，只保留"学号"和"姓名"两个字段。增加一个字段"变动日期"类型为日期型。

（2）在"学生"表的"删除后"事件中创建数据宏

① 在导航窗格中，双击表"学生"，打开"学生"表。

② 单击"表格工具/表"选项卡的"后期事件"组中"删除后"按钮，打开宏设计器。

③ 按照表 6.7 向宏设计器添加宏操作，设置结果如图 6.13 所示。

表 6.7 "学生"表上"删除后"事件的宏操作及操作参数

块 操 作	操 作 参 数	宏 操 作	操 作 参 数
CreateRecord	在所选中对象中创建记录：取消学籍学生	SetField	名称　学号 值 =[old].[学号]
		SetField	名称　姓名 值 =[old].[姓名]
		SetField	名称　变动日期 值 =Date()

图 6.13 "学生"表"删除后"事件中的数据宏设置结果

这里用到了宏操作 CreateRecord 和 SetField。

CreateRecord：在指定表中创建新记录，仅适用于数据宏。参数"在所选对象中创建记录"用于指定要在其中创建新记录的表，本例为"取消学籍学生"。CreateRecord 创建一个数据块，可在块中执行一系列操作。本例使用 SetField 为新记录的字段分配值。注意，这里使用 [old].[学号] 引用被删除的数据。

SetField：可用于向字段分配值，仅适用于数据宏。参数"名称"指要分配值的字段的名称，参数"值"是一个表达式，表达式的值就是分配给该字段的值。

打开"学生"表，删除其中的某个记录，关闭"学生"表。然后打开"取消学籍学生"表，可以看到被删除的学生信息已经写入该表中。

数据插入和数据更新时的数据宏的创建方法与上面介绍的方法类似，如果需要，读者可以参照上面的介绍自行完成。

实 验 6

一、实验目的

① 了解有关宏的基本操作。

② 掌握独立宏的创建和运行方法。
③ 掌握在窗体和报表上创建嵌入宏的方法。
④ 掌握在数据表上创建数据宏的方法。

二、实验内容

打开"图书销售系统"数据库，并按照题目要求完成以下操作：

① 创建独立宏 M1。要求运行时首先显示"欢迎"消息框，如图 6.14 所示，然后打开前面所建窗体 Form 7，最后最大化窗体 Form 7。

② 创建一个新选项卡"练习"，在该选项卡上创建新组"我的新宏"，将上题中所建的宏 M1 添加到组"我的新宏"上，并重新设置按钮的图标。

③ 在实验 4 所建 Form 1 表格窗体基础上，按图 6.14 所示的格式和内容修改窗体，并添加查询功能。要求输入订单编号后单击"查询"按钮，显示该订单及订单明细的相关信息。

图 6.14 修改后的"Form 1"窗体

④ 在实验 4 所建 Form 4 表格窗体基础上，添加查询功能，要求可以按"书籍编号""书籍名称""作者名"或"出版社名字"检索书籍信息表中的图书，如图 6.15 所示。

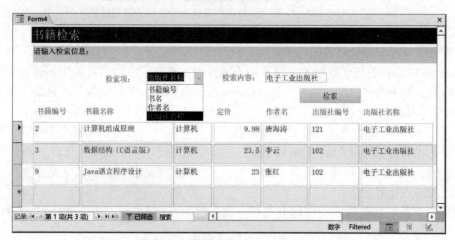

图 6.15 修改后的"Form 4"窗体

⑤ 创建一个系统登录窗体，窗体名为"Form 10"。窗体功能是检查输入的用户和密码，如果输入的用户和密码正确，则打开第 5 章创建的"Form 1"窗体并关闭系统登录窗体；如果输入的用户名和密码不正确，那么先弹出"用户名或密码错误！请重新输入。"消息框，然后将用户名和密码两个文本框清空，并且焦点移回用户名文本框。

> **注：**
> 用户名和密码自己拟定。

⑥ 完善实验 4 所建的"Form 7"窗体，为"进入系统"按钮创建一个宏，能够打开"Form 10"窗体；为"退出系统"按钮创建一个宏，能够关闭"Form 7"窗体，并在关闭窗体时弹出"再见"消息框，消息框格式如图 6.16 所示，并能发出嘟嘟声。

图 6.16 "再见"消息框

⑦ 在表"书籍信息"的"更新前"事件上创建数据宏，当书籍涨价超过原来价格的 30% 时，显示"不能修改！"。

a. 在字段名称前加 [old] 引用更新前的字段值；

b. 使用宏操作 RaiseError。其作用是会引发 OnError 宏操作可以处理的异常，只能用于数据宏。这里可用来取消该事件和给出消息。参数错误号可为任意整数，如"1"，错误描述可以是提示的信息。

三、实验要求

① 完成题目要求的操作，运行并查看结果。
② 保存上机操作结果。
③ 记录上机时出现的问题及解决方法。
④ 编写上机报告，报告内容包括如下：
a. 实验内容：实验题目与要求。
b. 分析与思考：包括实验过程、实验中遇到的问题及解决办法，实验的心得与体会。

四、实验步骤

（1）创建独立宏 M1

要求运行时首先显示图 6.17 所示的消息框。然后打开前面所建的窗体 Form 7，最后最大化窗体 Form 7。

图 6.17 消息框

① 单击功能区中"创建"选项卡上"宏与代码"选项组中的"宏"按钮，打开宏设计器。

② 依次添加三个宏操作命令，具体见表 6.8。

表 6.8 宏 M1 的宏操作及其操作参数

宏 操 作	操 作 参 数
MessageBox	消息：欢迎使用教学管理系统！
	类型：重要
	标题：欢迎
OpenForm	窗体名称：Form 7
MaximizeWindow	—

③ 保存该宏为 M1。双击导航窗格中的宏名运行宏。

（2）创建选项卡上的按钮运行宏

创建新选项卡"练习"，并创建新组"宏"，将上题所建的宏 M1 添加到组"练习"上，并重新设置按钮的图标。

① 单击功能区"文件"选项卡上的"选项"命令，打开"Access 选项"对话框。在对话框左侧的列表中单击"自定义功能区"选项卡，如图 6.18 所示。

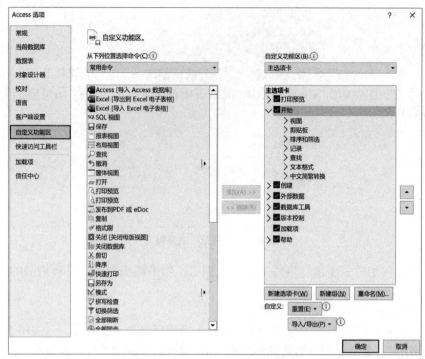

图 6.18 "Access 选项"对话框

② 单击右下方的"新建选项卡"按钮,这时在窗口右侧的列表框中增加了一个新项目"新建选项卡(自定义)",其下有一个新建组。用鼠标分别右击新增的选项卡和新组,将它们分别重命名为"练习"和"宏"。

③ 在窗口左侧上方的"从下列位置选择命令"组合框中选择"宏"。这时下方的列表框中显示有已建的宏 M1,将其拖动到右方的新建组"宏"下。

④ 右击宏 M1,在弹出的快捷菜单中选择"重命名"命令,设置新的图标,如图 6.19 所示。

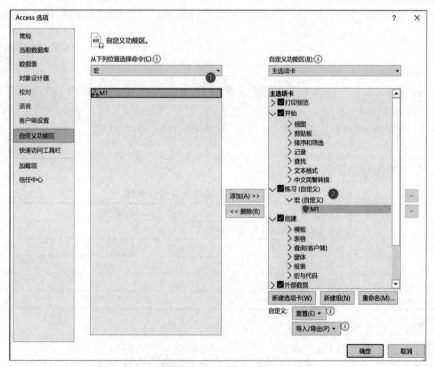

图 6.19 自定义选项卡

(3) 创建单条件查询

在第 4 章所建的 Form 1 窗体基础上,按图 6.20 所示的格式和内容修改,添加查询功能。要求输入了订单编号后单击"查询"按钮,显示该订单及其订单明细相关信息。

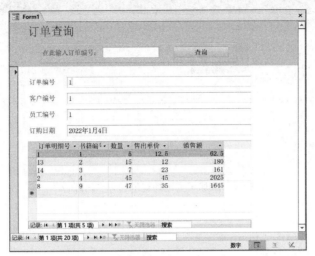

图 6.20 添加查询功能的窗体 Form 1

本实验目的是为窗体添加快速查询功能,需要添加新的控件,并插入嵌入宏。查询时需要在表上查询定位,因此使用的宏操作是 FindRecord,为了配合 FindRecord,还要用到宏操作 GoToControl。

① 用设计视图打开窗体"Form 1"。

② 添加标签控件。在窗体页眉节添加一个标签控件"Label1",然后将"Label1"的"标题"属性设置为"订单查询","字体名称"属性设置为"宋体","字号"属性设置为"20"。

③ 添加矩形控件。在窗体页眉节区加一个矩形控件。

④ 加文本框控件。在矩形控件上加一个文本框"Text0",将与其配合的标签的"标题"属性设置为"在此处输入订单编号:"。

⑤ 添加命令按钮。在矩形控件上加一个命令按钮"Command1",设置按钮的"标题"属性为"查询",完成后保存窗体。

⑥ 创建嵌入宏。右键单击"查询"按钮,在弹出的快捷菜单中选择"事件生成器",在随后出现的对话框中选择"宏生成器"。

⑦ 在打开的宏设计器窗口创建宏,具体宏操作及参数见表 6.9。

表 6.9 "查询"按钮单击事件上的宏及其操作数

宏 操 作	操 作 参 数
GoToControl	控件名称:订单编号
FindRecord	查找内容:=[Text0]

⑧ 关闭宏设计器并保存宏。

⑨ 保存并重新运行窗体。

(4)创建多条件查询

在实验 4 所建"Form 4"表格窗体基础上添加查询功能。需要添加新的控件,并插入嵌入宏,窗体如图 6.21 所示。

因为在书籍信息表中符合同一检索条件的书籍可以有多种,例如同一作者的多本图书、相同书名的多种图书等,所以这里的检索实际上就是在书籍信息表上按照给定的条件进行筛选,因此该宏操作为 ApplyFilter。

由于分别从四个不同的角度进行检索,所以它们的检索条件(也就是宏操作 ApplyFilter 操作参数)是不同的,具体方式可以由组合框中的检索项决定,所以宏中使用 If 宏操作进行判别,判别的条件就是组合框中的检索项,而对应的操作是宏操作 ApplyFilter。

例如,如果组合框中的检索项是"作者名",则对应的宏操作 ApplyFilter 的筛选条件就应该是:[作者名]=组合框中的内容。

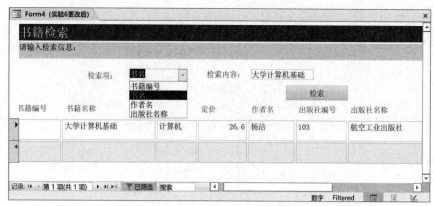

图 6.21　添加了查询功能的窗体"Form 4"

操作步骤如下：

① 使用设计视图打开原有窗体"Form 4"。

② 修改原有窗体的外观并加控件。

a. 将窗体页眉的背景色改为"白色"；

b. 保留原有的标签"书籍"不动，将窗体页眉上的其他标签下移。修改标签"书籍"的宽度至整个窗口宽度，标题为"书籍检索"，设置其前景色为"白色"，背景色为"深红"。

c. 在窗体页眉节区添加下列控件。添加一个标签"输入检索信息"，前景色为"黑色"，背景色为"灰色"，宽度与窗口同宽。添加一个组合框"combo0"，并将与其配合的标签的标题属性设置为"检索项："；然后设置组合框的"行来源类型"属性为"值列表"，"行来源"属性为"书籍编号""书名""作者名""出版社名称"。添加一个文本框"Text0"，将与其配合的标签的标题属性设置为"检索内容："。添加一个命令按钮"Command1"，设置按钮的标题属性为"检索"。

d. 保存窗体。

③ 创建嵌入宏。右击"检索"按钮，在弹出的快捷菜单中选择"事件生成器"，在随后出现的对话框中选择"宏生成器"。

④ 在打开的宏设计器窗口中创建宏，具体宏操作及参数见表 6.10。

表 6.10　"检索"按钮单击事件上的宏及操作参数

块 操 作	宏 操 作	操 作 参 数
If [Combo0]="书籍编号"	ApplyFilter	当条件：[书籍编号]=[Forms]![Form4]![Text0]
Else If [Combo0]="书名"	ApplyFilter	当条件：[书籍名称]=[Forms]![Form4]![Text0]
Else If [Combo0]="作者名"	ApplyFilter	当条件：[作者名]=[Forms]![Form4]![Text0]
Else If [Combo0]="出版社名称"	ApplyFilter	当条件：[出版社名称]=[Forms]![Form4]![Text0]

⑤ 关闭宏设计器并保存宏。

⑥ 保存并运行修改后的窗体 Form 4。

（5）创建系统登录窗体

创建一个系统登录窗体，名为"Form 10"。窗体功能是检查输入的用户名和口令。如果输入的用户名和口令正确，则打开实验 4 创建的"Form 1"窗体，如果输入的用户名和口令不正确，则先弹出"密码不正确！"消息框，然后将用户名和口令两个文档清空，并且焦点移回用户名文本框。

> **注：**
> 用户名及密码自行拟定。

① 创建窗体。单击功能区"创建"选项卡"窗体"选项组上的"其他窗体"按钮，在弹出的下拉列表中选择"模式对话框"，创建一个"模式对话框"窗体。设置窗体的标题属性为"系统登录"。在窗体上添加两个文本框，名称分别为"Text0"和"Text2"，标签分别为"用户名"和"口令"。

② 为"确定"按钮创建嵌入宏。右击"确定"按钮，在弹出的快捷菜单中选择"事件生成器"，打开宏设计器窗口。删除原有的宏操作，添加新的各种宏操作，具体见表 6.11。

表 6.11 "确定"按钮单击事件上的宏及操作参数

块操作		宏操作	操作参数
If [Text0]= "ABCD"And[Text2]= "1234"	Then	CloseWindow	不填，默认当前窗体
		OpenForm	窗体名称：Form 1
	Else	MessageBox	消息：密码不正确！
			发嘟嘟声：是
			类型：警告！
			标题：检验密码
		SetProperty	控件名称：Text0
			属性：值
			值：不填
		SetProperty	控件名称：Text2
			属性：值
			值：不填
		GoToControl	控件名称：Text0

③ 关闭宏设计器并保存宏。

④ 保存并运行窗体。

（6）完善系统主界面窗体

本实验要求为两个按钮添加功能，因而要在每个按钮的单击事件上分别设置宏。其中按钮"进入系统"上的宏用 OpenForm 宏操作打开窗体"Form 10"。按钮"退出"上的宏先用 MessageBox 宏操作显示消息框，如图 6.22 所示，然后用 CloseWindow 宏操作关闭窗体"Form 7"。因为"Form 7"作为当前窗体，所以 Close 宏操作的操作参数使用默认值即可。

图 6.22 "再见"消息框

① 使用设计视图打开原有窗体"Form 7"。

② 创建嵌入宏。

a. 右击"进入系统"按钮，在弹出的快捷菜单中选择"事件生成器"，在随后出现的对话框中选择"宏生成器"，按照表 6.12 所示创建宏。

b. 用同样的方法为"退出"按钮设置嵌入宏，具体宏操作及参数见表 6.13。

表 6.12 "进入系统"按钮单击事件上的宏及具体操作参数

宏操作	操作参数
OpenForm	窗体名称：Form 10

表 6.13 "退出"按钮单击事件上的宏及其操作参数

宏操作	操作参数
MessageBox	消息：谢谢使用图书销售系统！
	发嘟嘟声：是
	类型：重要
CloseWindow	

③ 关闭宏设计器并保存宏。

④ 保存并运行窗体 Form 7。

（7）创建数据宏

本实验要求当更新"书籍信息"表中的"定价"字段时，可以对涨价的幅度进行限制。如果幅度超过原价格的 30%，则不能修改并给出提示。解决的方案是在"书籍信息"表的更新前事件上创建数据宏。

① 打开"书籍信息"表。双击导航窗格中的表"书籍信息"，打开其数据表视图。

② 打开"宏设计器"。单击功能区的"表"选项卡的"前期事件"选项组中"更新前"按钮，打开"宏设计器"。

③ 按照表 6.14 所示创建数据宏，完成后保存宏并关闭宏设计器。

表 6.14 "书籍信息"表更新前事件上的数据宏及操作参数

块 操 作	宏 操 作	操 作 参 数
If [定价]>[old].[定价]*1.3 Then	RaiseError	错误号：1 错误描述：不能修改！

习 题 6

一、简答题

1. 在 Access 中有哪些方法可以实现自动处理功能？
2. 什么是宏？请简述创建独立宏的一般过程。
3. 如果要用功能区上的选项卡按钮执行宏，应该如何做？
4. 什么是嵌入宏？请说明嵌入宏与独立宏的区别。
5. 数据宏是怎样被触发的？有什么用途？

二、选择题

1. 下列操作中，适合使用宏的是（　　）。
   A. 修改表结构　　　　　　　　　　　B. 创建自定义过程
   C. 打开或关闭报表对象　　　　　　　D. 处理报表中错误
2. 宏操作不能处理的是（　　）。
   A. 打开报表　　　　　　　　　　　　B. 对错误进行处理
   C. 显示提示信息　　　　　　　　　　D. 打开和关闭窗体
3. 要限制宏命令的操作范围，可以在创建宏时定义（　　）。
   A. 宏操作对象　　　　　　　　　　　B. 宏条件表达式
   C. 窗体或报表控件属性　　　　　　　D. 宏操作目标
4. 使用宏组的目的是（　　）。
   A. 设计出功能复杂的宏　　　　　　　B. 设计出包含大量操作的宏
   C. 减少程序内存消耗　　　　　　　　D. 对多个宏进行组织和管理
5. 打开窗体的宏操作命令是（　　）。
   A. OpenReport　　　B. OpenQuery　　　C. OpenTable　　　D. OpenForm
6. 下列属于通知或警告用户的命令是（　　）。
   A. PrintOut　　　　B. OutputTo　　　　C. MessageBox　　　D. RunWarnings
7. 打开查询的宏操作是（　　）。
   A. OpenForm　　　　B. OpenQuery　　　C. OpenTable　　　D. OpenModule
8. 宏操作 QuitAccess 的功能是（　　）。
   A. 关闭表　　　　　B. 退出宏　　　　　C. 退出查询　　　　D. 退出 Access
9. 在 Access 数据库中，自动启动宏的名称是（　　）。
   A. Autoexec　　　　B. Auto　　　　　　C. Auto.bat　　　　D. Autoexec.bat
10. 在宏的调试中，可以配合使用设计器上的（　　）工具按钮。
    A. "调试"　　　　　B. "条件"　　　　　C. "单步"　　　　　D. "运行"

三、填空题

1. 宏是一个或多个_____的集合。
2. 打开一个数据表应该使用的宏操作是_____。
3. 在设计宏时，应该先选择具体的操作，再设置其_____。
4. 嵌入宏是嵌入在_____或_____中的宏。

附录 A
习题部分参考答案

习 题 1

一、简答题

略

二、选择题

1	2	3	4	5	6	7	8	9	10
C	D	A	A	B	C	C	A	A	D
11	12	13	14	15	16	17	18	19	20
A	B	A	D	B	D	A	B	D	B

三、填空题

1. 人工管理、文件管理、数据库系统
2. 元组（或记录）
3. 实体完整性、参照完整性、用户定义完整性
4. 数据库的运行管理
5. VBA
6. 数据库管理系统（或 DBMS）
7. 关系型
8. 学号
9. 选择
10. 外部关键字（或外关键字）

四、判断题

1	2	3	4	5
✓	×	✓	×	×

习 题 2

一、简答题

略。

二、选择题

1	2	3	4	5	6	7	8	9	10
D	B	C	D	C	C	C	C	D	B
11	12	13	14	15	16	17	18	19	20
C	A	C	C	B	B	D	D	D	C

三、填空题

1. 一级
2. 关闭时压缩
3. 模板
4. 碎片
5. 000000000
6. 多个
7. 隐藏列
8. A
9. 筛选器
10. 附件

四、判断题

1	2	3	4	5	6	7	8	9	10
×	✓	×	×	×	✓	✓	✓	×	×

习 题 3

一、简答题

1. 查询是 Access 数据库中的一个重要对象。通过查询可以筛选出符合条件的记录，构成一个数据集合。提供数据的表或查询称为查询的数据源。

在 Access 数据库中，查询对象本身不是数据的集合，而是操作的集合。当运行查询时，系统会根据数据源中的当前数据产生查询结果。因此查询结果是一个动态集，随着数据源的变化而变化，只要关闭查询，查询的动态集就会自动消失。而筛选则是查找出符合条件的数据组成的数据集。

2. 通过查询可以筛选出符合条件的记录，构成一个数据集合。提供数据的表或查询称为查询的数据源。

在 Access 中，利用查询可以实现多种功能。比如，选取所需数据，进行计算，合并不同表中的数据，甚至可以增加、更改和删除表中的数据。

选择数据、编辑数据、实现计算、建立新表、为窗体和报表提供数据源。

3. 查询类型有五种：选择查询、交叉表查询、参数查询、操作查询、SQL 查询。五种查询的应用目标不同，对数据源的操作方式和操作结果也有所不同。

二、选择题

1	2	3	4	5	6	7	8	9	10
A	C	B	A	C	D	A	B	C	D

三、填空题

1. Group By
2. 选择查询、参数查询

3. 计算
4. #
5. 更新查询

习 题 4

一、简答题

1. 窗体是用来进行数据输入、输出、编辑及搜索的人机交互的界面。窗体一般由主体、窗体页眉、页面页眉、页面页脚、窗体页脚组成。
2. 创建主窗体和子窗体的表之间必须满足是一对多的关系。
3. 略

二、选择题

1	2	3	4	5	6	7	8	9	10
D	A	A	C	A	A	B	D	B	D
11	12	13	14	15					
B	C	A	B	B					

三、填空题

1. 表、查询
2. 节
3. 名称
4. 窗体视图、数据表视图
5. 计算控件

习 题 5

一、简答题

1. 表是由结构与数据组成（字段与记录），表的结构包括：字段名称、数据类型、字段属性、主键。
2. 报表页眉主要用于显示报表的标题或者关于报表的说明性文字，放置在报表页眉节中的内容在整个报表开始处只打印一次，页面页眉的内容输出在报表的每一页顶部，一般用来设计数据表中的列标题，即字段名。
3. 一是查询中进行计算汇总统计；二是在报表输出时进行汇总统计。
4. 文本框等控件，将该控件的"控件来源"属性设置为"= 计算表达式"。
5. 报表设计中控件多，属性设置烦琐，需要耐心、细心对待每一个控件的设置。

二、选择题

1	2	3	4	5	6	7	8	9	10
B	A	B	A	A	A	B	B	C	C

三、填空题

1. 统计计算
2. 报表页眉
3. 第一页顶部

4. 等号 或 =
5. 布局视图

习 题 6

一、简答题

1. 在 Access 中有实现自动处理有两种方法：宏和 VBA 模块。

2. 宏是 Access 的对象之一。使用宏的目的是为了实现自动操作。在使用 Access 数据库的过程中，一些需要重复执行的复杂操作可以被定义成宏，以后只要直接执行宏就可以了。

创建独立宏的一般过程：①单击"创建"选项卡上"宏与代码"选项组中的"宏"按钮，这时将自动打开宏设计器窗口。②添加宏操作及设置操作参数。③保存宏。

3. 用功能区上的选项卡按钮执行宏：①单击功能区"文件"选项卡上的"选项"命令，打开"Access 选项"对话框。在对话框左侧的列表中单击"自定义功能区"选项卡。②单击右下方的"新建选项卡"按钮，这时在窗口右侧的列表框中增加了一个新项目"新建选项卡（自定义）"，其下有一个新建组。用鼠标分别右键单击新增的选项卡和新组，将它们分别重命名。③在窗口左侧上方的"从下列位置选择命令"组合框中选择"宏"。这时下方的列表框中显示有已建的宏，将其拖拽到右方的新建组"宏"下。④右键单击宏，在弹出的快捷菜单中选择"重命名"，可以设置新的图标。

4. 在 Access 中，附加到用户界面（UI）对象（如命令按钮、文本框、窗体和报表）的宏称为嵌入宏。这类宏被嵌入到所在的窗体、报表对象中，成为这些对象的一部分。因此在导航窗格的"宏"列表下不会显示嵌入宏。运行时通过触发窗体、报表和按钮等对象的事件（如加载 On Load 或单击 On Click）运行。而独立宏是在导航窗格中独立显示的。创建和运行独立宏的方式也不同。

5. 有两种主要的数据宏类型：一种是由表事件触发的数据宏（也称"事件驱动的"数据宏），一种是为响应按名称调用而运行的数据宏（也称"已命名的"数据宏）。数据宏类似于 Microsoft SQL Server 中的触发器，当对表中的数据进行插入、删除和修改时，可以调用数据宏进行相关的操作。

二、选择题

1	2	3	4	5	6	7	8	9	10
B	B	A	D	D	C	B	D	A	C

三、填空题

1. 自动执行的某种操作或操作
2. OpenTable
3. 操作参数
4. 窗体、报表